2013—2017 年

理查德·迈耶（第七卷）

Richard Meier Architect

[美] 理查德·迈耶 编
田 甜 译

江苏凤凰科学技术出版社

2013—2017

Richard Meier Architect 7

序
Preface

理查德·迈耶

1984年，我开始撰写第一卷建筑专著，并由美国Rizzoli出版社出版。那时，我从未想象过这套建筑专著还会再出五卷，更想不到会一直出到第七卷。

本书意义非凡，足以说明过去4年中设计工作的多样性。本书是项目合集，由我在洛杉矶的合作伙伴迈克尔·帕拉迪诺（Michael Palladino）和詹姆斯·R.克劳福德（James R. Crawford）以及纽约的合作伙伴伯恩哈德·卡尔普夫（Bernhard Karpf）、薇薇安·李（Vivian Lee）、雷诺兹·罗根（Reynolds Logan）及Dukho Yeon承担大部分工作。所有人都发挥了重要作用，不遗余力、无私奉献，从而促成本书出版。

从个人角度来说，能够在世界上许多不同的地方工作，我深感荣幸。我们的团队在哥伦比亚波哥大、美国夏威夷州檀香山市、墨西哥合众国墨西哥城、中国台湾台中市、中国台湾台北市、以色列特拉维夫、日本东京、美国洛杉矶和美国纽约同时开展工作。这给我们带来独特视角，同时让我们完全沉浸在多元文化中。文化背景不同、气候不同、对我们的期望也不同，有时，时限也完全不同。所有设计项目的共同点是其中的灵感迸发，而客户也总是给予我们启发和鼓励。

本书展示了很多耗时较长的设计项目，其中有些项目耗时长达十余年。其中一个设计项目是位于意大利亚历山德里亚城的奇塔代拉大桥，其始建于1996年，于2016年完工。以色列特拉维夫市的罗斯柴尔德大厦开发项目始建于2007年，于2017年开放。其他具有里程碑意义的项目包括韩国江陵市吉马凯酒店、美国佛罗里达州瑟夫赛德迈阿密冲浪俱乐部、墨西哥合众国墨西哥城改革大厦和美国新泽西州纽瓦克教师村。

2016年，道格拉斯住宅因其历史和建筑意义得到了美国内政部国家公园管理局的认可，对此，我深感自豪。这验证了我们事务所的工作方式和流程，同时加强了我的信念——建筑师应该怀抱功在当代，利在千秋的理想。

我非常感谢洛杉矶和纽约办事处的每一位同事。

在此，我要特别感谢具有卓越的出版设计水平的比阿特丽斯·西弗恩特斯（Beatriz Cifuentes），其水平和本书系前任设计师、我最亲密的朋友之一马西莫·维格纳利（Massimo Vignelli）同等优秀；同时，我特别感谢埃德加·阿尔马格尔（Edgar Almaguer）和罗恩·布罗德赫斯特（Ron Broadhurst），他们在协调整个项目上功不可没；我还要感谢拍摄建筑物的摄影师，特别是斯科特·弗朗西斯（Scott Frances）、罗兰·哈尔贝（Roland Halbe）和尼克·赫夫顿（Nick Hufton）。

图解道格拉斯住宅（1971年）

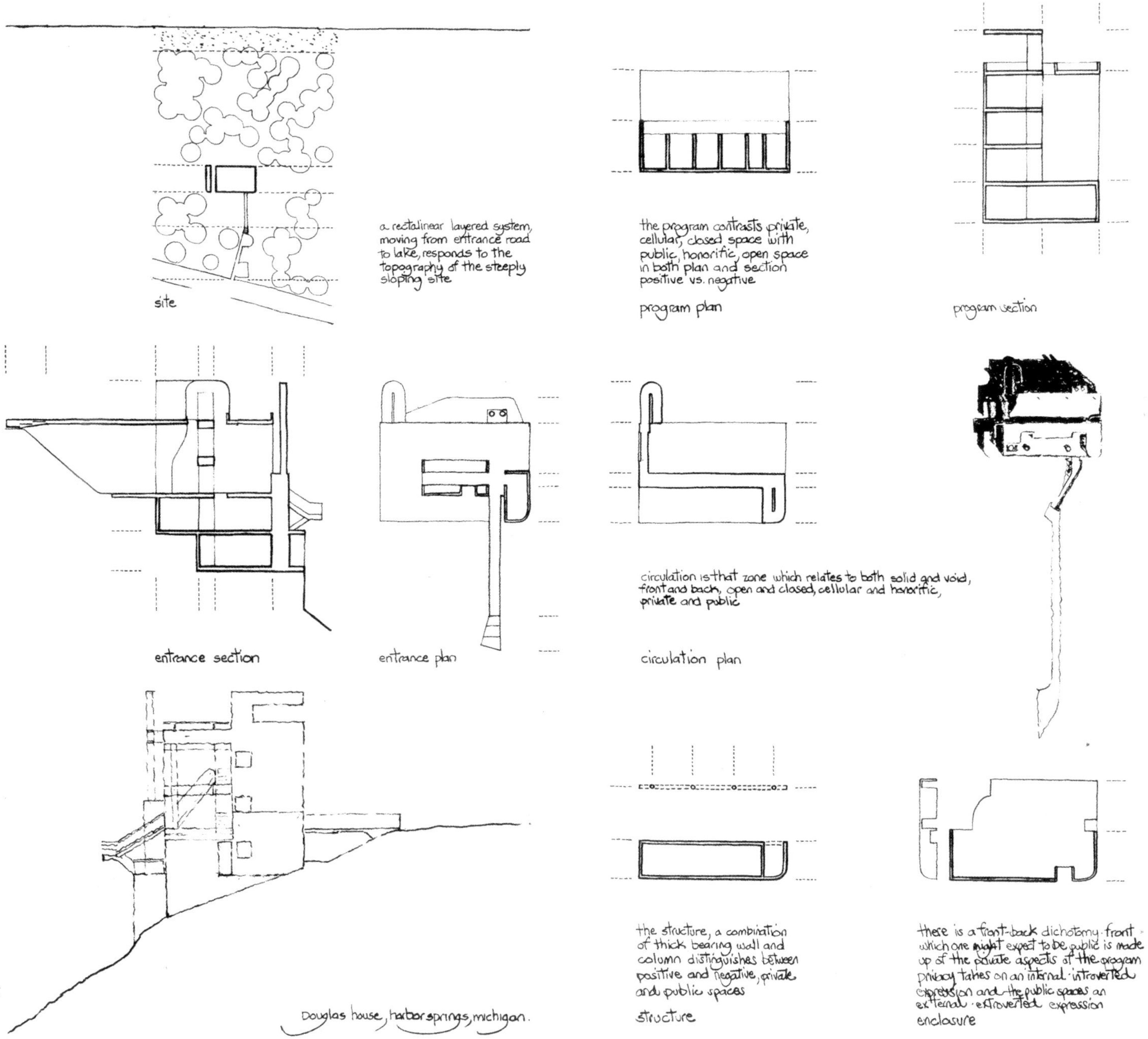

目录
Contents

后历史时代及摩天大楼的挑战
Post-Histoire & the Challenge of High-Rise Form

肯尼斯·弗兰姆普敦（Kenneth Frampton）

回顾我们在当代西方社会中的体验，可以发现，后现代性的话语权已经获得了准确的合法称呼，即后历史时代。后历史时代是对这一体验最为准确的描述。该名词由德国哲学家、社会学家、哲学人类学阿尔诺德·盖伦（Arnold Gehlen）首次提出。目前很多理论要素可以有效地归于此类。盖伦认为后历史时代描述了如下情形，即“进步变成了常态”：人类通过科技改变自然的能力已经得到提升，并且会继续提升。这就使得新成就层出不穷，同时整理、安排的能力得到提升，促使“新”成就只增不减。当今为消费社会，从生理学上来说，持续更新的事物（服饰、工具、房屋）仅需要可以存活下来的系统即可。新兴事物需要的不是基础的“革命”或颠覆，而是需要保持不变。科幻小说作家笔下的科技世界里有一种强烈的“固定性（immobility）”：他们经常描绘一种从真实经历到图像体验的转化（人与人之间不直接面对面交流，而是独自在家通过电视屏幕了解信息）。同样的现象可以在电脑工作时那种配有空调的、沉闷的静寂中感受到。

詹尼·瓦蒂莫，《现代性的终结》（1985）

当今社会问题重重，建筑置身其中自然难以避免。建筑在两种境况中持续性地分裂：一是偶然成为壮观布景物的伪装艺术；二是重复建造几乎没有意义的零度建筑、幕墙和高层建筑物，它们聚集在世界各地金融中心周围，仿佛房地产是动荡经济中唯一安全的投资。某种程度上，迈耶的新纯粹主义风格（Neo-Purist）建筑与战间期（1918–1939）的现代建筑渐行渐远，迈耶的理念已趋同于阿尔诺德·盖伦的后历史时代概念。迈耶认为，建筑本身就是一种救赎美学，尤其是位于原生态自然景观之中的建筑。这也解救了迈耶的特立独行的观点。这种对纯白形式的救赎能力的信念仍然能够打造出“恰如其分”的建筑。这种“恰如其分”可以体现在美国和英国最近建完的两栋住宅上，它们最完美的部分均推迟了十年才完工。

这两栋住宅分别是飞天美居（Flying Point Residence）和牛津郡住宅（Oxfordshire Residence）。飞天美居位于美国纽约州长岛南安普顿，2006年开始设计建造，2016年竣工。牛津郡住宅堪称迈耶设计风格住宅的超级典范，位处英国牛津郡一处植被茂盛的山顶上，于2016年完工，而具有讽刺意味的是，在迈耶作品集第六卷中，牛津郡住宅照片中的前庭还被渲染上了一群羊。事实上，这两栋住宅均因不同类型的官僚式钩心斗角耽误了工期。因迫切需要保护长岛南部海岸线，当局对飞天美居私人住宅采取限制措施；而牛津郡住宅则经过无休止的斗争，最终获得极其保守的牛津郡规划当局的规划许可。对比这两座住宅时会发现，它们的设计策略几乎相同，且均与住宅的位置呼应。飞天美居的设计坚持住宅位置起主导作用，因此其造型是铰接式的，根基深，并且设计了一条跨越沙丘的行人天桥，将来自海洋的脆弱沙丘景观恢复如初。牛津郡住宅位置低浅，住宅前方宽敞开阔，主卧及毗邻的双层起居室位处同一排，打造全景视角。这两栋住宅均采用百叶窗设计，在某种程度上，避免主要起居区受到低角度阳光的照射。

飞天美居
美国纽约州南安普敦村
2006—2016年

亚利桑那州凤凰城法院大楼
美国亚利桑那州凤凰城
1994—2000年

佩利和查理斯大街公寓
美国纽约州
1999—2006年

牛津郡住宅
英国英格兰牛津郡
2007—2016年

耶索洛丽都公寓及酒店
意大利耶索洛市
2003—2015年

莱布隆办公楼
巴西里约热内卢
2011—2016年

得到普遍认可的迈耶式办公楼风格，在其他地方的建筑项目中，长久以来通过使用水平百叶窗进一步强化迈耶风格。迈耶在亚利桑那州凤凰城法院大楼（Sandra Day O’Connor courthouse）的幕墙上叠加了水平百叶窗；幕墙叠加水平百叶窗的方式同样也出现在迈耶设计的耶索洛丽都公寓及酒店（Jesolo Lido development）上，该项目位于意大利并于2015年完工，是一座集酒店、中层公寓、少部分低层高密度住宅为一体的综合体；15层的佩利和查理斯大街公寓（Perry and Charles Street apartments）坐落在曼哈顿，建造于2002年至2006年，迈耶同样采用了大面积幕墙的设计。

幕墙结合水平百叶窗的设计在近期建成的位于里约热内卢莱伯伦街区的万喜集团总部（Vinci Headquarters）得到瞩目。实际上，这是迈耶在拉丁美洲的首部作品。该设计巧夺天工，将万喜集团总部设计成一栋24.4米（80英尺）宽，7层高的办公大楼，与毗邻的正面空地拉开距离。该设计中最为成功的一点是采用百叶窗设计，尽收前方街景于眼底。更为巧妙的是，设计建筑凹进处，为了将自然光重新引入办公楼后面的会议室，办公区域后方设计了一处天窗和混凝土楼梯井。该建筑内的混凝土楼梯井配备电梯、逃生梯和卫生间，并且通过天桥与办公楼层一一相连。迈耶最初打算在天桥上铺设钢化玻璃，让自然光透过玻璃，直接照射进整个六层楼。但是由于该设想成本高昂，而且不符合消防法规，最终被否决。尽管如此，建筑师仍然在楼梯井每侧的凹进处打造出绿色植生墙。巧思妙想还在于可通过双轿厢电梯抵达三层地下车库。

迈耶设计的奇塔代拉大桥（Cittadella Bridge）坐落在意大利亚历山德里亚，历经约20年终于建成。大桥的设计始于1996年，取代1994年被洪水冲毁的老桥。迈耶与奥雅纳（Arup）公司倾力合作，共同打造这座盛世大桥。这座长达185米的大跨径桥横卧于塔纳罗河（Tanaro）上，桥面上同时设有机动车道和人行道。新桥采用弓弦钢拱作为主跨，引入非对称悬浮系统，木板人行道宽于机动车道的路基。在很大程度上，这座桥梁旨在打造一处全景点，人众聚集的地方，而绝非仅仅是一个连接水路两侧的工具。这个设计尤其引人注目。该桥采用单跨设计，将行驶车辆和行人分隔开，行人会看到来往的车辆在大桥的中轴线上行驶。迈耶原设想将桥梁完全融入城市生活，但到目前为止，尚未得到市政府的支持。最初的设计是桥台处设有通往塔纳罗河下方驳岸的楼梯和坡道，并且桥台的护土墙呈弯曲状，与叠加在大桥中轴线上的几何圆形遥相呼应。迈耶还建议重建P. Gobetti广场，设置眺望塔，来平衡奇塔代拉的人流。但是至今为止，市政当局仍不愿拨款重建。尽管如此，当路基顶部人工照明的光线折射到悬挂单跨的弓弦钢拱，眼前就会出现一幅美轮美奂的画面。

1987年，迈耶首次涉及高层建筑是在麦迪逊广场花园重建项目竞标。提案是宾夕法尼亚车站（Pennsylvania Station）将被夷为平地，原地改造成3座独立塔楼。塔楼的其中两座均为72层，第3座是38层。这3座塔楼设计为公共场所，一楼为交易大厅，设有地下停车场。除了将每座塔楼的底部、中部和顶部划分为布杂艺术（Beaux Arts）模式外，迈耶最初还坚决反对使用幕墙作为全封闭薄膜，优先选择使用雕塑式处理，在3座塔楼的顶部为新造型的旋回尖塔。

在迈耶近年设计的高层建筑中，排在首位的当属位于以色列特拉维夫（Tel Aviv）的37层罗斯柴尔德大厦。大厦建于2005年，由雷诺兹·洛根（Reynolds Logan）担任合伙人。根据客户要求，大厦每层拥有2~4套公寓单元，每套公寓均配有超大百叶窗，可饱览城市或大海的美景，同时公寓还设有北面和南面的宽敞阳台。罗斯柴尔德大厦位于著名的艾伦比街与罗斯柴尔德大道的交叉路口。该大厦建筑四面均配有水平铝制百叶窗，造型优雅。

晴海集合住宅双塔（Harumi Towers）位于东京，高达48层，于2008年至2016年间由迈耶与Dukho Yeon共同打造。两座晴海住宅塔楼沿晴海运河的对角线交错排列。与罗斯柴尔德大厦一样，晴海住宅塔楼设计带凹角，并根据大楼的高度不对称地交替排列着。晴海住宅塔楼显然拥有与罗斯柴尔德大厦不同的目标客户，每层约有19套公寓，公寓的房间相对更小些。尽管如此，晴海住宅塔楼的每层楼周边均设有阳台，既可作为外部生活空间，也可作为另一条逃生通道。此外，每套公寓均可经通道进入每座大厦中心的中庭。开放式的中庭只设在21层以上，下面的空间则为自动停车系统预留。受地震因素的影响，大厦的地下不允许停车。

信义住宅大厦（CDC Xin-Yi Tower）位于中国台北，高达29层，建于2012年至2017年。大厦的设计结合罗斯柴尔德大厦的平面造型和晴海大厦的阳台，由两栋5跨（5-bay）板式塔楼组成——通透的南向体块和实体的北向体块，并排而立，间距一个跨度(single-bay)。这座127米高的住宅综合体严格按照台北的抗震规定进行设

奇塔代拉大桥
意大利亚历山德里亚
1996—2017年

麦迪逊广场花园重建项目竞赛
美国纽约州纽约市
1987年

罗斯柴尔德大厦
二楼平面图
2008—2016年

晴海集合住宅双塔
标准平面图
2008—2016年

信义住宅大厦
15层平面图
2012—2017年

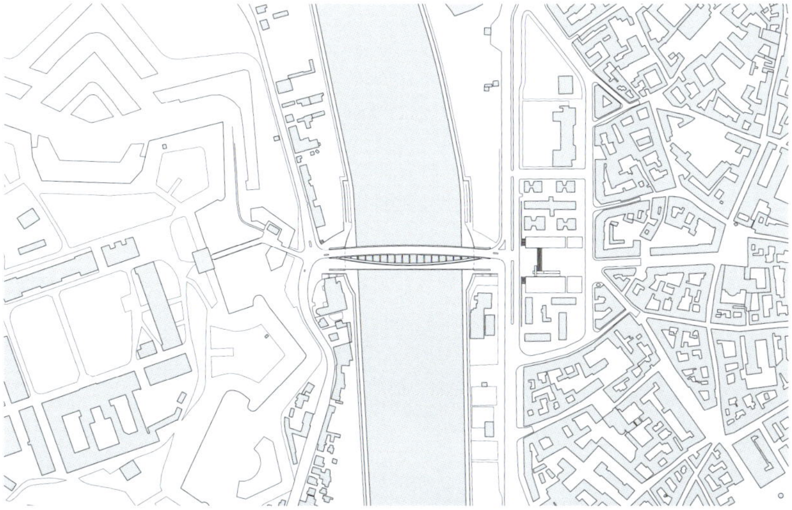

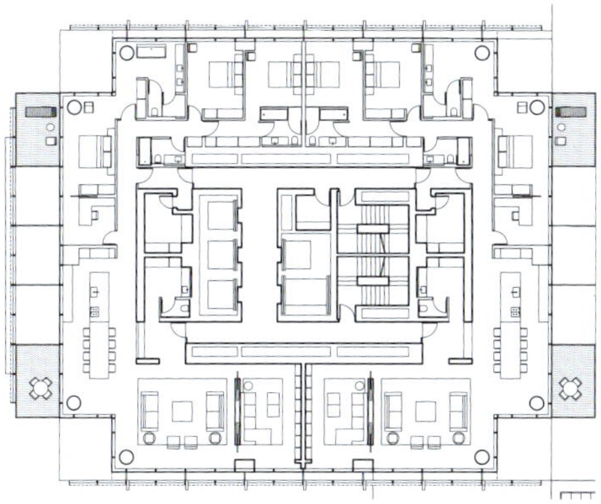

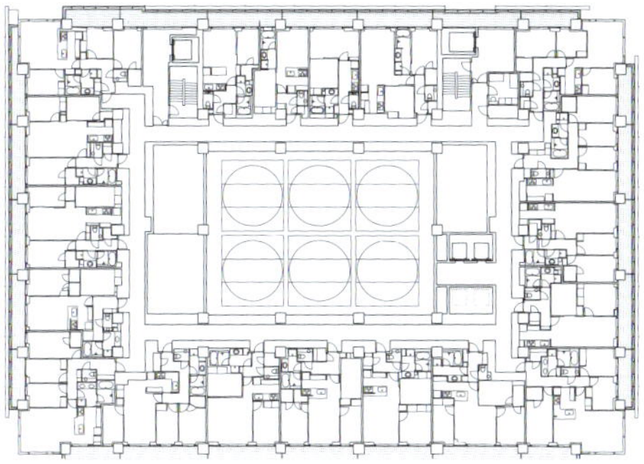

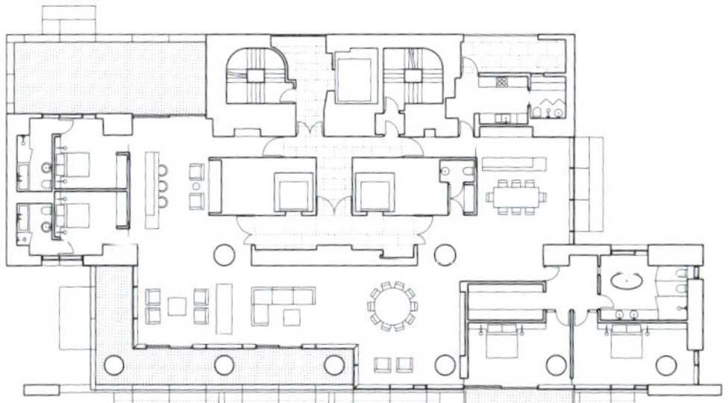

改革大厦
墨西哥墨西哥城
2012—2017年

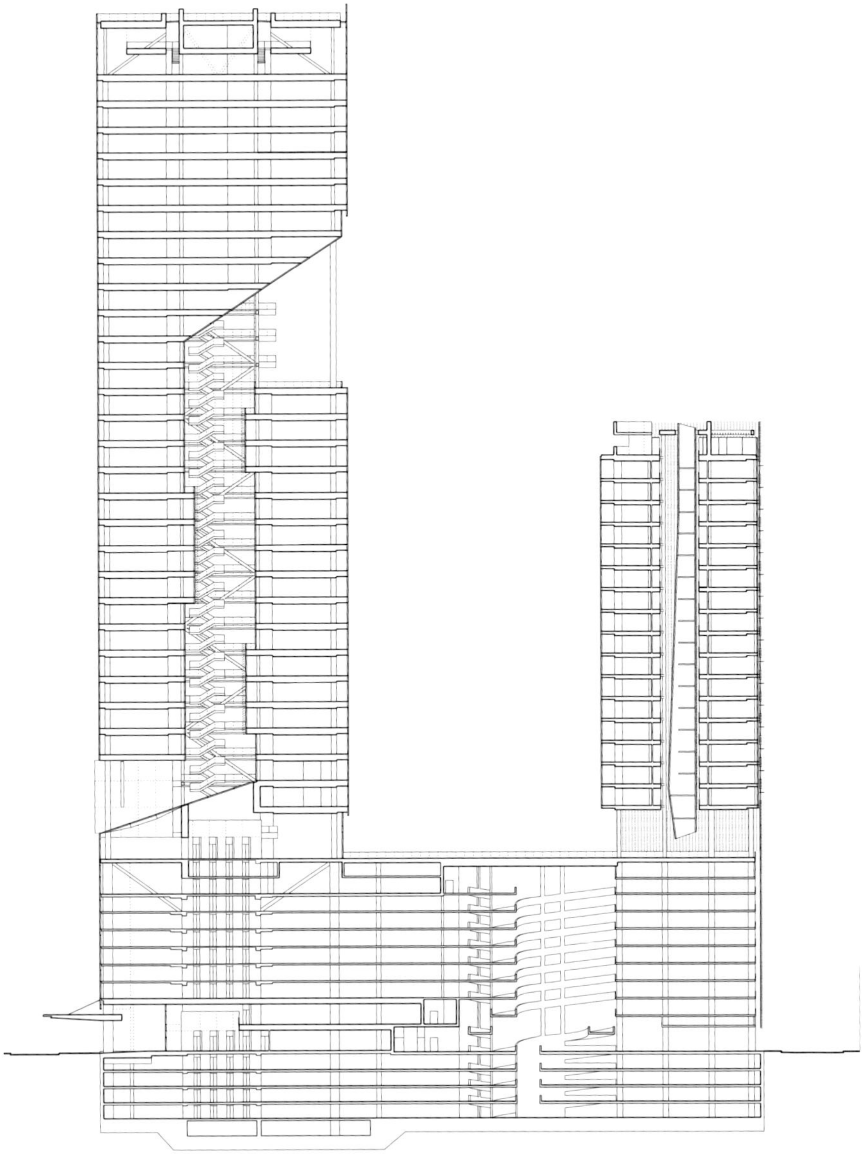

计。信义住宅大厦拥有超大型独立双层柱廊结构，每根柱廊的直径为1.2米。与罗斯柴尔德大厦一样，均为超豪华住宅高层建筑，但是该大厦布局方面灵活性较逊，1~15层每层设有两间3居室公寓，其余高层每层一套大型4居室公寓。大小各异的单元均设有两部奢华电梯。信义住宅大厦拥有宽敞的屋顶平台，并在此设有泳池和开阔花园。

迈耶近期设计的高层建筑中，墨西哥城的改革大厦（Reforma Towers）拥有地段的内在优势，由迈耶与Bernhard Karpf合作建造。实际上，起初该大厦在2012年是按照独幢大厦的设想建造的。最终，改革大厦拥有两栋塔楼——一座40层的综合写字楼和一座27层的豪华酒店，呈45度角排列，位于棋盘式城市布局的交叉点。写字楼宛如城市的小缩影，高达40层，与一幢9层高的停车场相连，停车场延伸至两座塔楼的地下。由于内设停车场的缘故，塔楼位于双层入口门厅之上，面朝着著名的改革大道（Paseo de la Reforma）。该入口门厅与另一座酒店的底层迎宾大厅分开。酒店位于后方，同写字楼同处于一个底座上。底座中间有一条有顶部照明的汽车坡道，除此之外，两座塔楼之间还设有Zocalito，这是一个准公共区域，位于两座塔楼主入口的上方10层中。这个露天广场的侧面是一个拱廊，可通往酒店迎宾大厅的电梯。

18层高的大中庭（中间缝隙）位于写字楼的中心，光线从中庭顶部照射到大楼中心。中庭顶部是一个6层高的露天空中大厅，底部则是一个3层的“温室”大厅。尽管从中庭内部可以看见整座建筑的侧面，但是整个中庭上方最终被7层的办公楼层所覆盖，下方同样是堆叠的办公层。写字楼还有一个特色，即其大面积幕墙的密封性被南北方立面上的嵌入式开口空间而不时地打破，从中庭底部延伸至顶部的露天大厅。这些“开孔”（cut-outs）位于大厦的主要拐角处，旨在营造一种旋转感。这些“切口”（incisions）在位于大厦22层的双层拐角“开孔”和延伸16层的表皮纵向槽之间达到组合上的平衡。大厦还有两个特色，均与大楼整体形状相关。首先，通过其东西方向立面的对角支撑来平衡大厦高度；其次，整栋大厦采用水平百叶窗设计，不仅防晒，而且还可调整大厦外部形态。类似的百叶窗设计也应用在两座大厦的九层地下停车场，使得建筑整体风格整齐划一。这让我们瞬间回到了完全使用黑色玻璃表皮的时期，其优势是无与伦比的。使用黑色玻璃使得地板和结构支撑在感知上被消除。映入眼帘的不仅仅是一块抽象的巨石，一块连续的塑性体，还宛如一块巨大的抛光玄武岩。这可能是未来的极简主义雕塑作品，即在同一层的公共空间重复使用地板，体现出空间感、模块感。

目前迈耶正在开发的42层高层建筑位于曼哈顿东河，大胆采用黑色玻璃设计，这与迈耶过去50年来长期追求的纯粹白色风格背道而驰。 整座建筑表面采用不透明的极简黑色反光玻璃设计，在南向及东向立面的27、28层两层向内缩进。这种不对称的凹进处通过透明玻璃幕墙达到平衡。微微突出的两层半幕墙围绕着同层的双层高入口门厅，提供各种公共便利设施和一些零售空间。

显而易见，这种极简的构图方式完全取代了曾经的高层建造方式，且历史悠久，可追溯到于1895年由路易斯·沙利文（Louis Sullivan）设计位于美国纽约布法罗（Buffalo）的担保大厦（Guaranty Building）。他将大厦明显分成底部、中部和顶部3部分。同样的设计方案在卡斯·吉尔伯特（Cass Gilbert）设计于1912年的新哥特式伍尔沃斯大楼（Woolworth Building）项目中得到进

担保大厦
建筑师：路易斯·沙利文
美国纽约布法罗，1895年

芝加哥论坛报大厦
建筑师：埃利尔·沙里宁
美国芝加哥，1922年

伍尔沃斯大楼
建筑师：卡斯·吉尔伯特
美国纽约，1912年

费城储蓄基金会总部大楼
Howe（豪）&Lescaze（利斯卡泽）建筑事务所
美国费城，1929—1932年

一步加强，将中部和顶部有效地改成连续的竖井，并在其顶部设置尖塔。埃利尔·沙里宁（Eliel Saarinen）正是沿用上述的方案，进一步完善装饰艺术摩天大楼（Art Deco skyscraper），并于1922年设计芝加哥论坛报大厦（Chicago Tribune）。到了20世纪30年代，一种全新的铁玻璃技术日趋完善，这归功于氯丁橡胶衬垫的发明。1929年至1932年，Howe&Lescaze建筑事务设计的费城储蓄基金会总部大楼（PFSF Building），首次采用该新工艺。这种全新形式在第二次世界大战之后得到了长足的发展，尤其是在路德维希·密斯·凡·德·罗（Ludwig Mies van der Rohe）的作品中到达顶峰。随后，SOM建筑设计事务所广泛采用该全新技术，但是却趋于粗制滥造。结果导致现在的大城市中出现一座又一座毫无意义的零度建筑群。同时，这种过程也因高层建筑的过度开发而被破坏。

当今的建筑与艺术之间存在重重问题。建筑的任务成为一种尽力挽回晚期资本主义时期的漠视和抽象工具的精准手段，通过艺术（诗意）的建筑形式超越利润的最大化。

建筑项目

Projects

奇塔代拉大桥
Cittadella Bridge

奇塔代拉大桥
Cittadella Bridge

意大利　亚历山德里亚
1996—2016年

总平面图

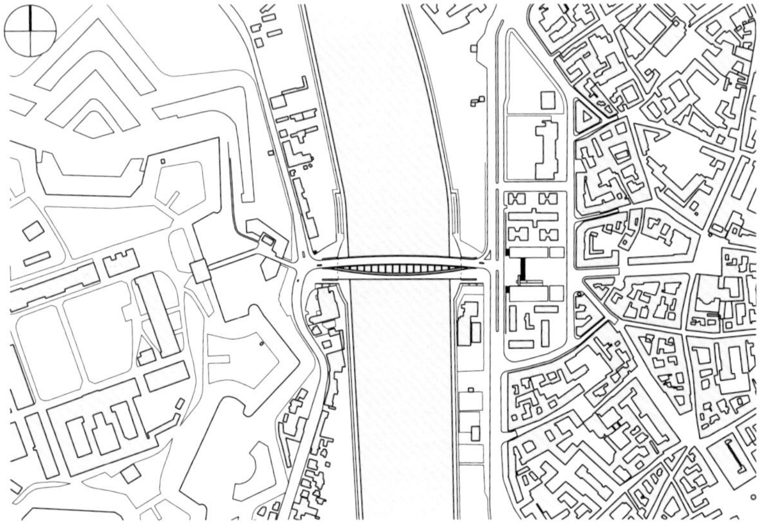

1994年，亚历山德里亚遭遇洪水。当时，水位线升高，漫过公路，拿破仑时期建造的奇塔代拉大桥桥墩有效充当起大坝的作用，拦截了大量垃圾漂浮物。

在18世纪，奇塔代拉大桥是亚历山德里亚的交通要塞，并被联合国教科文组织（UNESCO）列为世界文化遗产预备名单，然而日久年深，破败不堪。

新建单跨大桥的横跨于河漫滩之上。这不仅解决了桥墩阻碍泄洪的问题，而且还将现代城市肌理与大桥重新连接起来。新建大桥在戈贝蒂广场（Piazza Gobetti）与城堡的非凡建筑之间重新织就了一条纽带，促进了未来对文化历史遗迹的保护和再利用。

奇塔代拉大桥还提高了塔纳罗河（Tanaro river）的自然流量，旨在成为亚历山德里亚市的新兴公共场所。破旧大桥常年拥挤不堪，非常危险，让人望而却步。新大桥则为行人和机动车设计了平行独立的路线。人行道还充当了公共广场，给亚历山德里亚的公共空间及市民生活重新编织起一条与塔纳罗河相连的崭新而积极的纽带。

大桥的车行道向北侧急剧打弯，与向南弯曲的高30米的拱柱达成平衡。并且，人行道的载重有助于维持大桥平衡，同时与对面的弯道共同打造出动态的秩序美。

虽然白色预制混凝土和彩绘钢结构凸显出该地区的环境变化，并已成为城市中许多地方可见的标识，但是桥墩墙壁两侧的斑岩铺路石已经将大桥无缝锚定在亚历山德里亚的街景之上，成为传统材料调色板上不可多得的一笔。

立面图

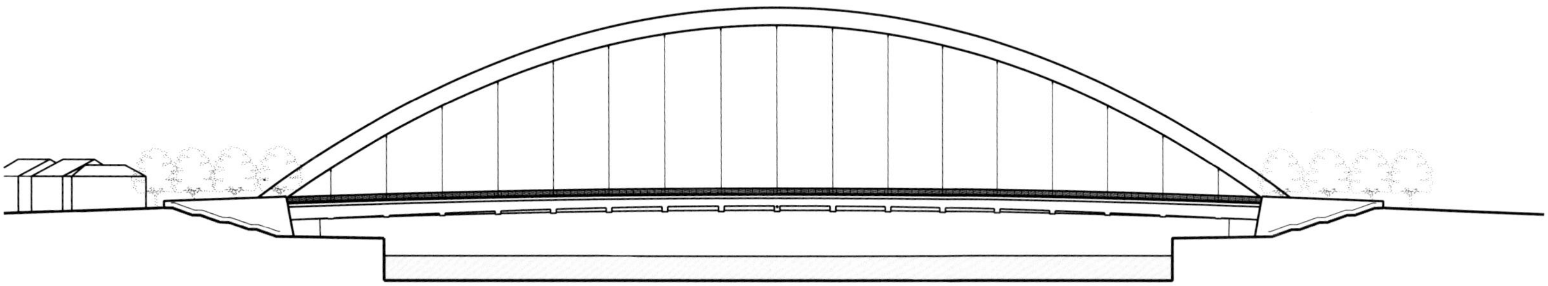

平面图

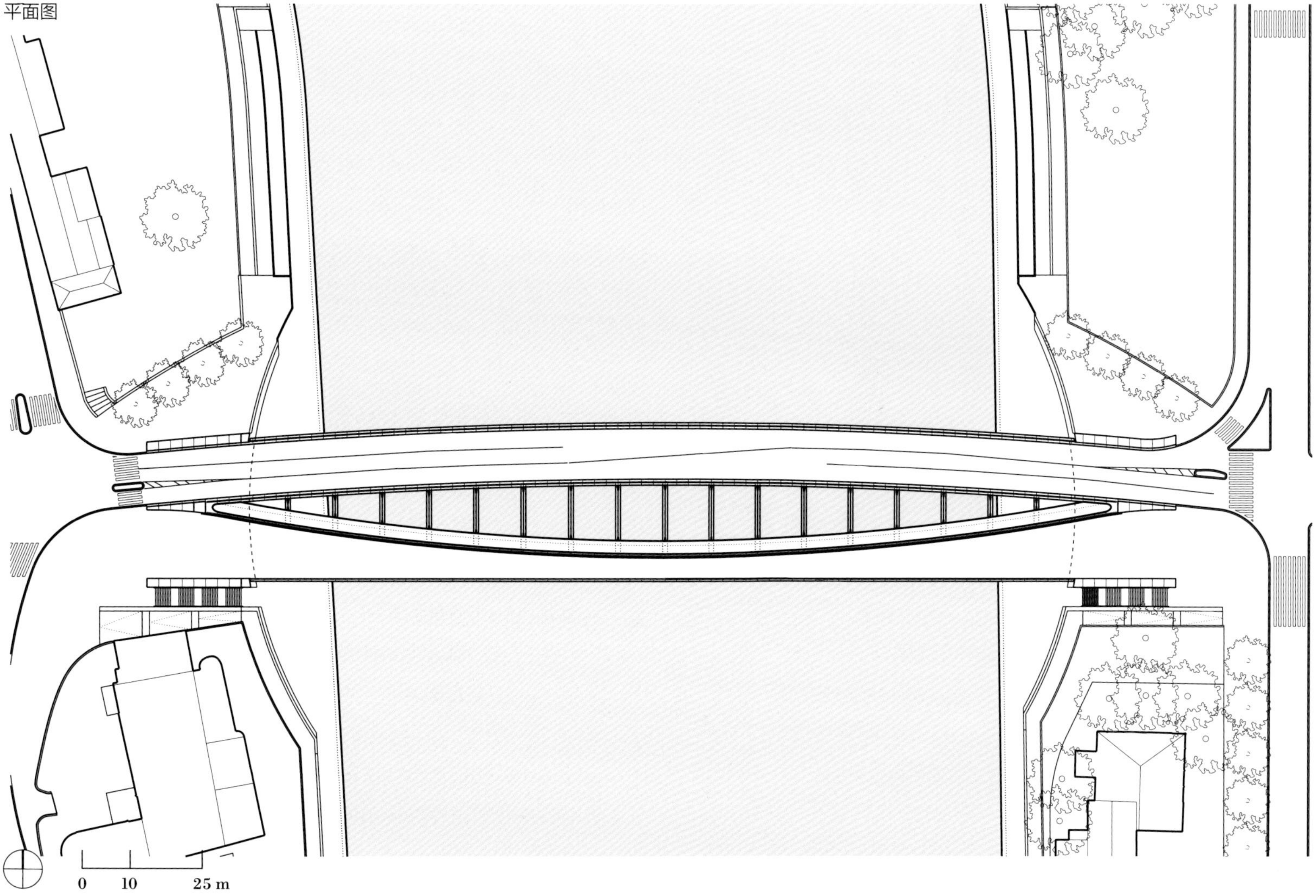

ARREDO CASA

比佛利山一号
One Beverly Hills

比佛利山一号
One Beverly Hills

美国　加利福尼亚州比佛利山
2004—2017年

理查德·迈耶及合伙人建筑事务所（Richard Meier & Partners）负责设计和规划，历时十余年倾力打造出比佛利山一号。该开发项目占地约32 375平方米，集奢华住宅及精品酒店为一体，成为比佛利山一处生机勃勃的西部门户。该项目建筑风格独特，巧妙结合开阔空间，融入并凸显这一重要旅游目的地，彰显其独一无二的物质和象征意义。

该开发项目别具一格，连接世纪城的高层建筑、比佛利山市中心的多姿中层商业建筑以及该地区精致优雅的住宅区，承上启下，发挥着重要的枢纽作用。比佛利山一号整体曲线流畅，由两座独立建筑构成，填补了毗邻的洛杉矶高尔夫乡村俱乐部和旁边在建区域之间的空白。比佛利山一号建筑设计以南加州美妙的田园气息和迷人的室内外生活方式为底蕴，匠心独运，彰显永恒经典风范。比佛利山一号的两座建筑矗立于约6米高的石柱之上，采光极佳，驻足其上饱览花园美景，风光旖旎。同时，这种建筑结构也便于畅览周边美景。

比佛利山一号整体呈狭长水平状，外立面铺设可持续设计的透明玻璃，采用标准化的屏蔽元件防护，采光绝佳、通风效果良好。落地移墙的设计与室内外的起居空间无缝连接。屋顶的露台和私人阳台为屋主和酒店住客提供了独特的绝佳观景点，可在此纵览太平洋（Pacific Ocean）、圣莫尼卡山（Santa Monica Mountains）、好莱坞山（Hollywood Hills）、世纪城（Century City）及洛杉矶市中心天际线的迷人风光。

总平面图

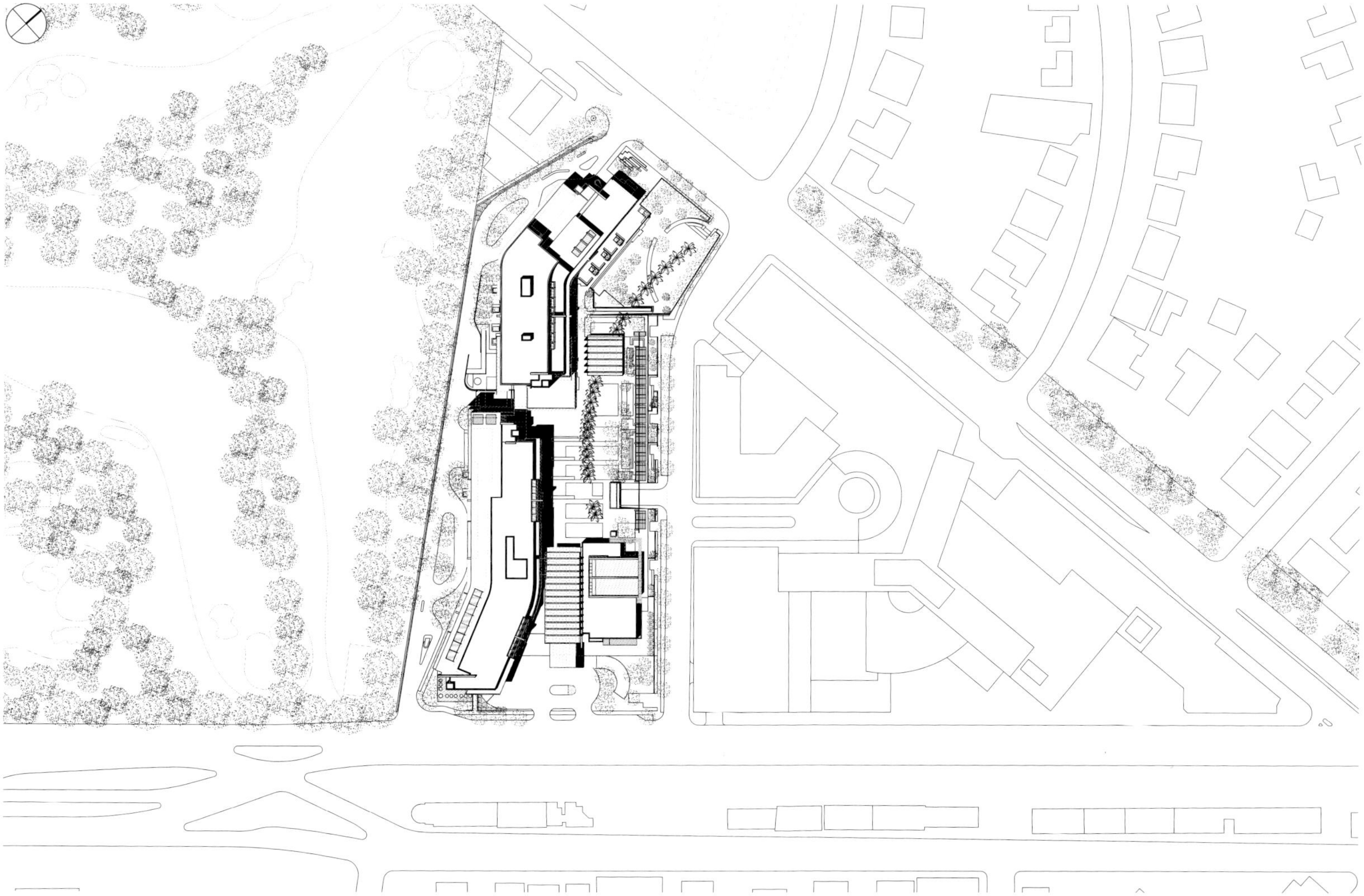

首层平面图

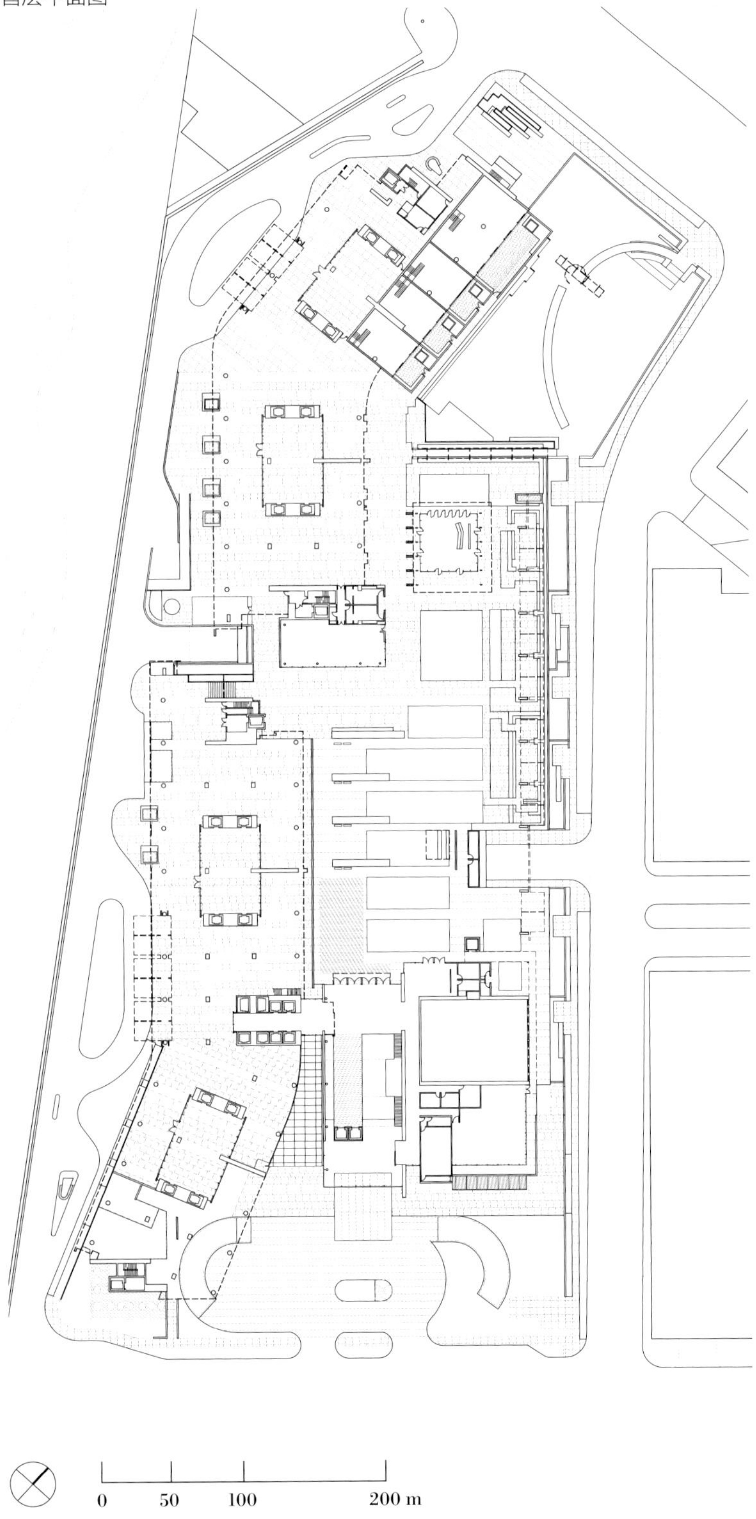

酒店入口层平面图

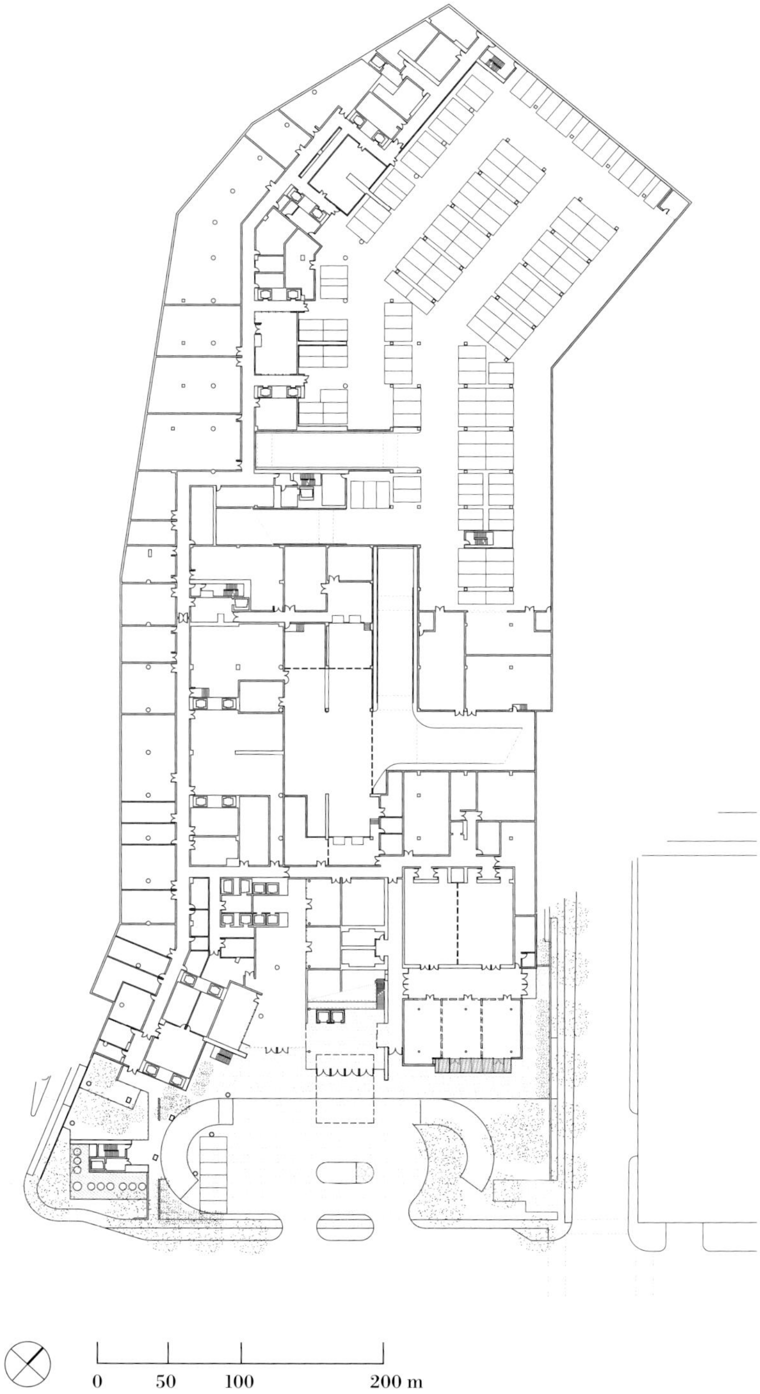

标准楼层平面图

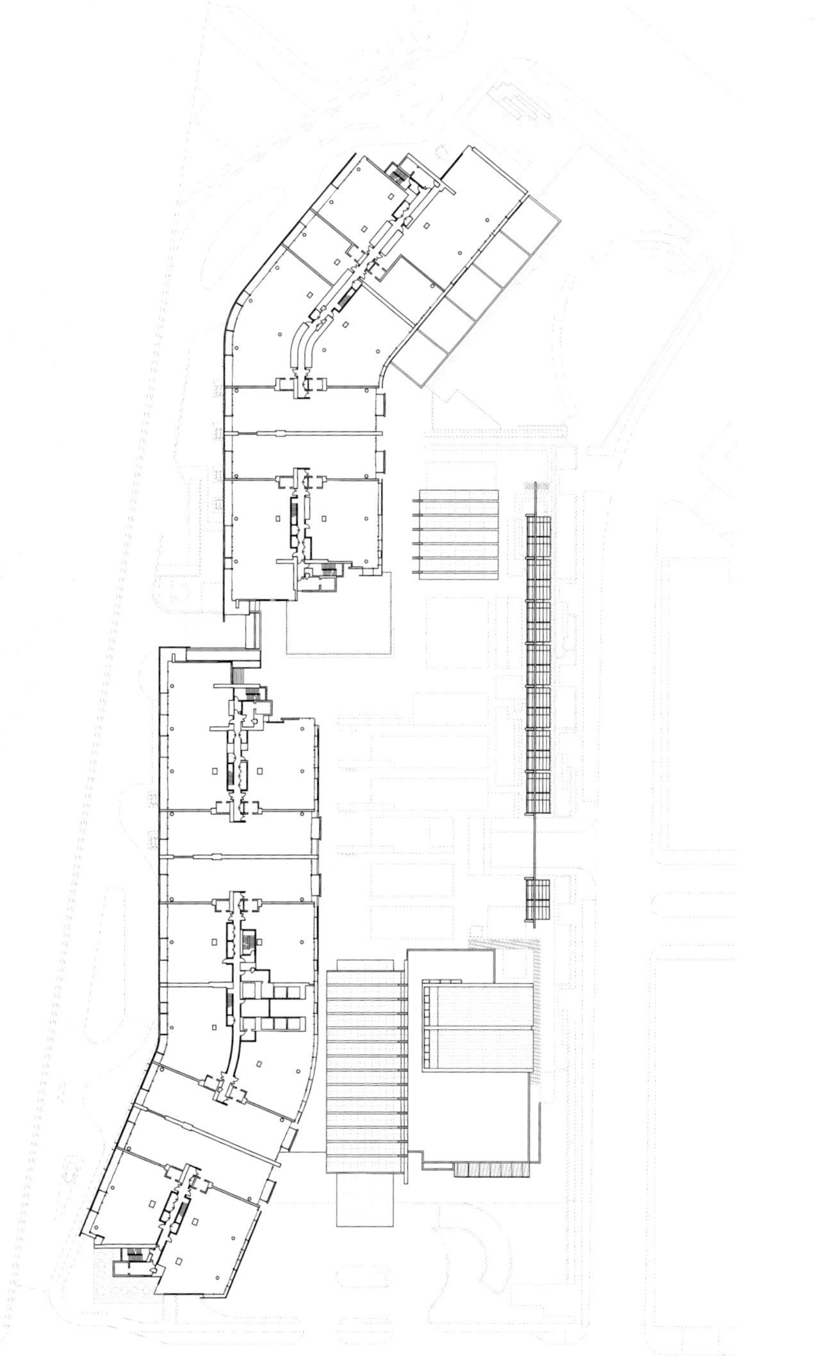

剖面图

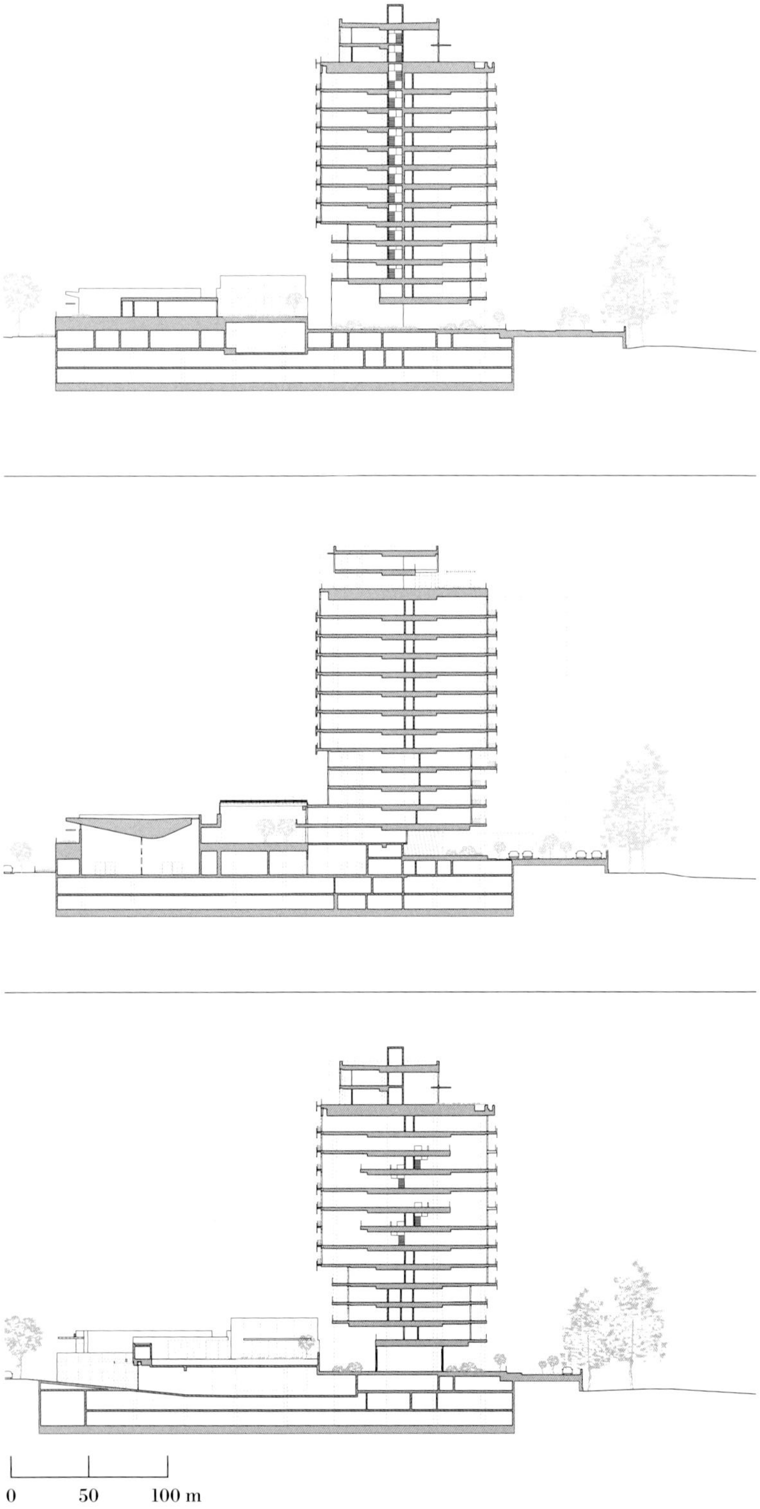

飞天美居
Flying Point Residence

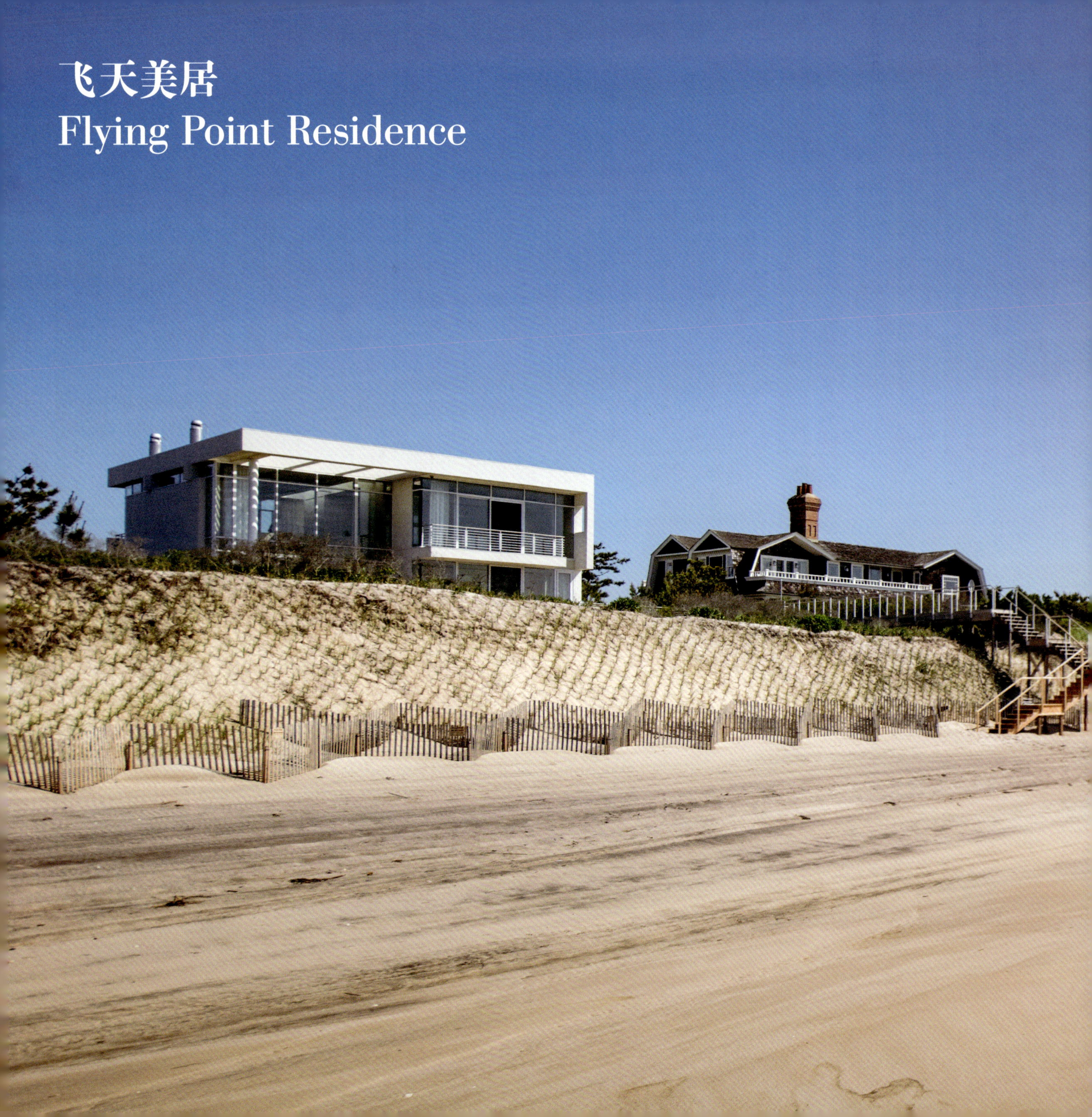

飞天美居
Flying Point Residence

美国　纽约州长岛南安普敦
2006—2016年

飞天美居（Flying Point Residence）这个私人住宅位于美国长岛（Long Island）的狭窄地带，北临墨西哥湾，南临大西洋。建筑及内部布局合理，可一览无余地欣赏周围水景和中央泳池景致。住宅主体采用环形回廊设计，将各个建筑构件融为一体，可从住宅各处直达墨西哥湾和大西洋海岸。

住宅整体采取模块化设计，合理划分公共及私人空间。住宅的公共及社交空间平行于中央泳池及环屋水景。仅部分区域由于二次环流和外墙的穿孔窗户遭受一些风蚀。

通过一段台阶，可直达池畔小屋（Pool House）。拾级而上，墨西哥湾的壮丽美景尽收眼底。池畔小屋内设有大型娱乐室，南向泳池露台，北向墨西哥湾。驻足于此，可饱览绵延不绝的开阔景致。池畔小屋东侧设有一间卫生间和起居室。径直走到屋外，随即可见泳池和阳光露台，悬浮于沙滩之上。各建筑构件均由支柱支撑。

沿着环形主道继续向南走，便可抵达住宅主体的入口层。经过玻璃前厅，沿着垂直楼梯拾阶而上，便可来到二楼。阳光透过垂直百叶窗和屋顶天窗倾洒进来，室内呈现出一片生机勃勃的景象。下到一楼，这里设有两间卧室、厨房、餐厅和挑高起居室。在起居室可饱览大西洋和墨西哥湾的美妙景色。

二楼配置客房、主卧、主卫及衣帽间。餐厅上方的小阁楼兼作书房，配有电视机和壁炉，可以俯瞰楼下的主起居室以及泳池、大西洋和墨西哥湾的美妙风光。起居室、餐厅以及阁楼均可通往室外露台，设有折叠推拉门，采光效果好。大西洋的微风迎面袭来，模糊了室内外的界限。

住宅主体的外墙面粉刷白石膏，并采用铝型材粉末涂料幕墙系统。各式水平、垂直白色百叶窗使住宅拥有全天候的光影与舒适。室内光线斑驳，阴影投射在外墙面上，熠熠生辉，格外动人。沿着主回廊走到一条挑高走道，越过天然沙丘，往下走，便可来到沙滩。

该项目因其建筑的开阔、通透而闻名，但最吸引人眼球的当属其绝佳的采光。这座住宅面朝大西洋和墨西哥湾，无边无际的大西洋、住宅、天空和自然环境共同构成丰富的动态空间。

总平面图

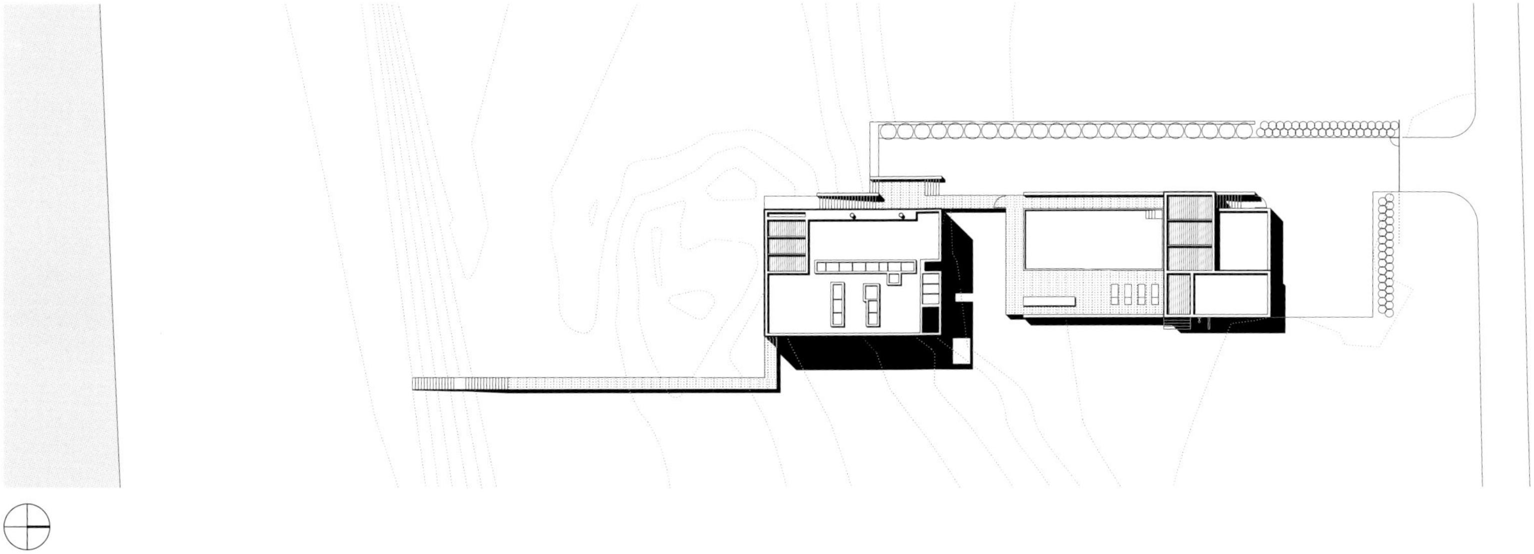

地下室平面图

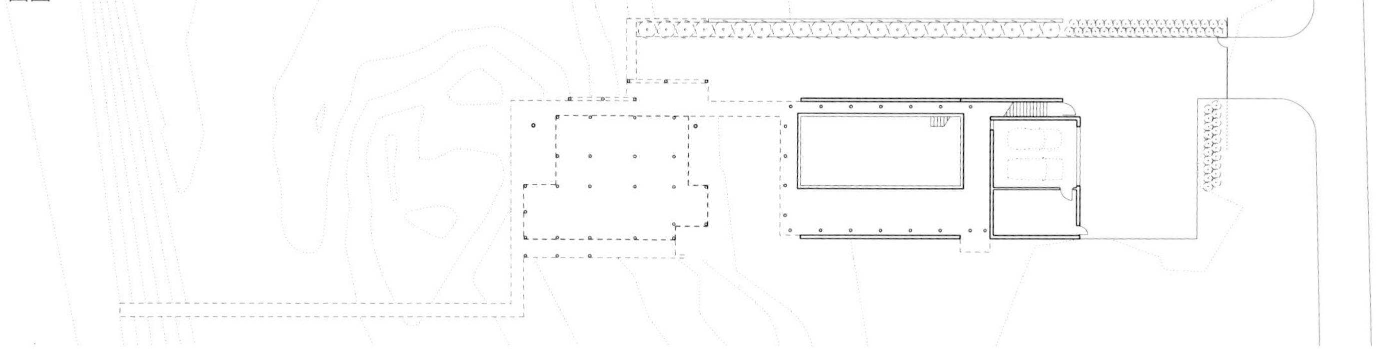

底层平面图

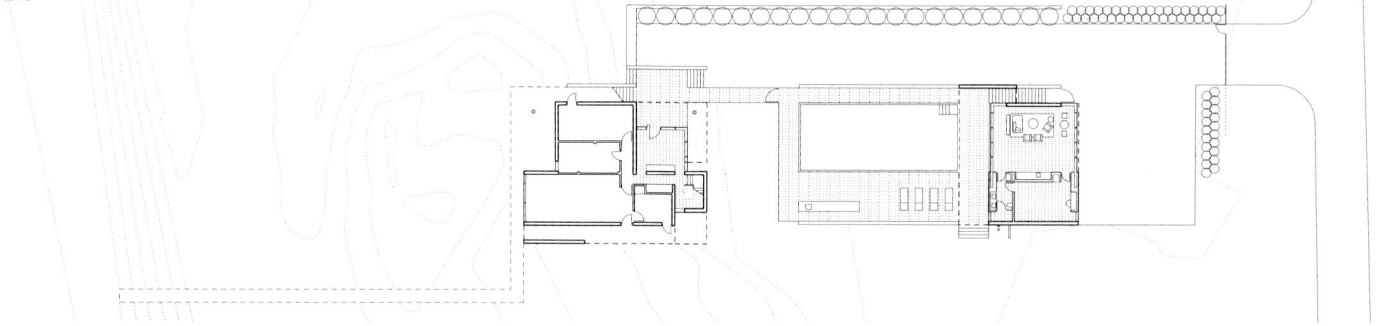

一层平面图

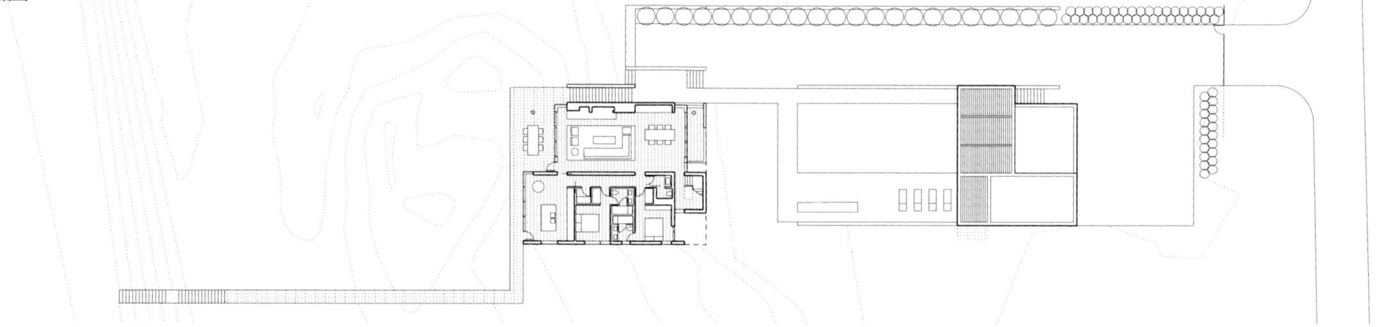

二层平面图

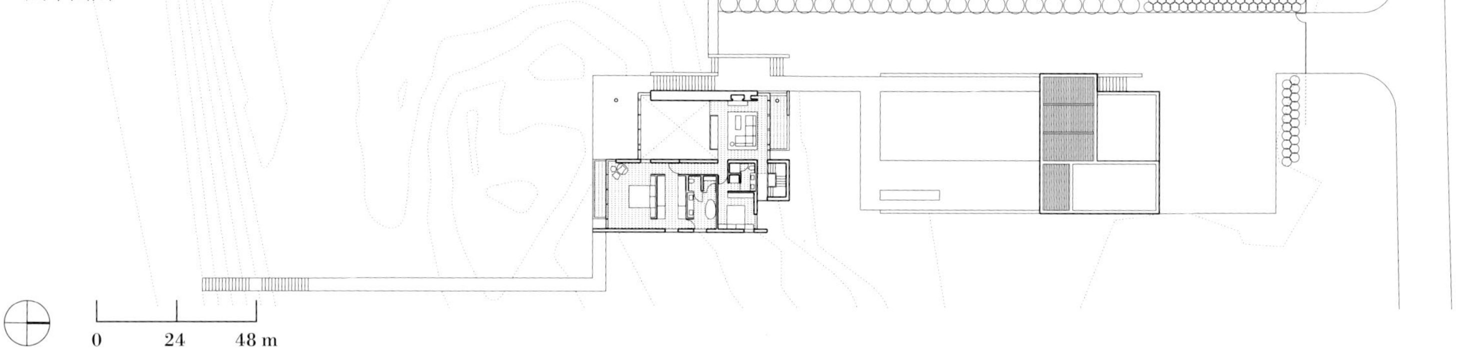

东向立面图

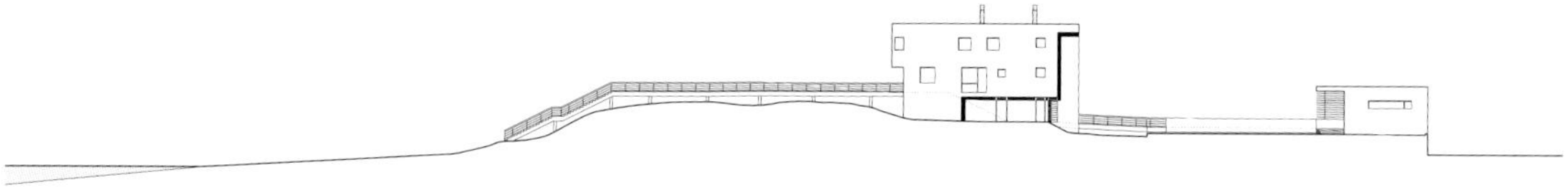

北向立面图

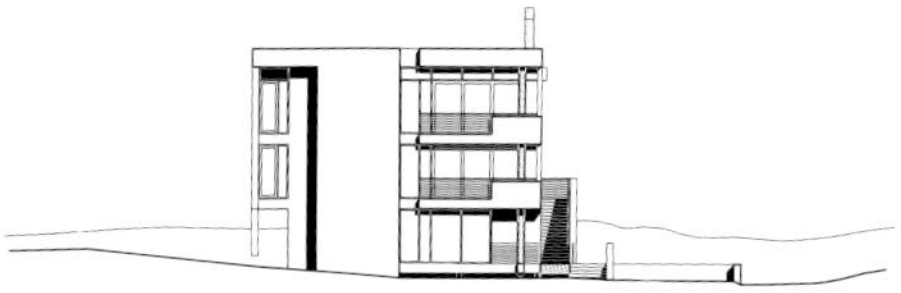

西向立面图

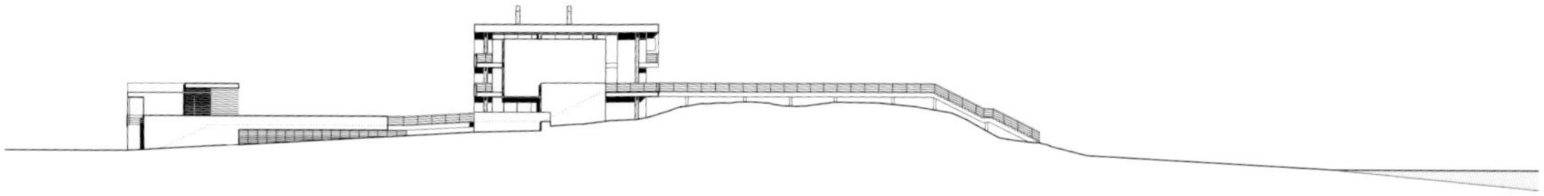

南向立面图

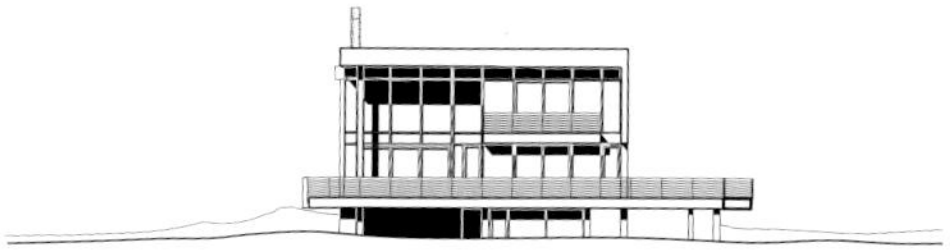

纵向剖面图

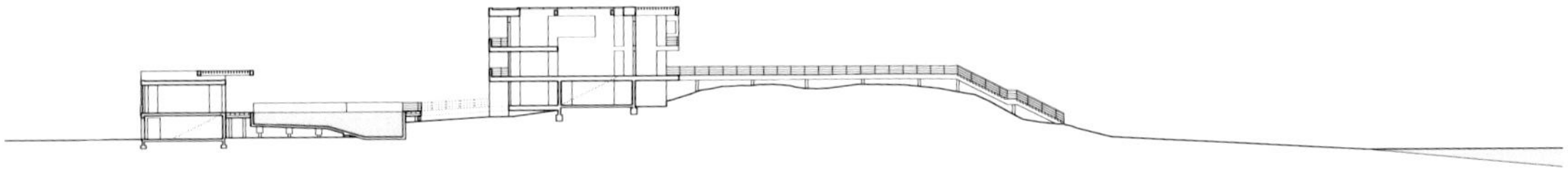

东西向剖面图

0 24 48 m

轴测图

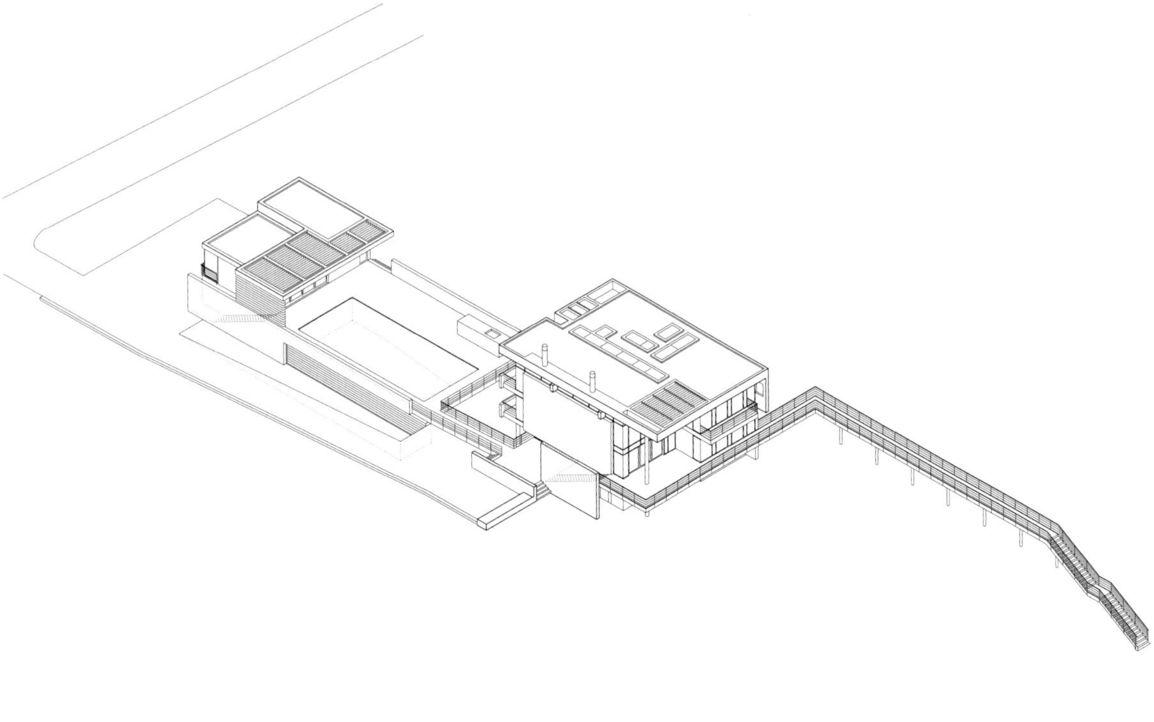

罗斯柴尔德大厦
Rothschild Tower

BANK

总平面图

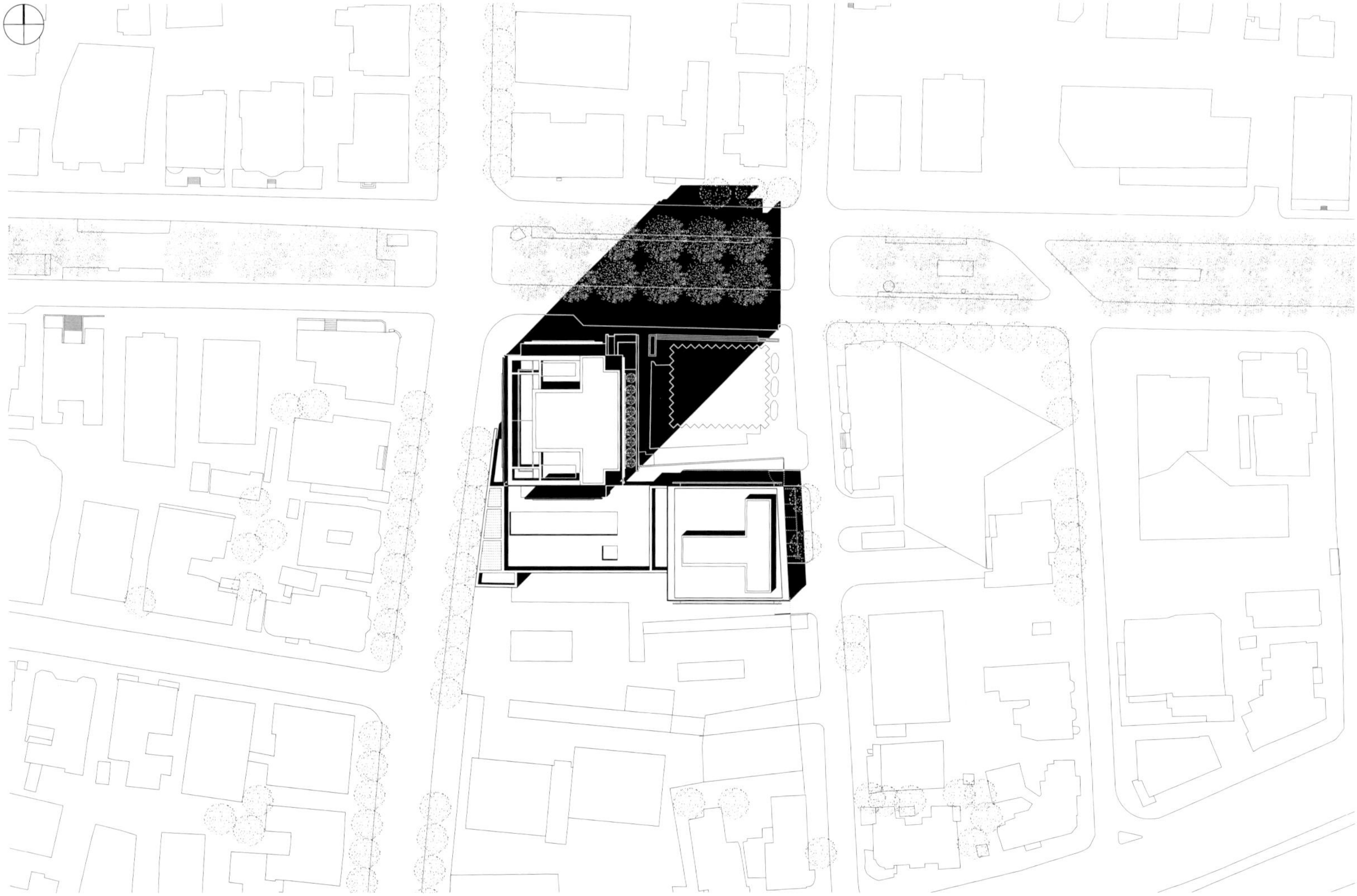

罗斯柴尔德大厦
Rothschild Tower

以色列　特拉维夫
2007—2016年

这栋独特的罗斯柴尔德大厦（Rothschild Tower）坐落在罗斯柴尔德大道（Rothschild Boulevard）上，位于世界文化遗产特拉维夫白城（Tel Aviv's White City）的心脏地带。罗斯柴尔德大厦与数千座包豪斯学派建筑相邻。包豪斯学派建筑由二战前移民到以色列的德国犹太人建筑师设计，历史悠久，可追溯至20世纪三四十年代。

罗斯柴尔德大道华美壮阔，横穿特拉维夫白城，是体验传统文化和散步的好去处。大道两旁的树木浓密，树影斑驳，美不胜收。大道两侧生机勃勃，餐馆、街边咖啡馆和小凉亭随处可见。

罗斯柴尔德大厦是一栋简约优雅的住宅楼，共有42层，其中一楼是商业零售区域。大厦的设计灵感源自包豪斯理念，基于功能性、稀疏性原则，考虑经济因素，利用现代化量产材料，重复使用基本形式建造而成。大厦设计过程中，必须考虑的因素包括：采光效果、观赏城市及海洋景色的视角、有效布局建筑主体周边的“被服务空间”和“服务空间”，以及该大厦与罗斯柴尔德大道上现有建筑物的肌理与体量之间的关系。

塔楼及地基的设计以良好的采光和通透性为理念。这一理念不仅明显降低了附近中低层建筑的密集感及该区域大型楼宇的反光程度，体现出特拉维夫城乐观开放、活力四射的状态，更加贴近世俗的现代化特征。精致的百叶窗宛如优雅的白色“面纱”，设计灵感源自传统的中东服饰——波卡。百叶窗的设计既明确界定建筑的公共形象与建筑内部空间的区别，又产生出朦胧模糊感。同时，百叶窗还起到保护细腻洁净的玻璃幕墙的作用。当地建筑在通风走廊或留白区域均有使用滑动百叶窗的先例。百叶窗在周边现存的包豪斯建筑中比比皆是。

大厦的大堂和零售区宽敞高挑，面朝周围的街道和社区。大厦后面的零售购物街正在改建之中，希望能重现昔日荣光，将建筑物及其住户更好地融入该社区。

罗斯柴尔德大厦的采光及通透性出类拔萃，将其与周边冰冷的玻璃幕墙和高楼区分开来。未来或许会涌现出可持续性的设计方案，使得这些大型楼宇变得更加“平易近人”。

手绘草图

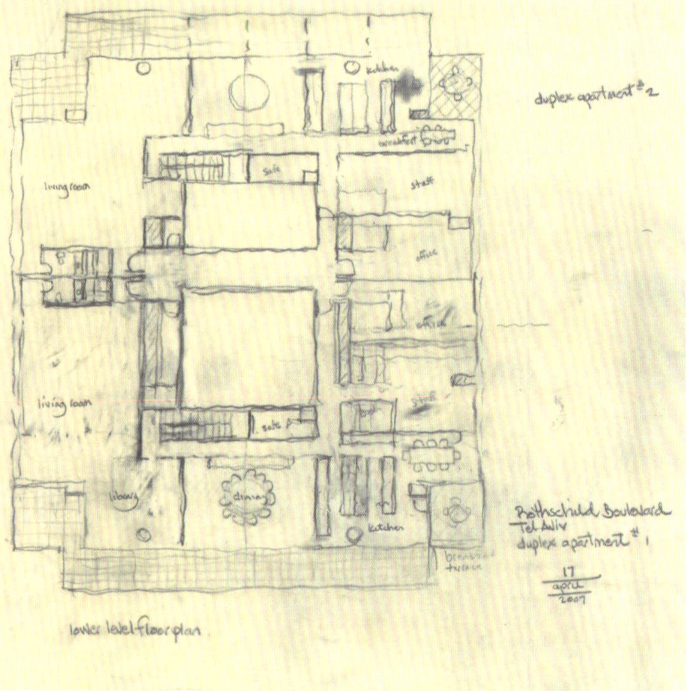

环形

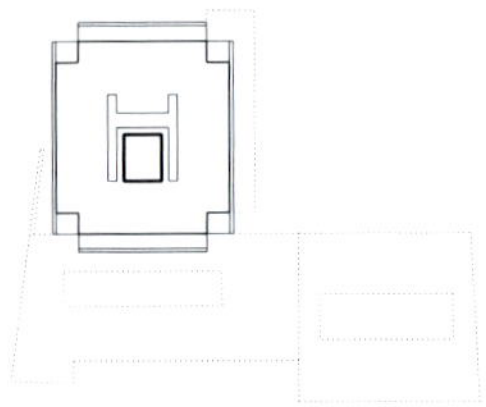

围护结构

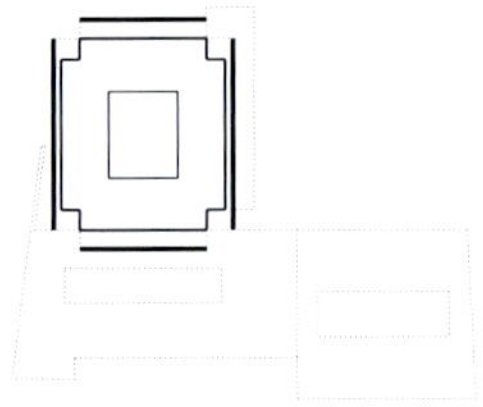

入口

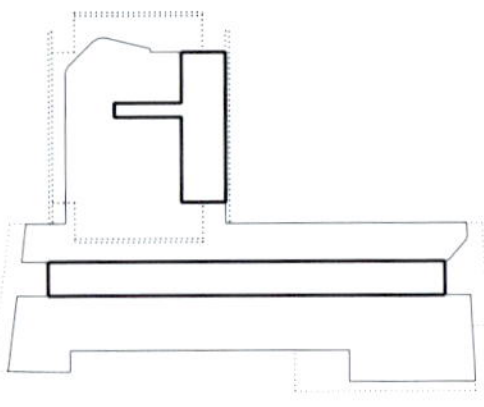

几何

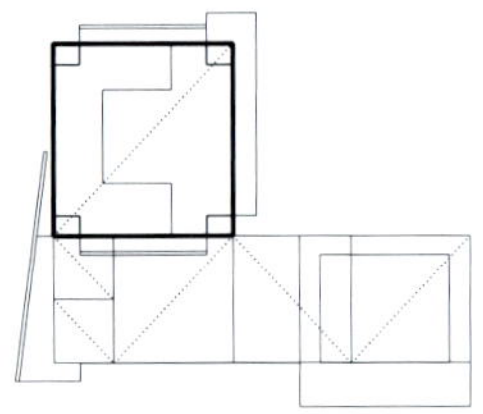

结构

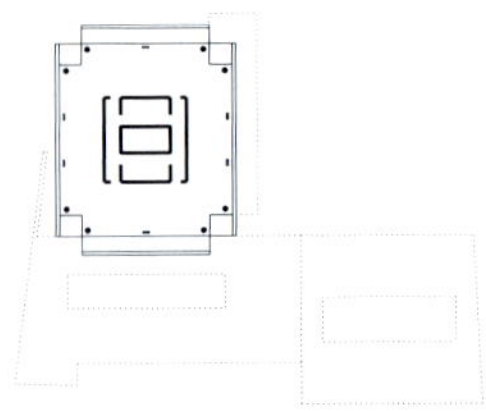

垂直

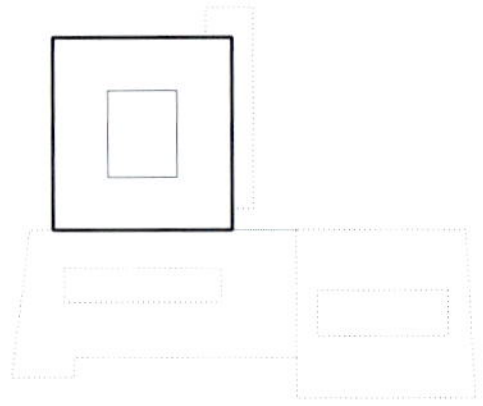

一层平面图

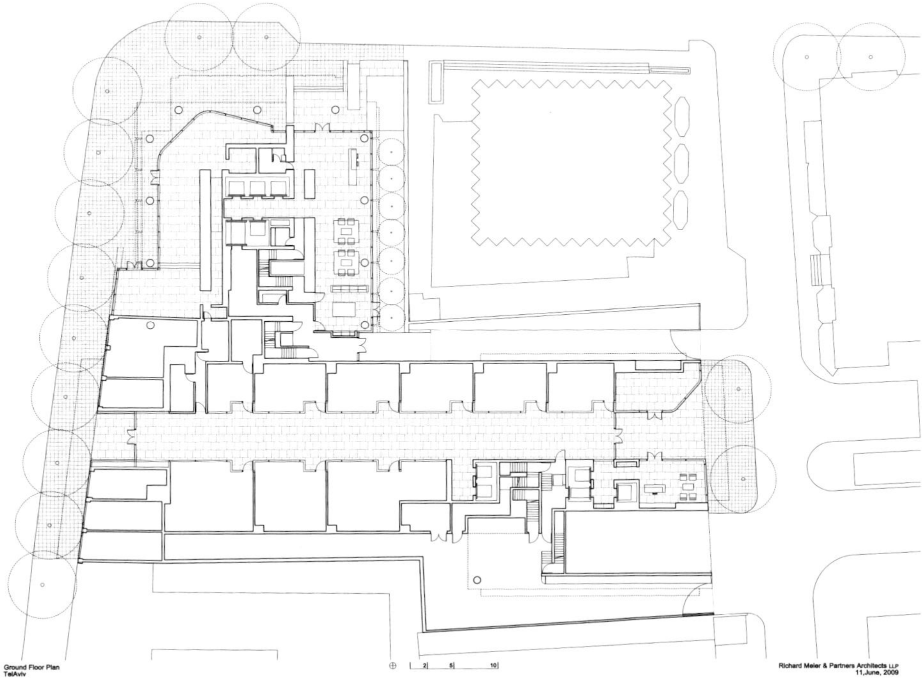

标准楼层平面图

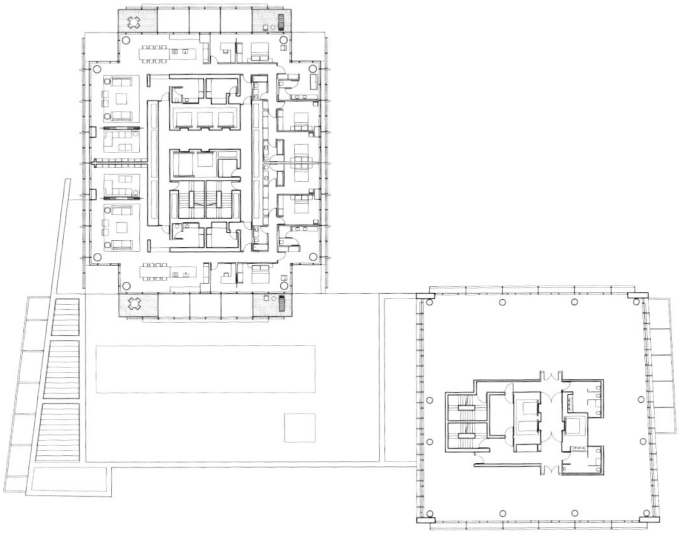

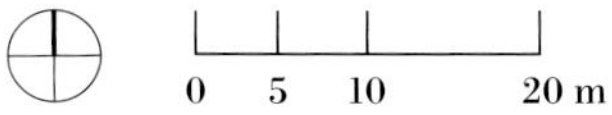

东向立面图

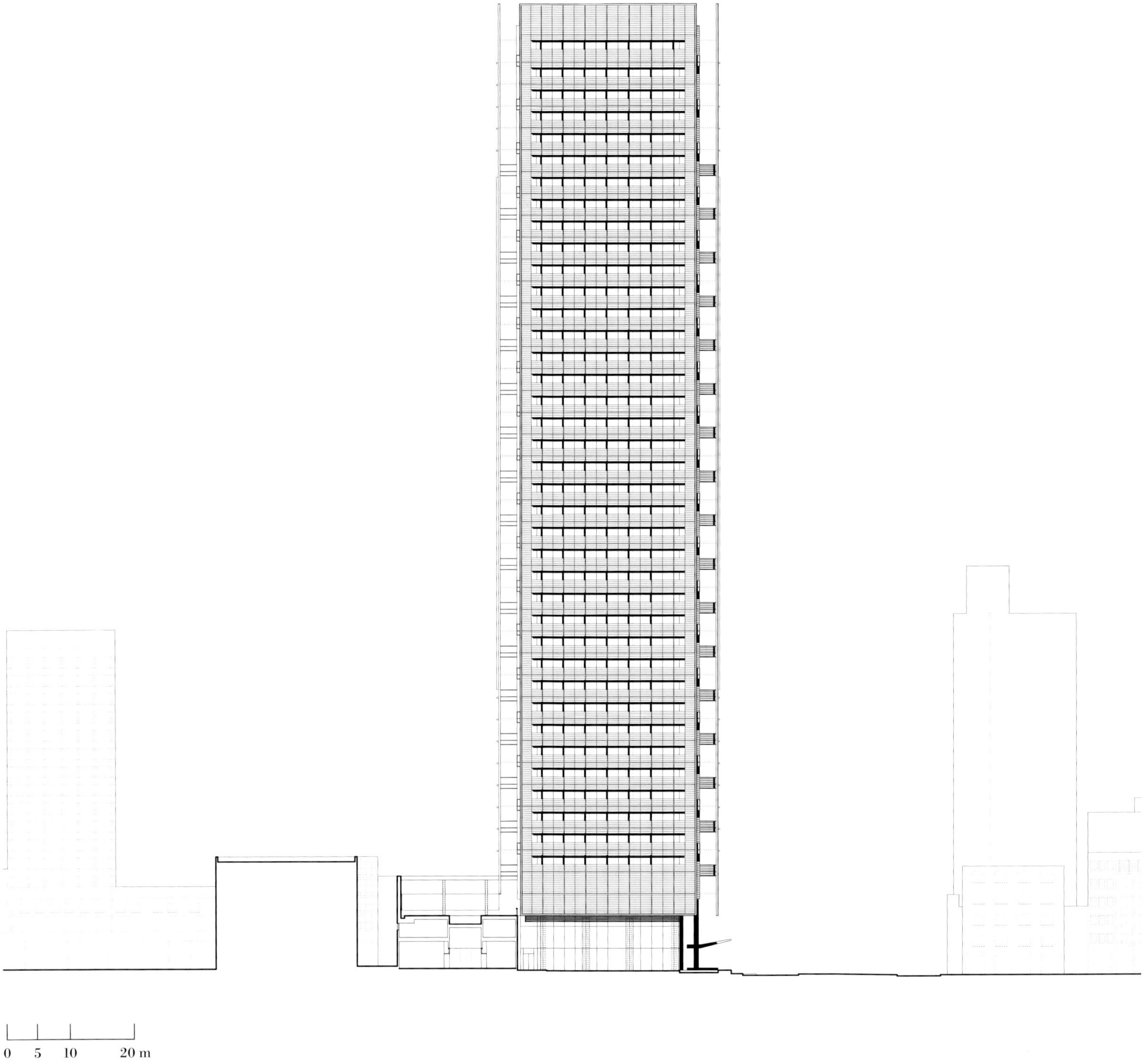

北向立面图

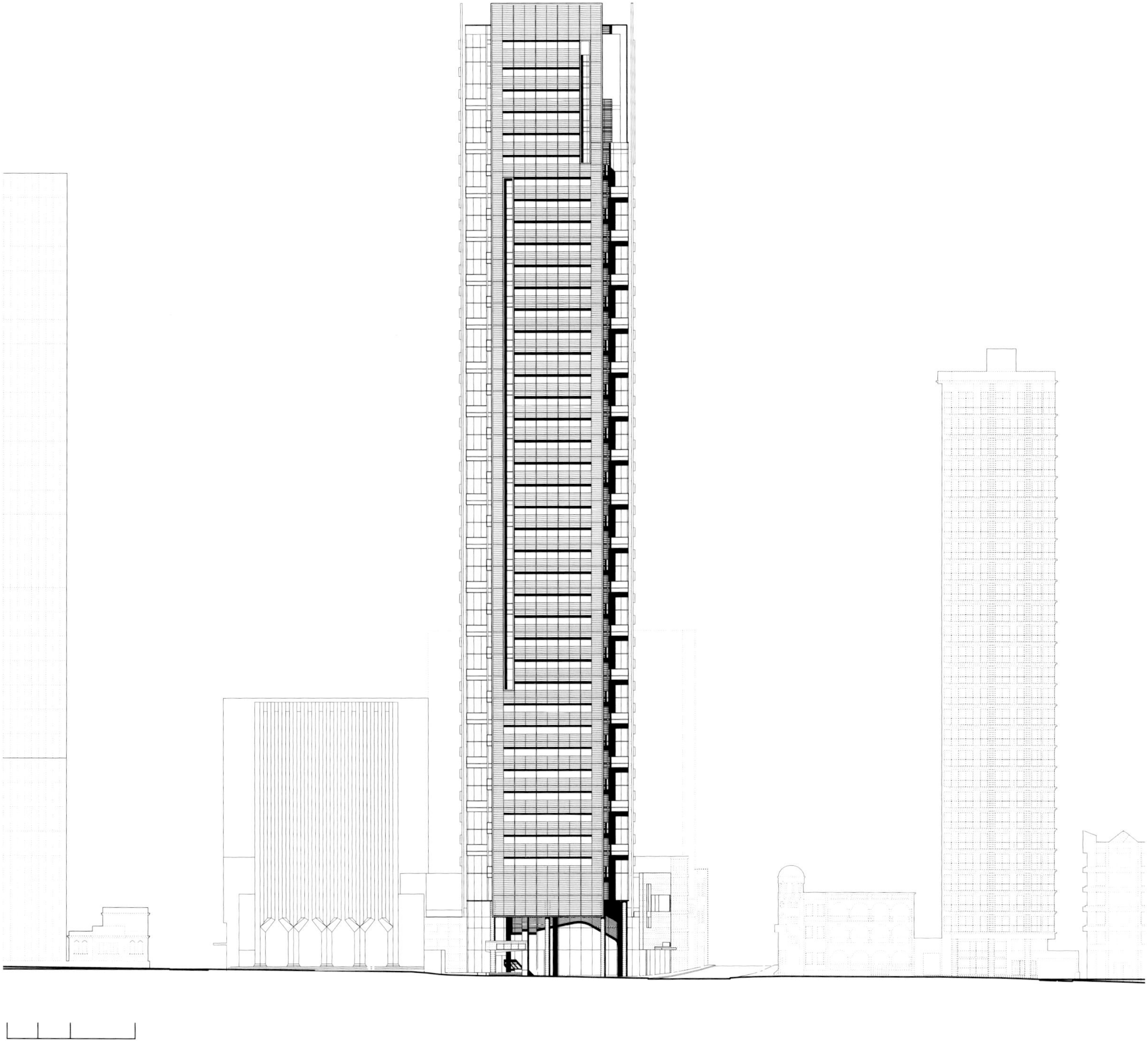

南向立面图

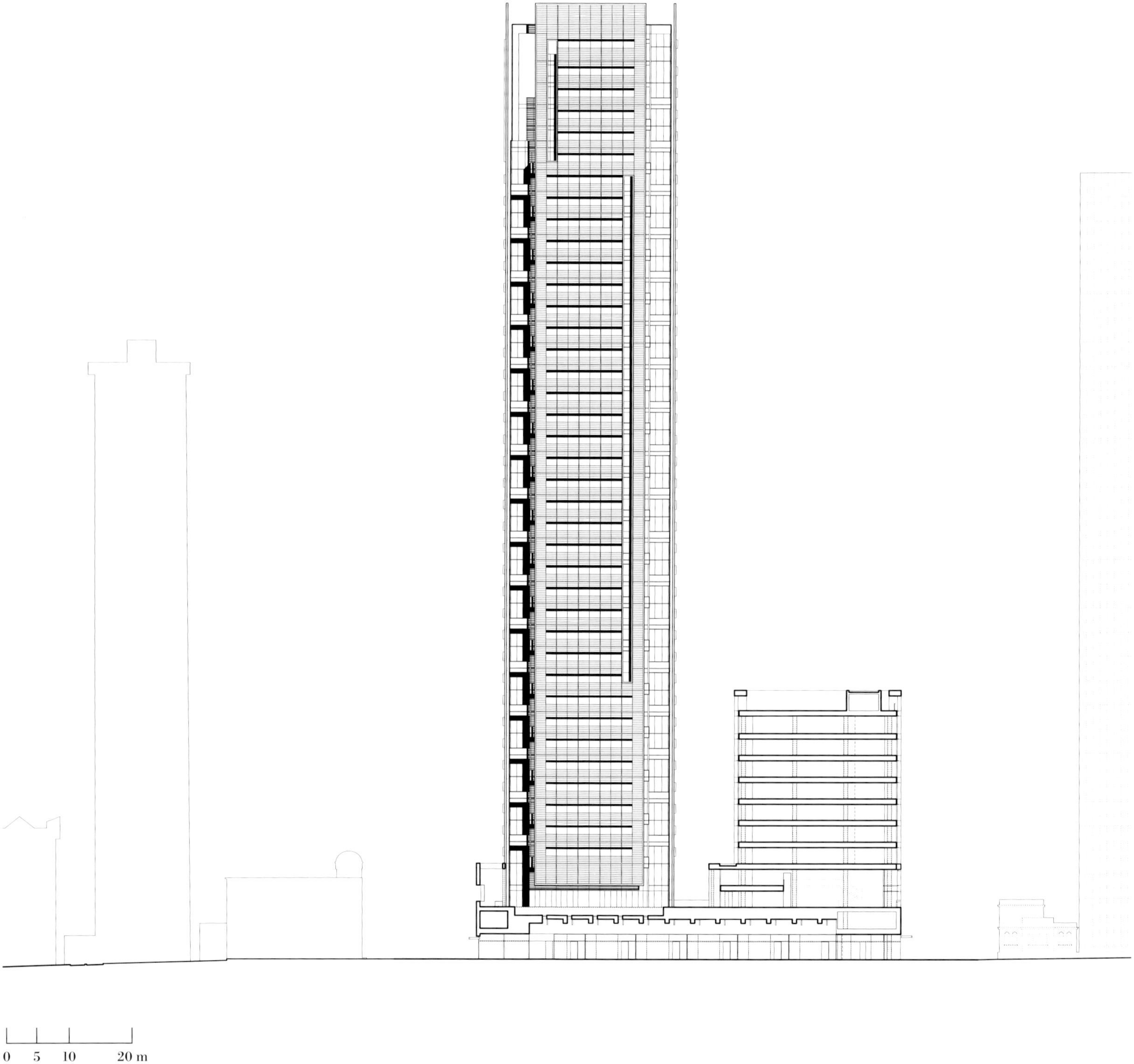

西向立面图

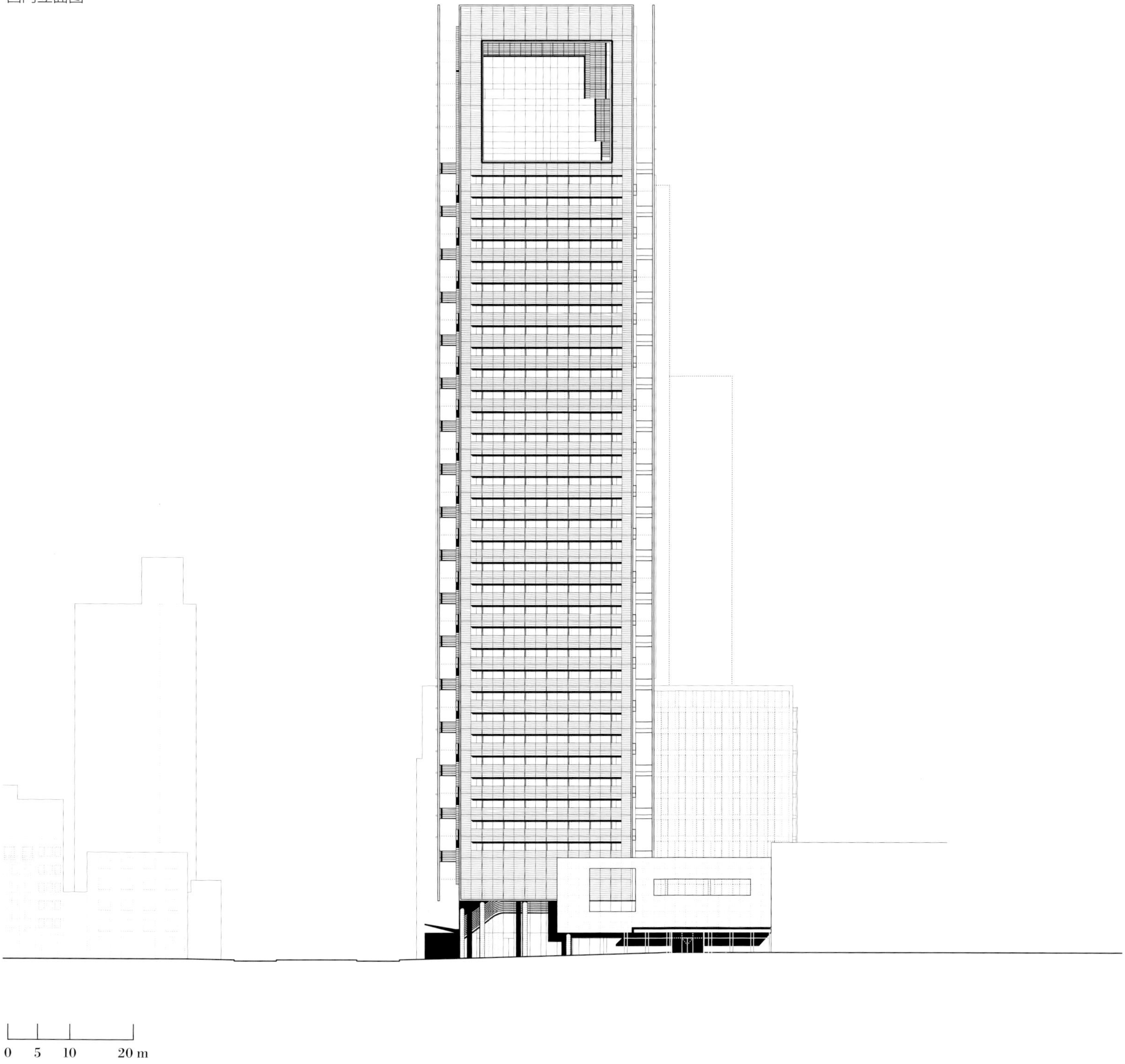

东向剖面图

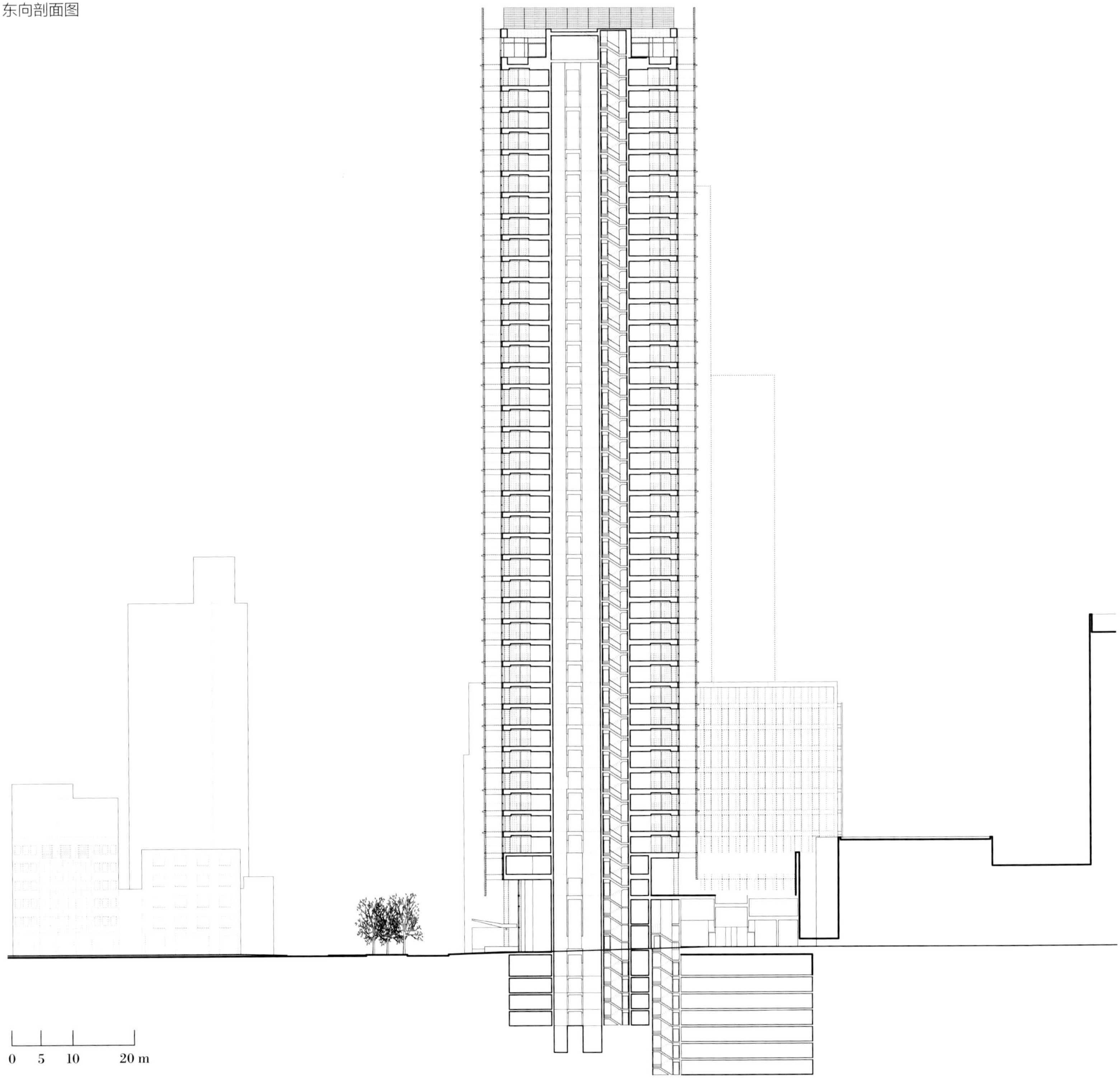

南向剖面图

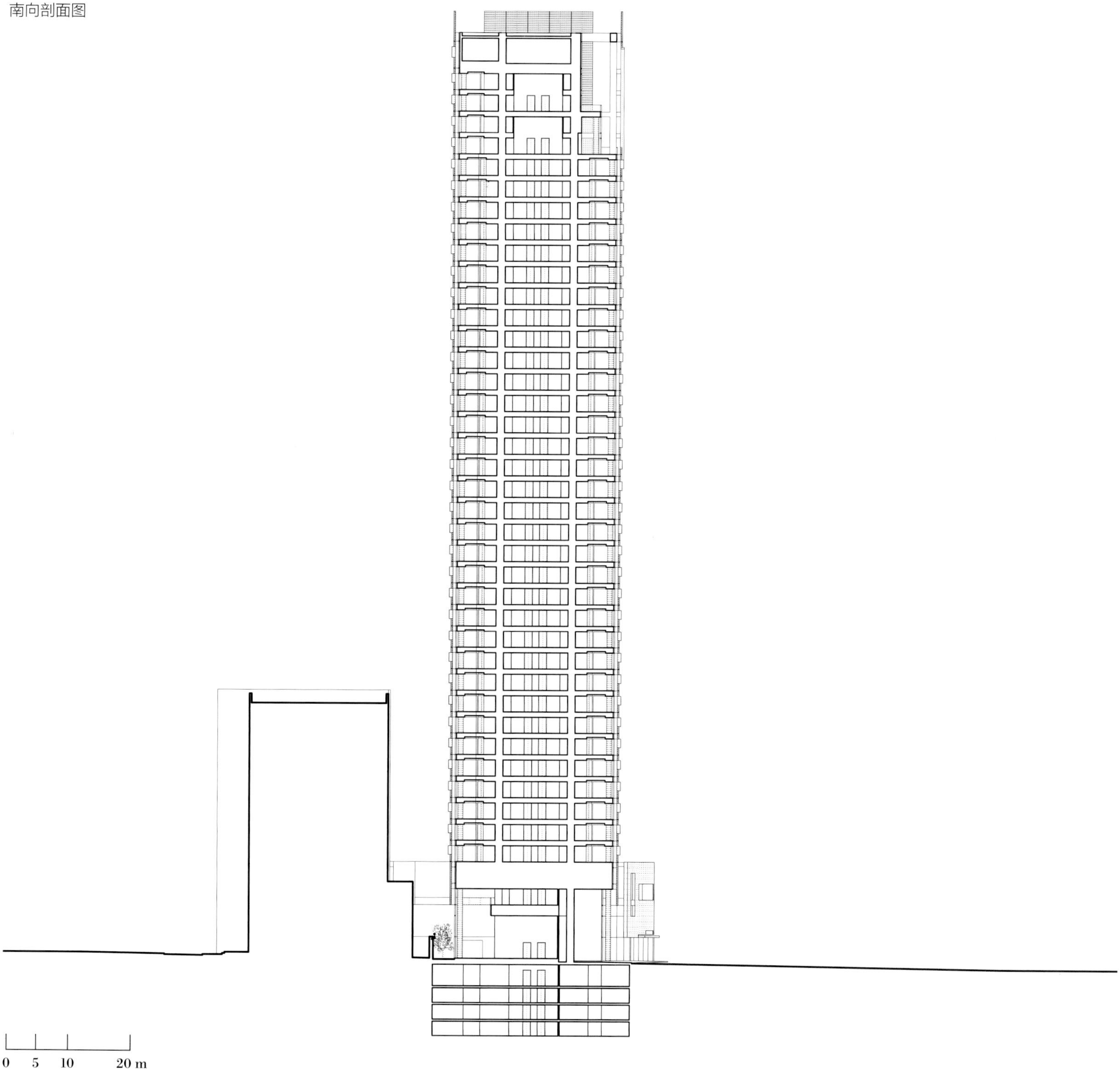

BANK

BANK

אדגר 360

MEIER ON
ROTHSCHILD

牛津郡住宅
Oxfordshire Residence

牛津郡住宅
Oxfordshire Residence

英国　英格兰牛津郡
2007—2016年

牛津郡住宅的地理位置绝佳，不仅在于其开阔的视野和景观，还在于当人快要接近这里时体验到的丰富空间，这也是设计的主要灵感来源。开放和封闭的对比，环境中物体的光影以及当地纯净美好的自然资源，都使得牛津郡住宅的环境十分引人入胜。

这栋乡村住宅的设计基于3个原则：与场地环境有积极呼应，与当地历史产生联系，必要时加强可持续发展的设计。

在英国这一地区附近设计住宅，不借鉴英国庄园几乎是不可能的。这种设计类型主张一种理想的情况：住宅的设计尊重自然树林以及地形，让空间融入自然环境的同时还创造出舒适的居住条件。尤其对于场地以及四周建筑，建筑师会尝试将景观视野融入设计，获取建筑与自然之间的平衡。

建筑的结构和取向与场地的布局有直接联系。建筑背靠茂密的森林，营造出一种稳固之感，同时，建筑前部的清澈明净的玻璃面向开阔的景观张开怀抱。同样地，建筑功能的分布，分隔内部空间的墙和柱，都用来突显阳光和景观，创造出惊艳的生活空间。

牛津郡住宅的设计将可持续性作为重点，既从当代的理解出发，也就是说，尽量实施保护机制，降低碳排放的方法以及使用可再生能源，也从传统的意义出发，就是该建筑旨在经受住时间的考验。

该住宅与场地本身紧密联系，内部设计也细致地参考了人体尺度，借鉴极简美学，使用独特的建造方式以及材料，并且重视对自然环境的保护和利用。

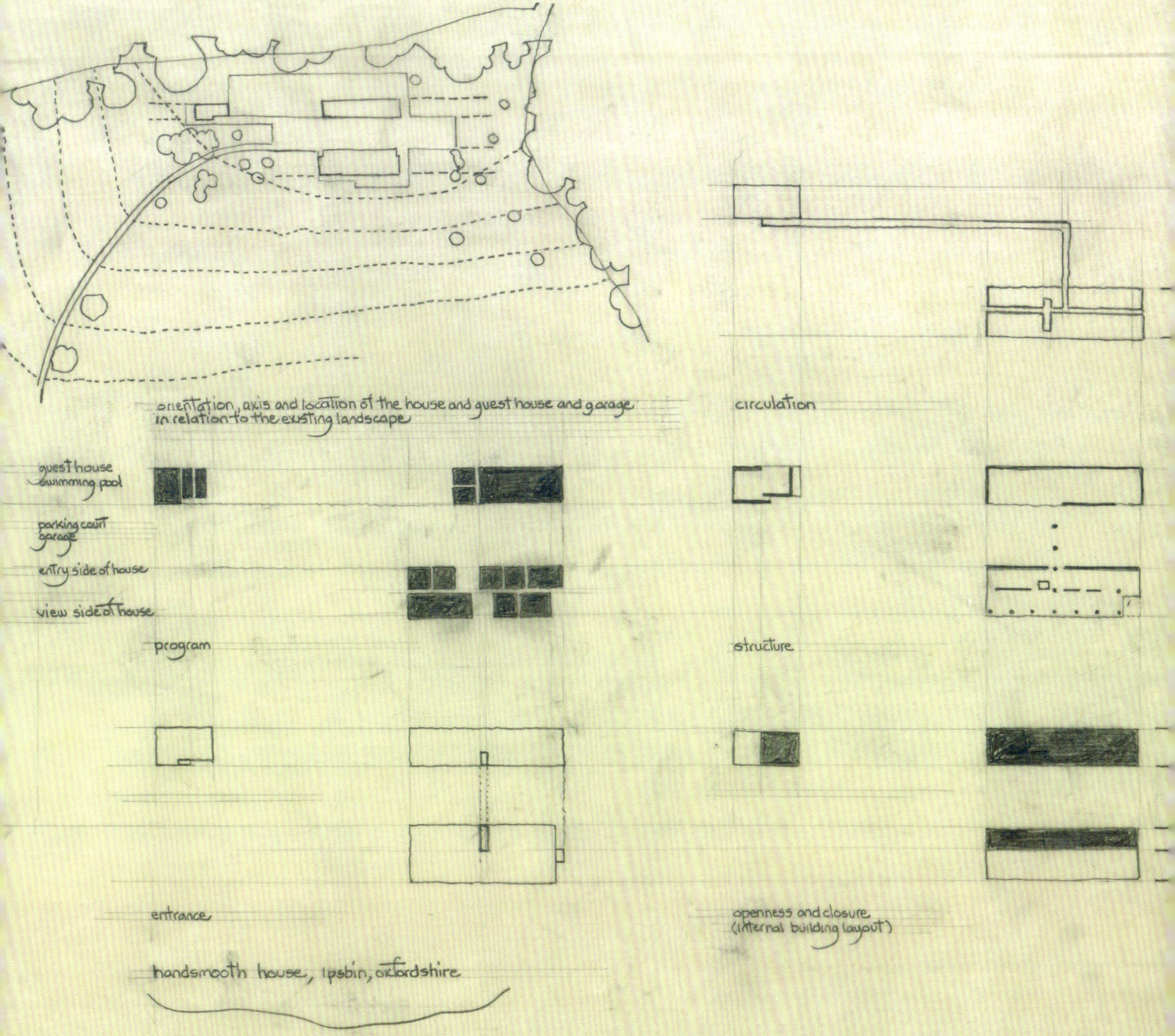
orientation, axis and location of the house and guest house and garage
in relation to the existing landscape
circulation
guest house
swimming pool
parking court
garage
entry side of house
view side of house
program
structure
entrance
openness and closure
(internal building layout)
handsmooth house, ipsbin, oxfordshire

手绘草图

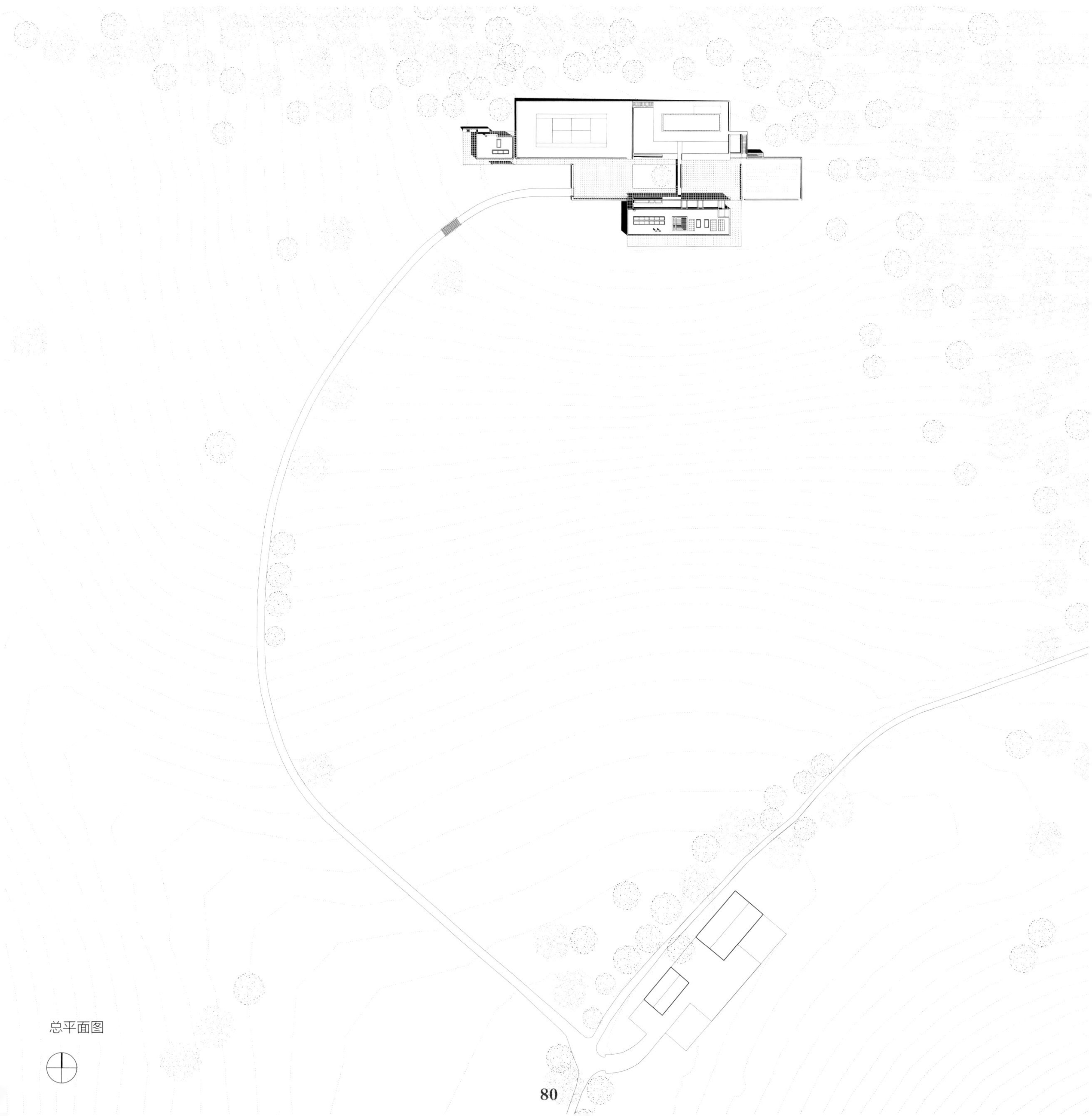

总平面图

一层平面图

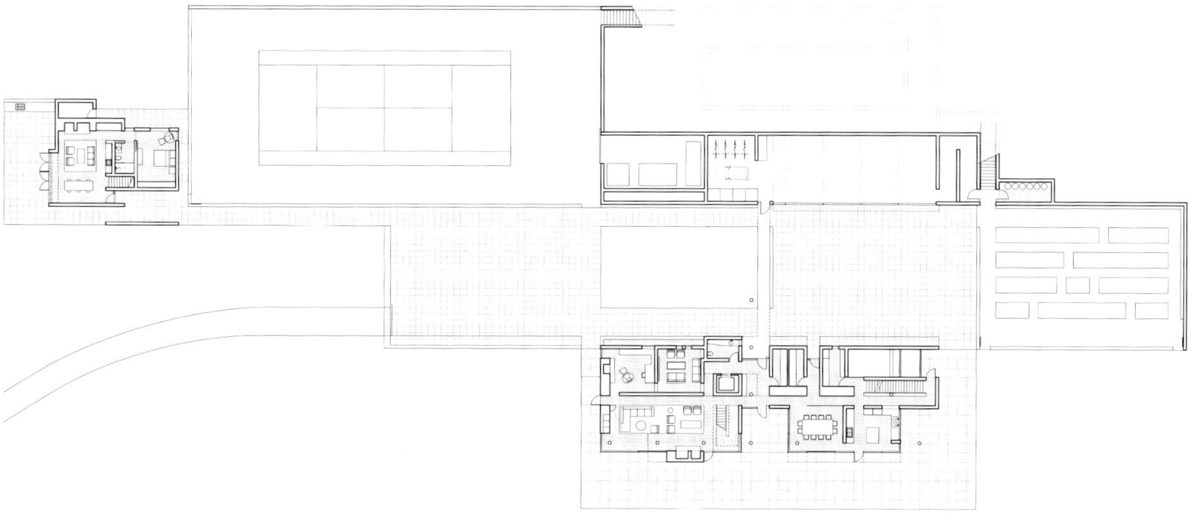

二层平面图

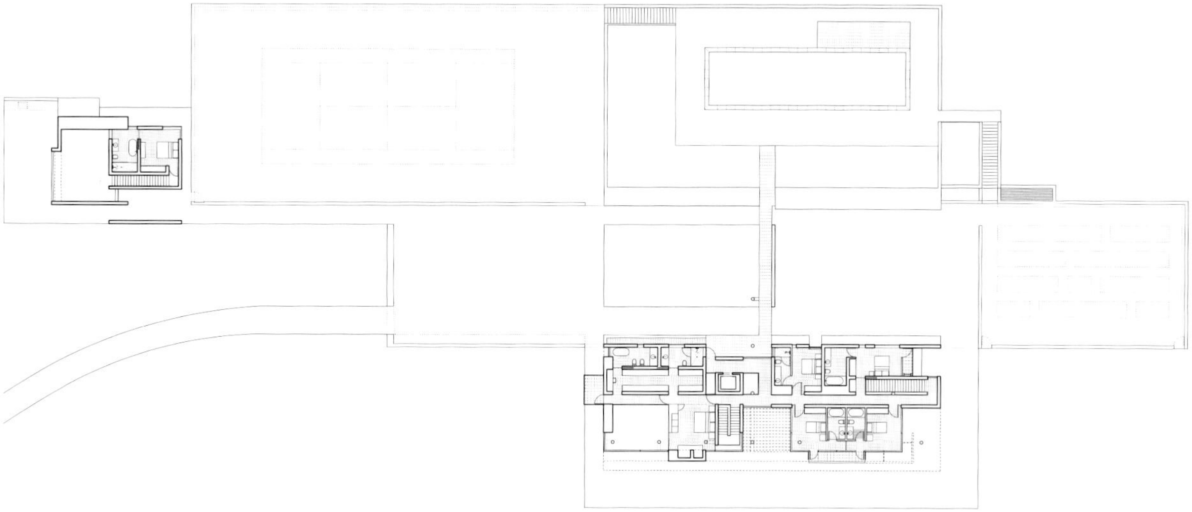

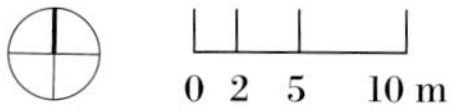

东向立面图

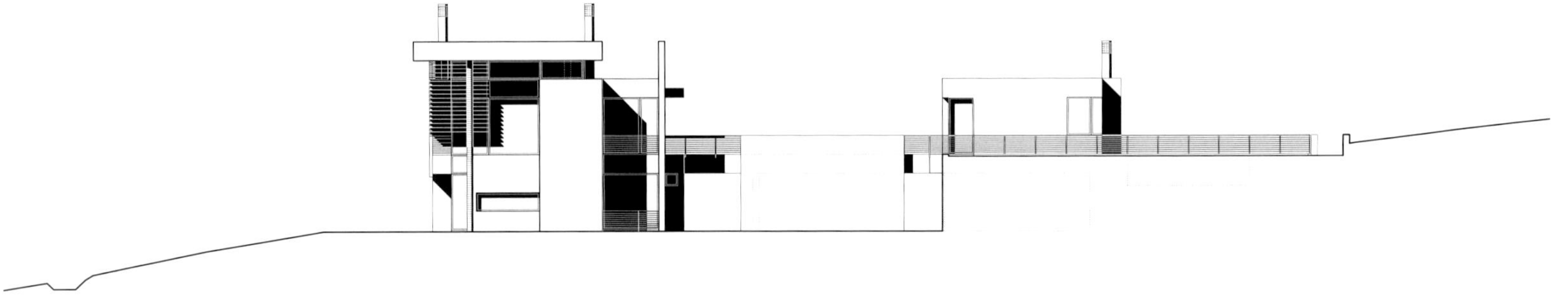

北向立面图

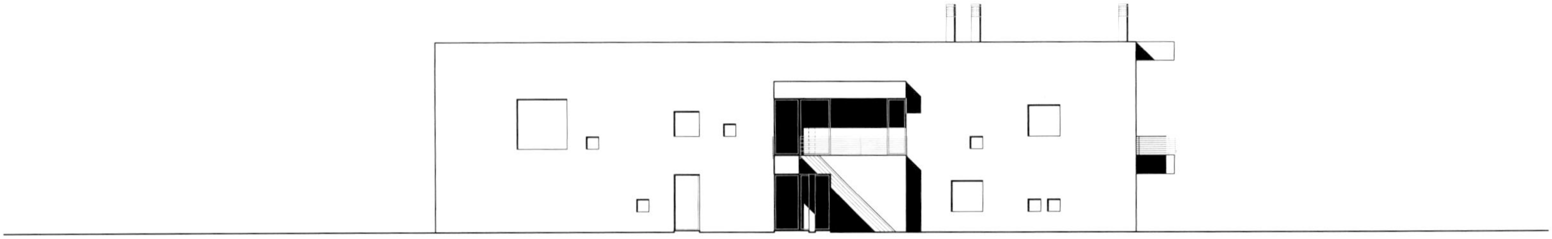

南向立面图

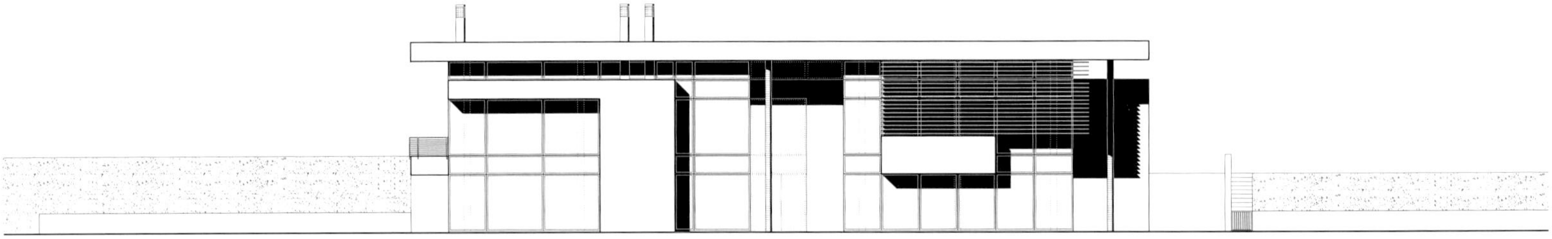

西向立面图

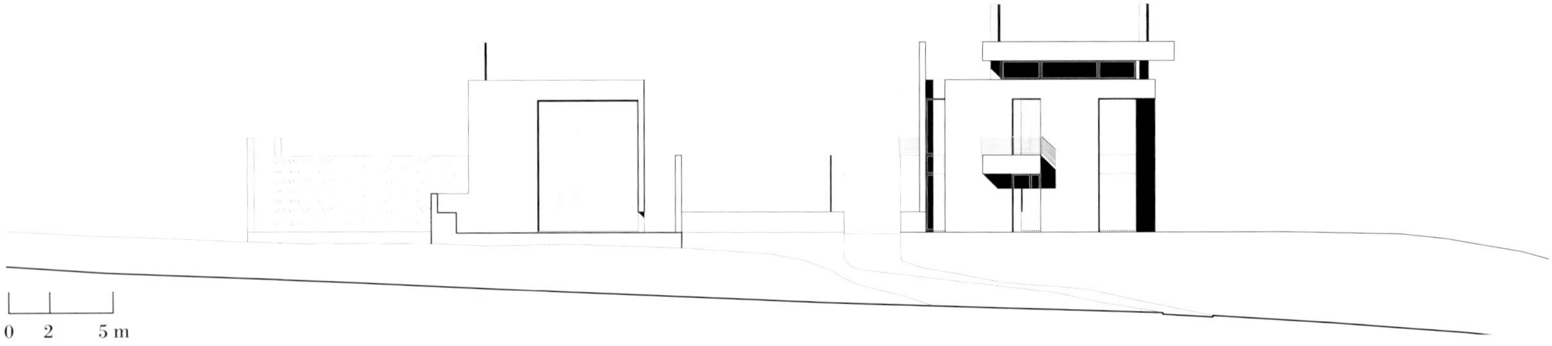

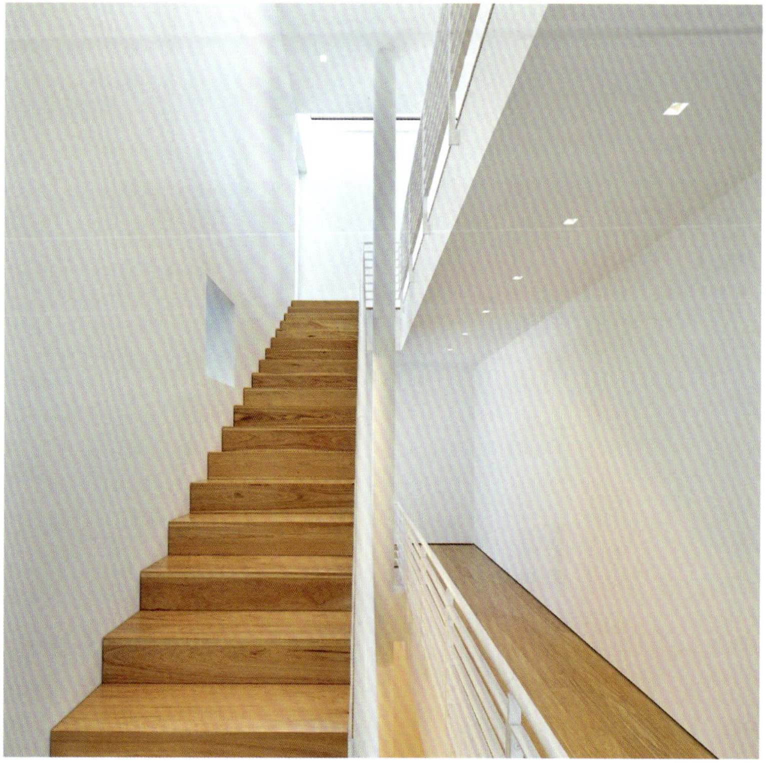

博德鲁姆别墅住宅区
Bodrum Houses

博德鲁姆别墅住宅区
Bodrum Houses

土耳其　亚里喀瓦克村
2007年至今

博德鲁姆别墅住宅区（Bodrum Houses）位于土耳其博德鲁姆半岛（Bodrum Peninsula）的亚里喀瓦克村外。该别墅区共有21幢别墅，占据着一片陡峭山腰，坐拥亚里喀瓦克湾（Yalikavak Bay）的绝美风光。这里的地形绝妙无双，每一英亩地都尽显独特魅力，邻里之间私密性绝佳。这里将提供5种样板户型，每套面积约330平方米，另附一间40平方米客房。每套样板房均设有独立车库、泳池，均经过精心安排，位居同一基底之上，布局井井有条，住宅体量颇为紧凑。

这5种户型已经固定下来，不必根据地形单独设计，只有基底部分根据每一块用地的情况形成各种各样的组织形式。所有的住宅都尽可能多的获取最好的景观，并且建立入口的空间序列。

清晰的道路系统使标准户型更具特色，人们先开车进入车行入口，再通过步道进入室外楼梯，然后是住宅的门厅和双层通高的起居室。一些地块要求所建住宅设立二楼入口，但是建筑整体结构保持不变。在每一处住宅，壁炉和烟囱都是核心的组织元素，住宅一层包括起居室、餐厅、厨房、盥洗室，二层设有3间卧室；家庭影院、洗衣房和用人房则位于地下室。

建筑采用简洁方式，即现浇混凝土结构并做饰面粉刷，并且大面积铺设玻璃窗。住宅用材更为考究，内铺石材和硬木地板。屋顶天窗采光效果绝佳，将屋顶打造成住宅的　“第5个立面”。所有的房子可以作为单个的景观来读取，赋予立体的感觉。因此，为满足大片外墙缩进这一分区要求，外部空间从主体结构中被“雕刻”出来，同时，仍位于同一个整体屋顶之下，使每座房子看起来像是雕塑一般。

手绘草图

Bodrum/Yalıkavak Road
site Plan of Bodrum Houses
Bodrum, Turkey
2008
25m
50m
north

住宅III轴测图

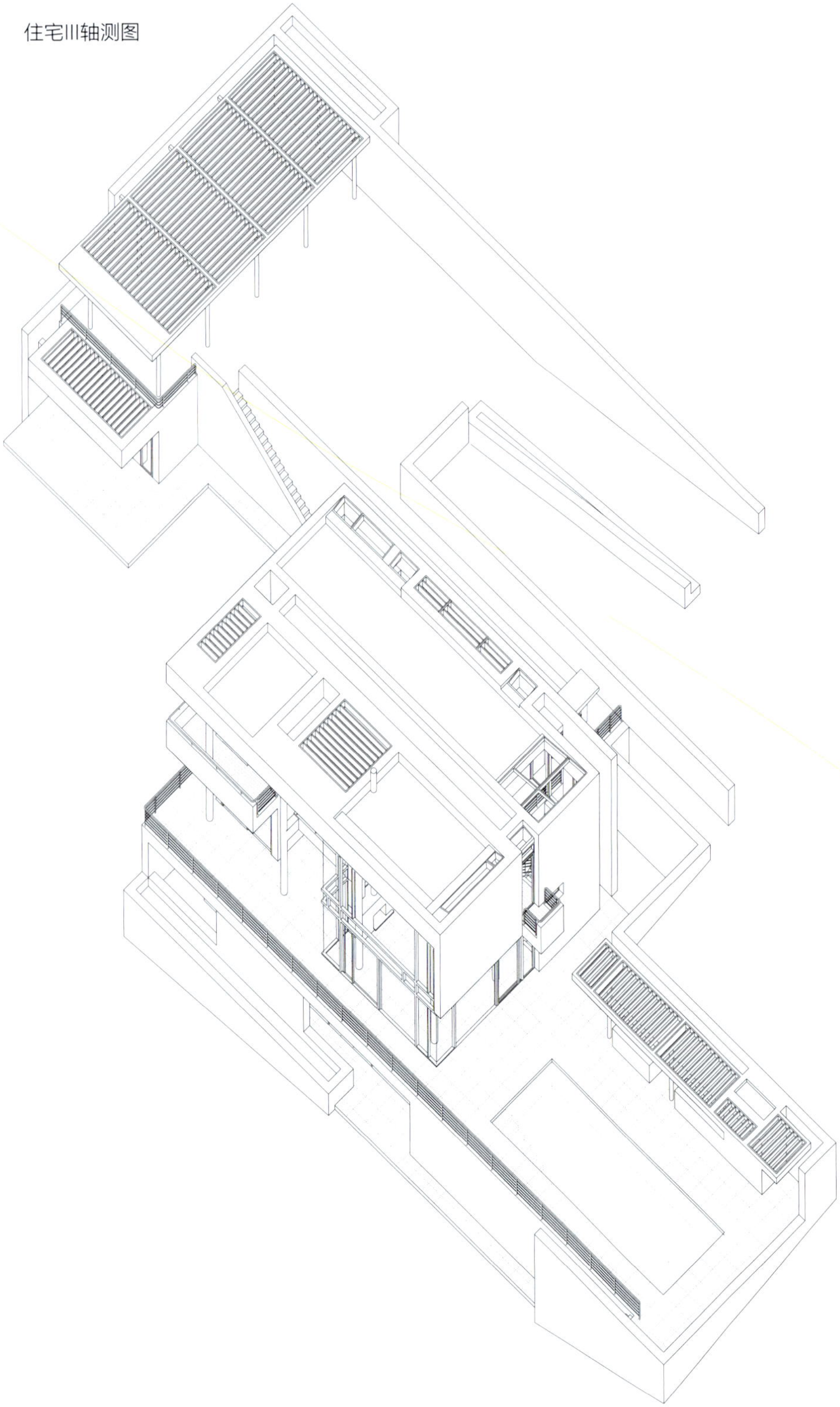

总平面图

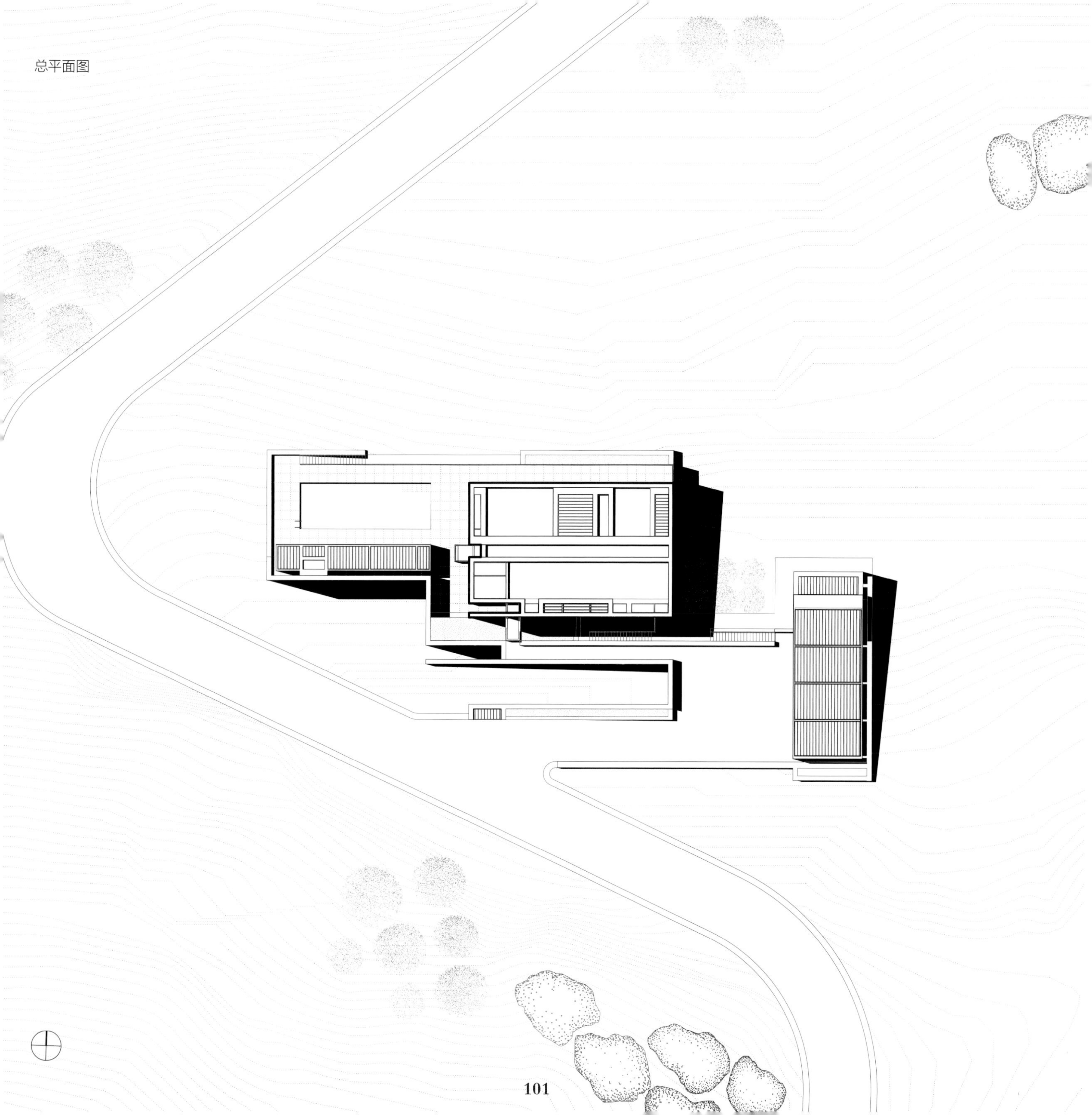

地下室平面图

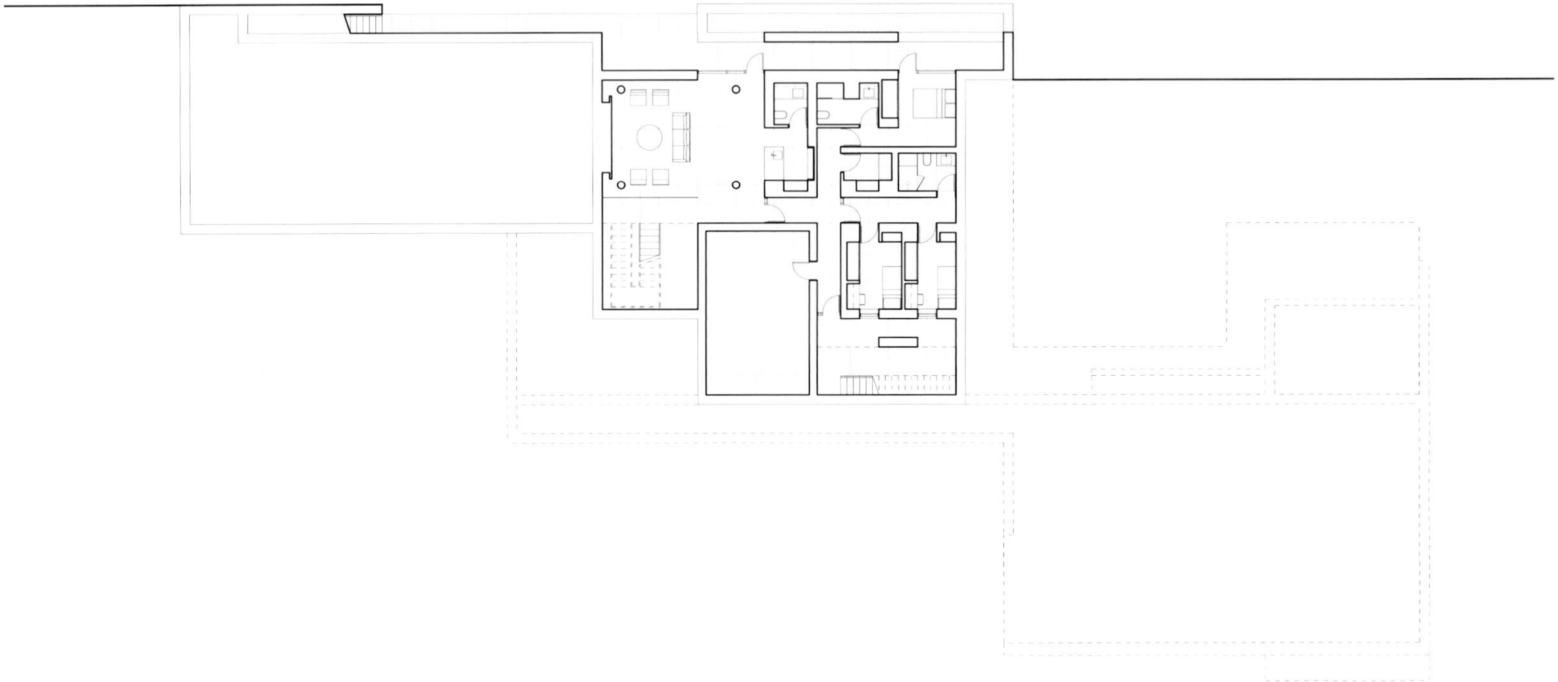

一层平面图

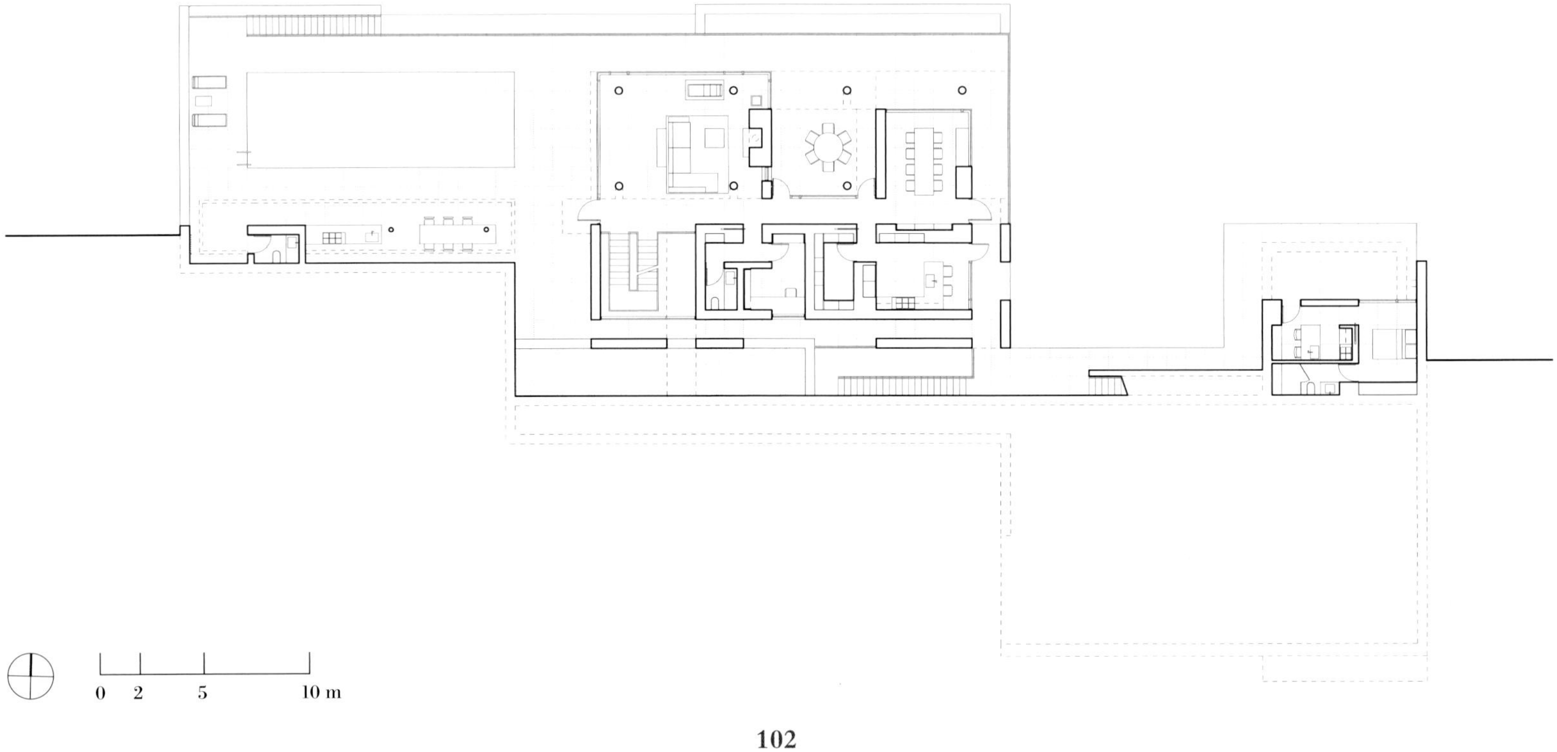

二层平面图

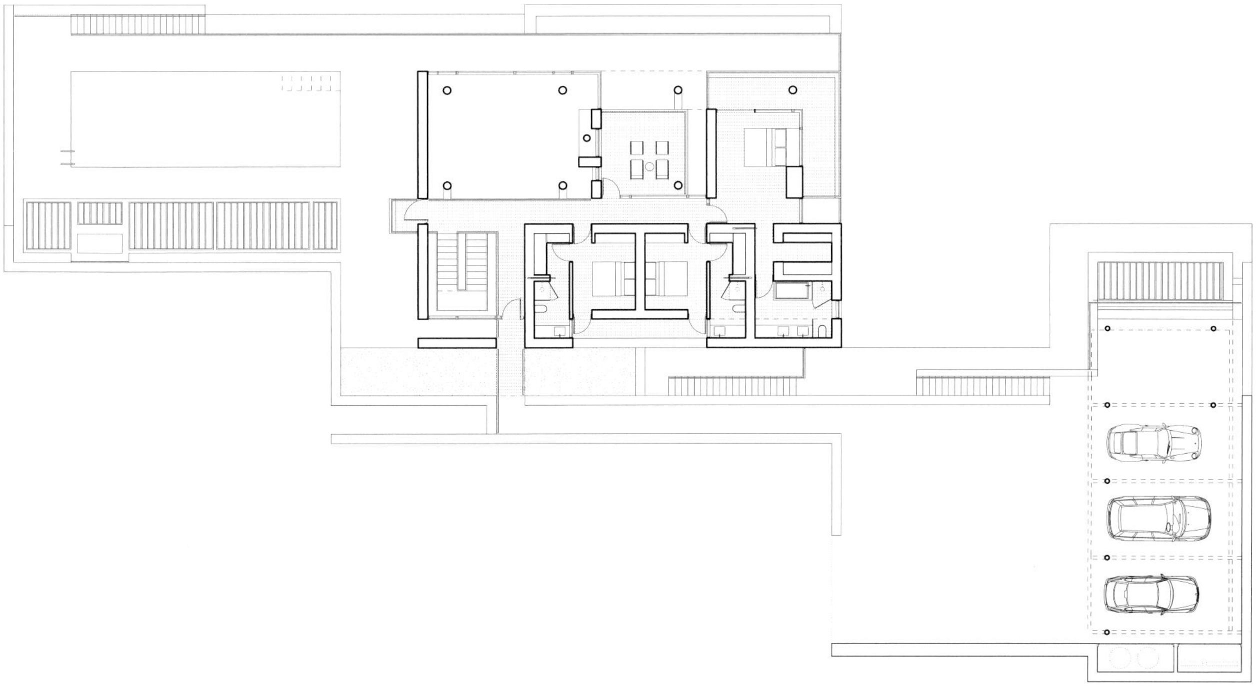

屋顶平面图

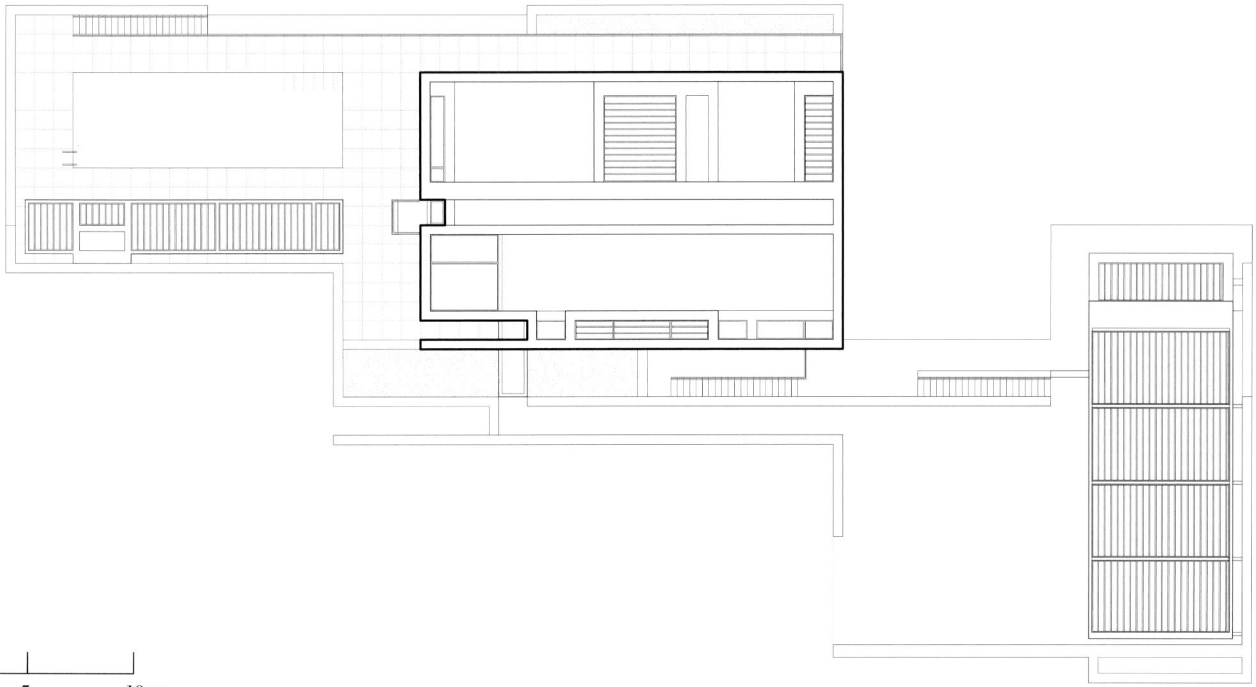

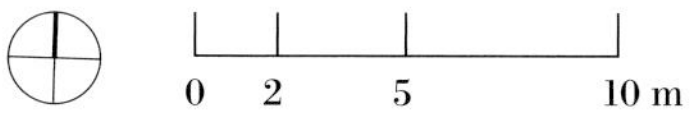

西北向立面图

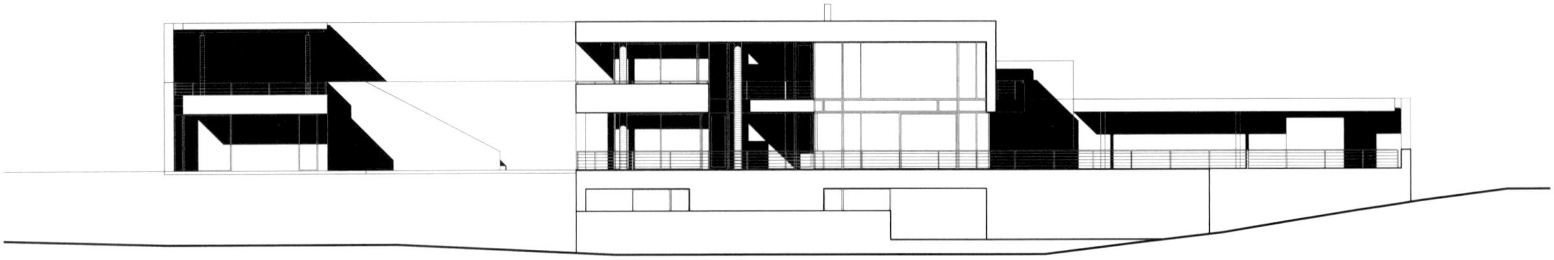

东北向立面图

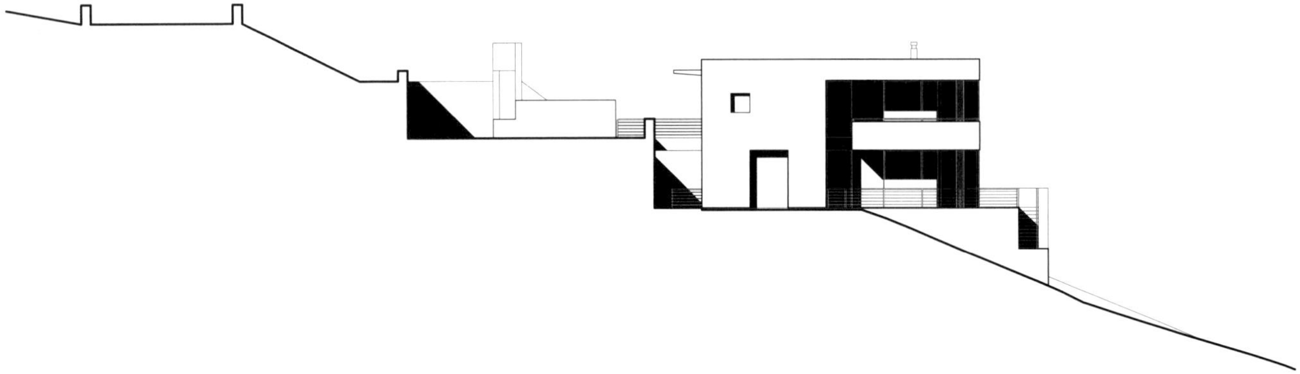

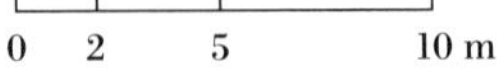

剖面图

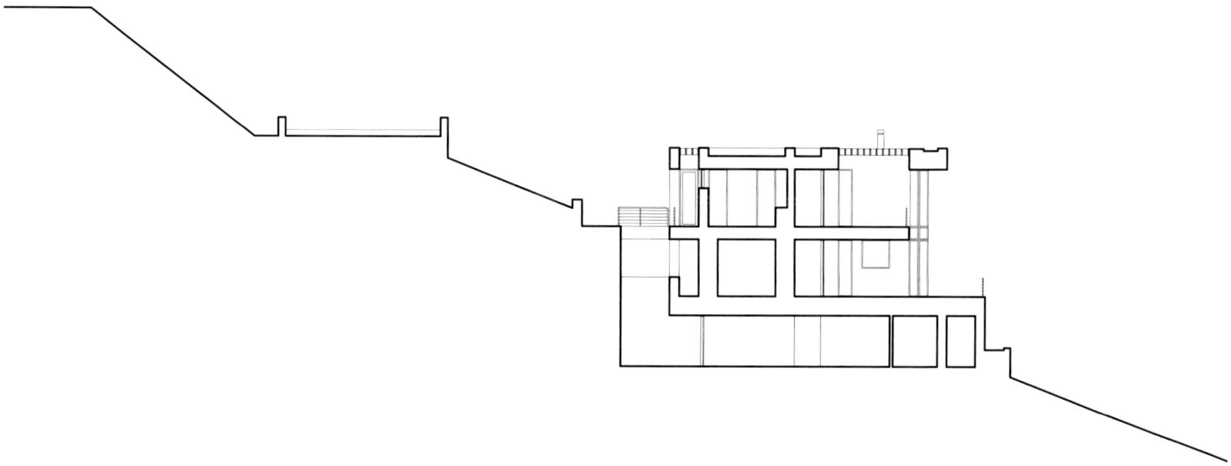

剖面图

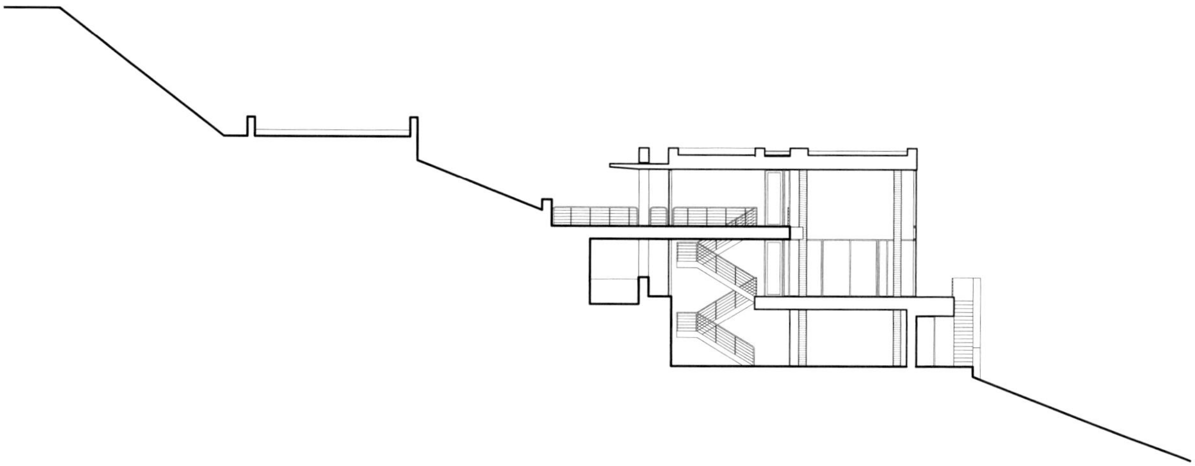

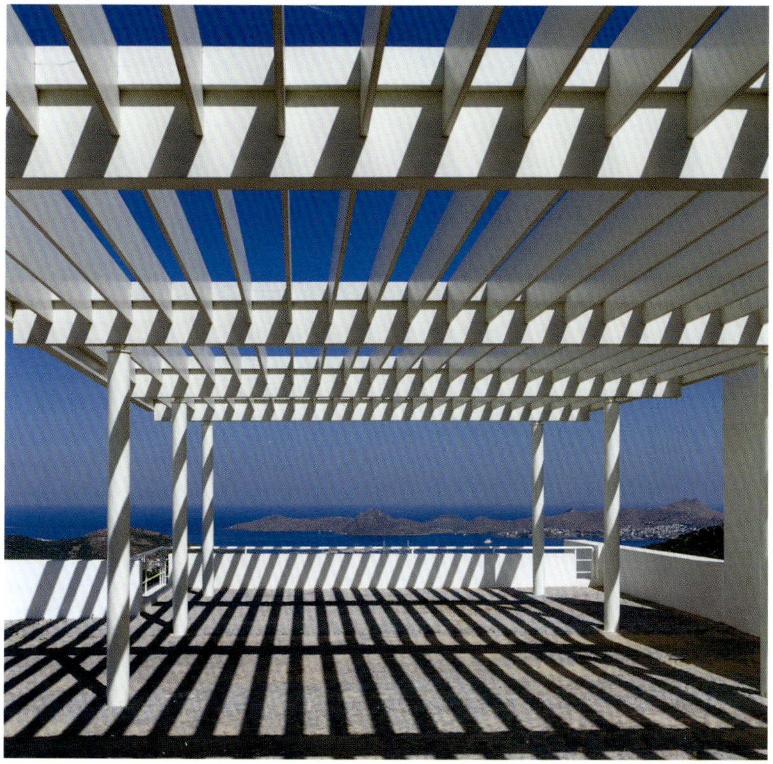

住宅II轴测图

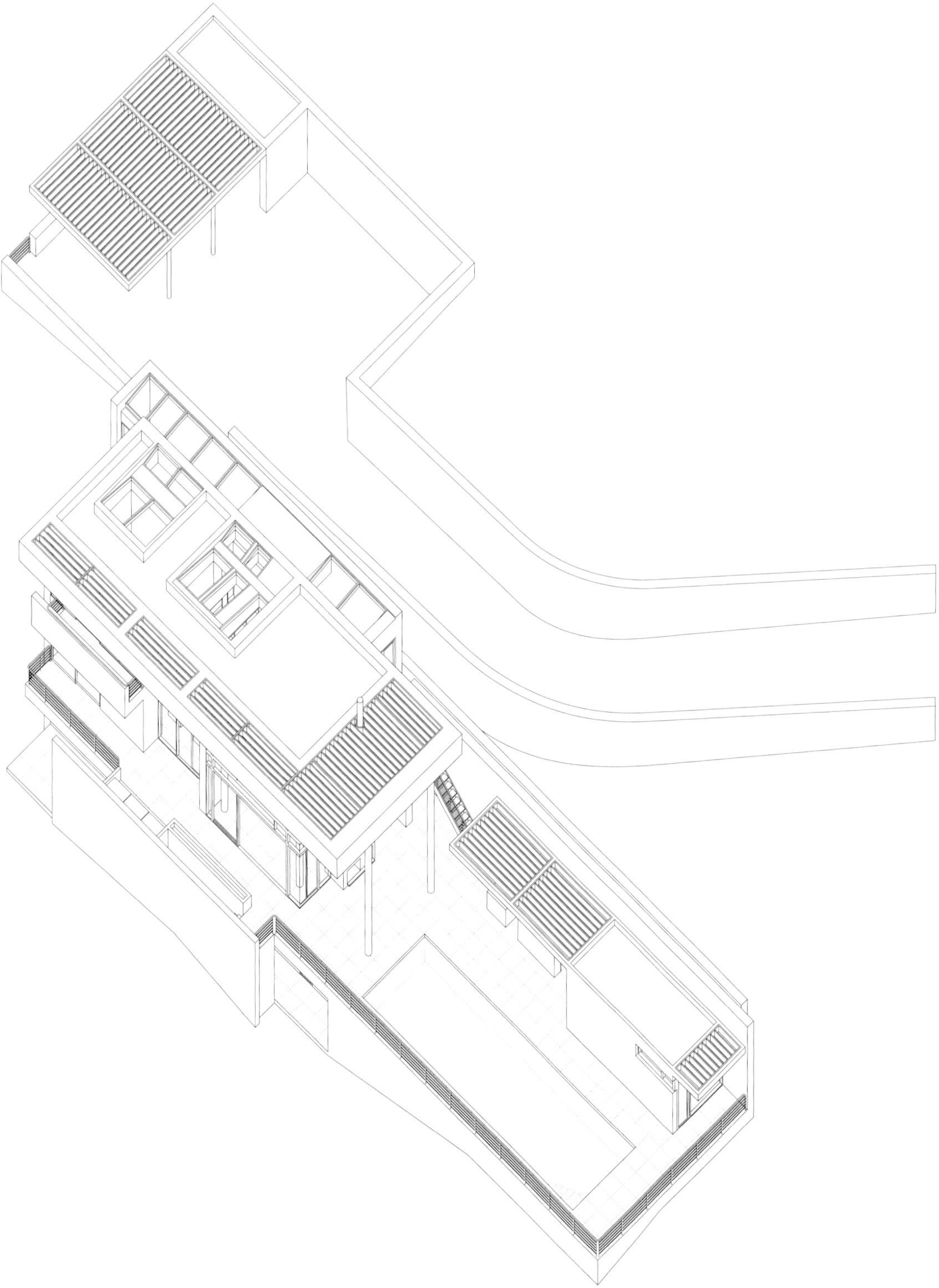

总平面图

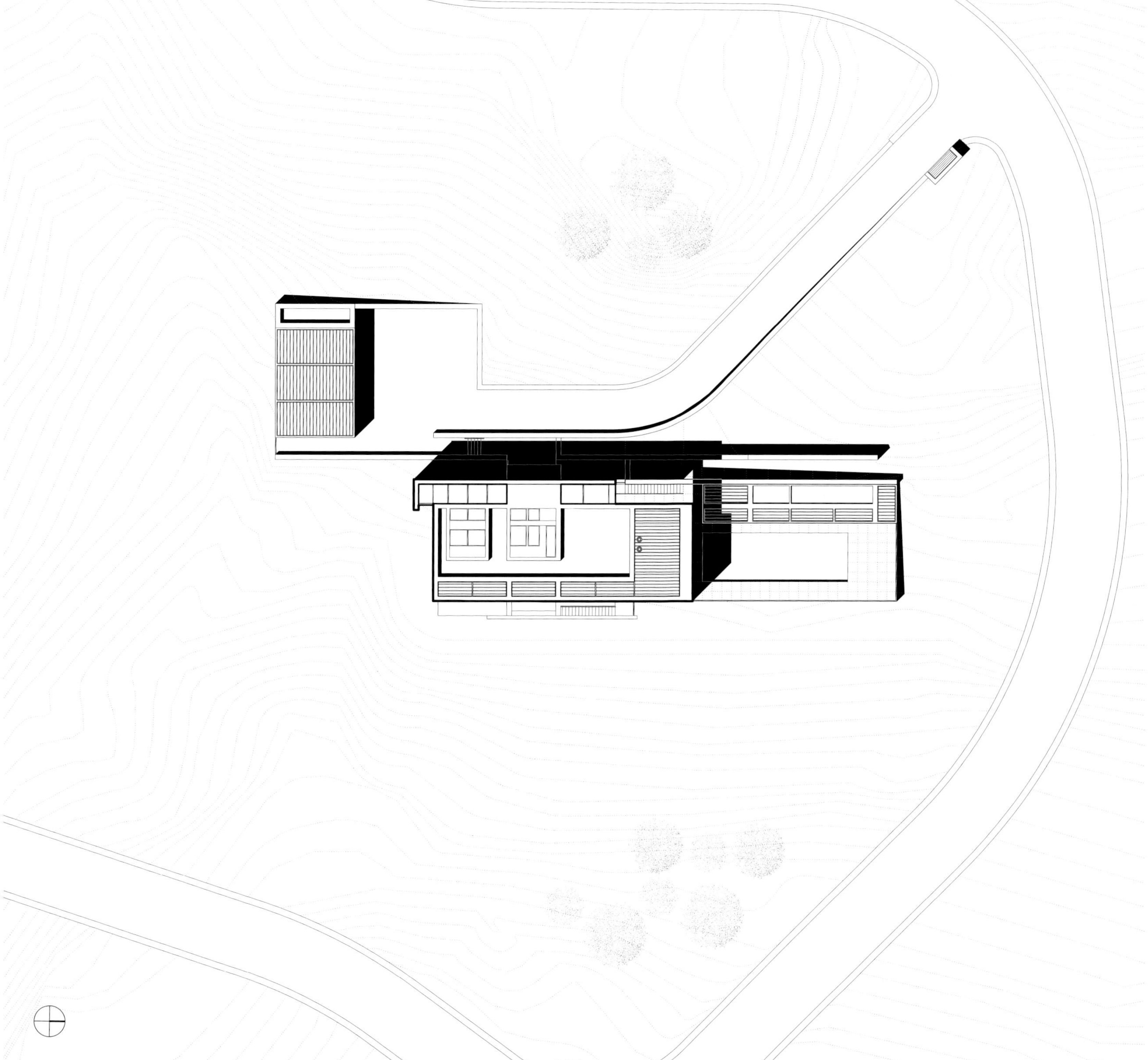

地下室平面图

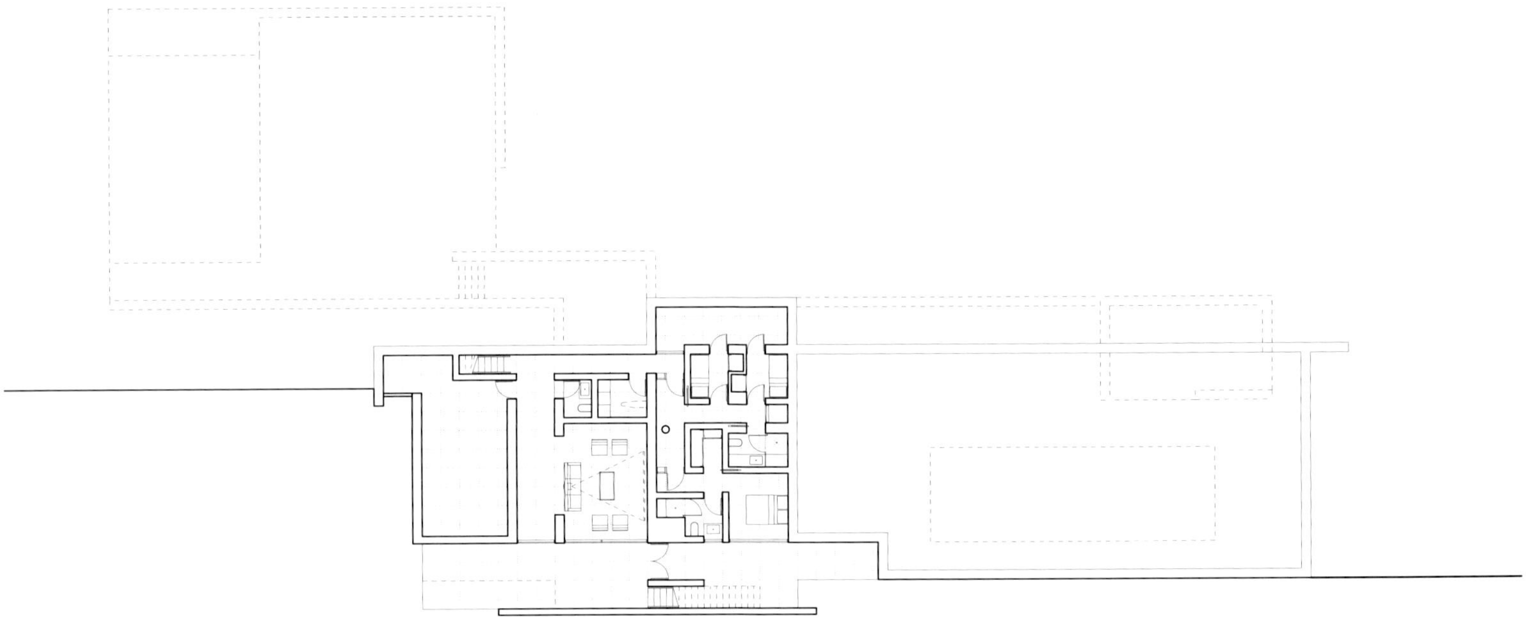

一层平面图

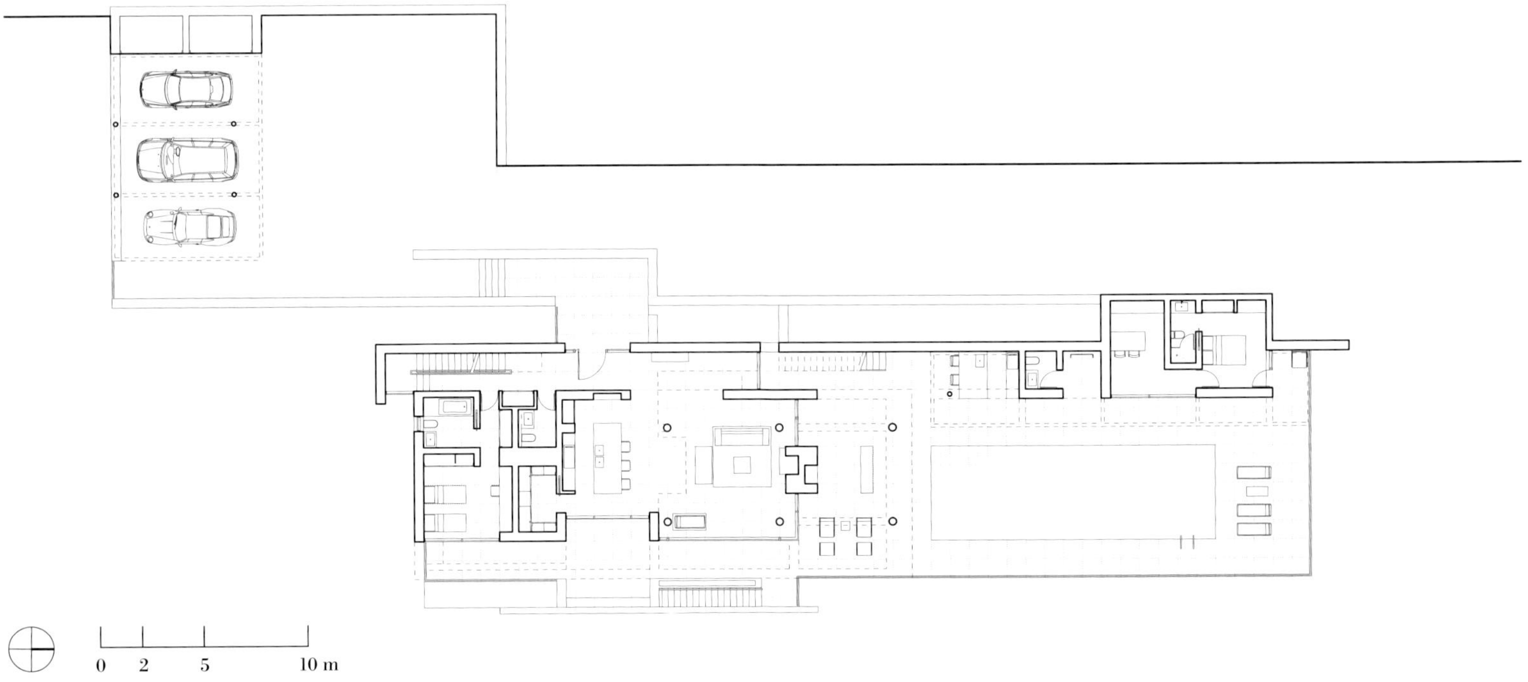

二层平面图

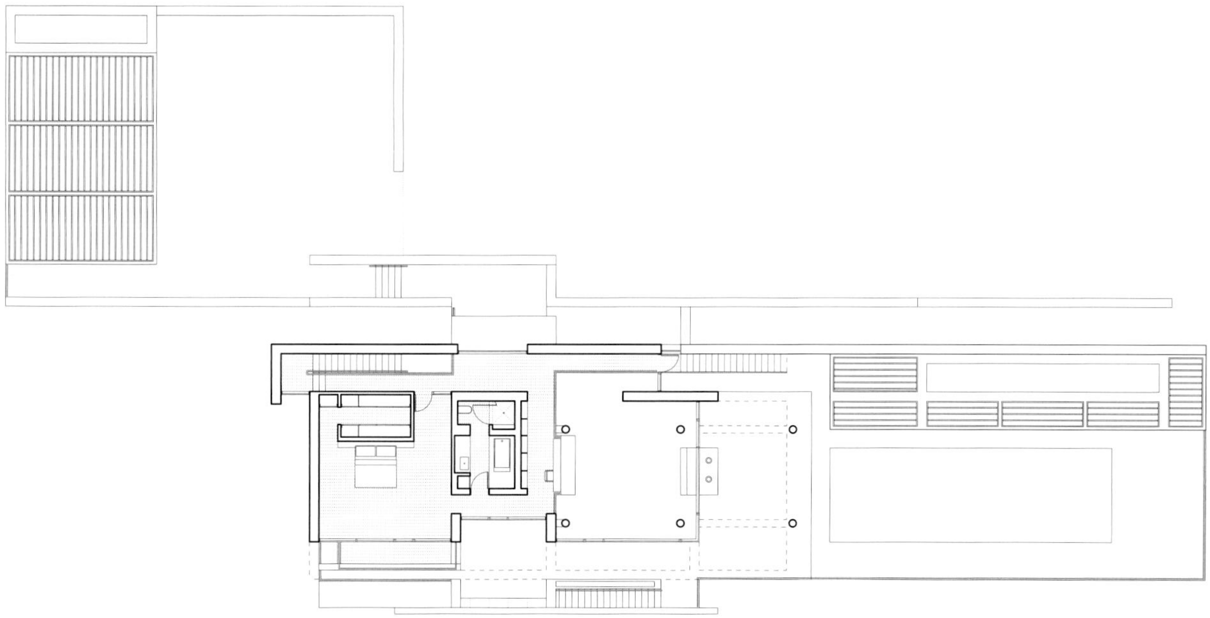

屋顶平面图

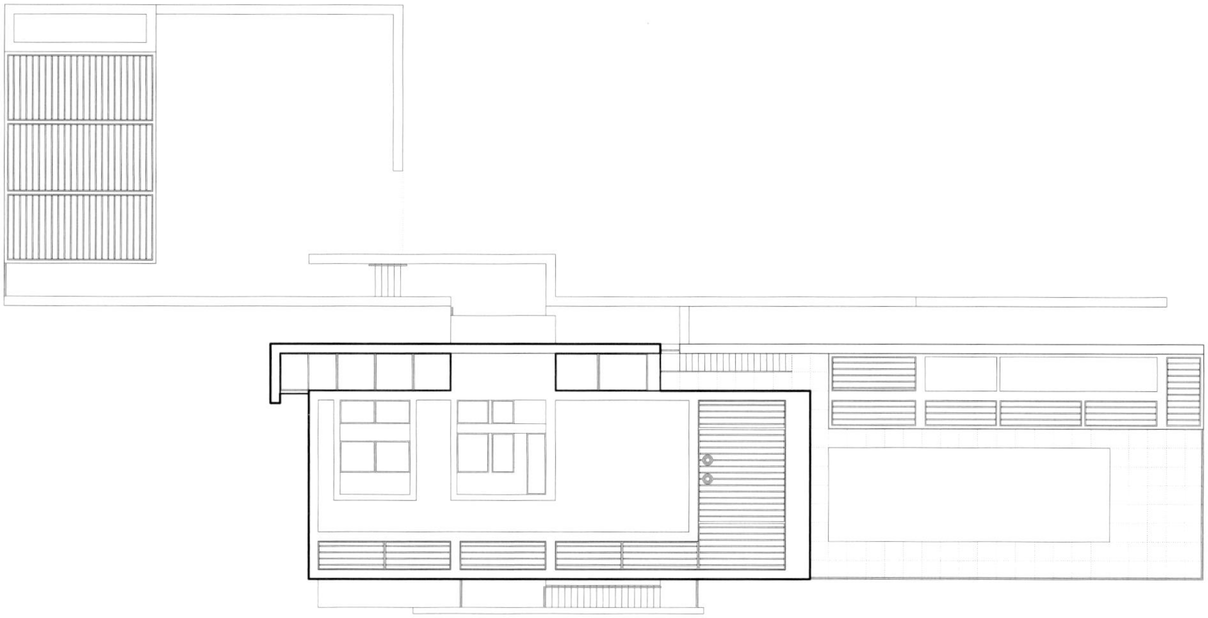

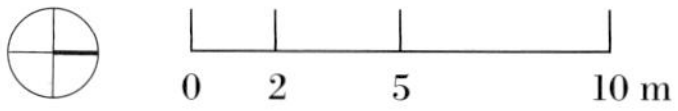

南向立面图

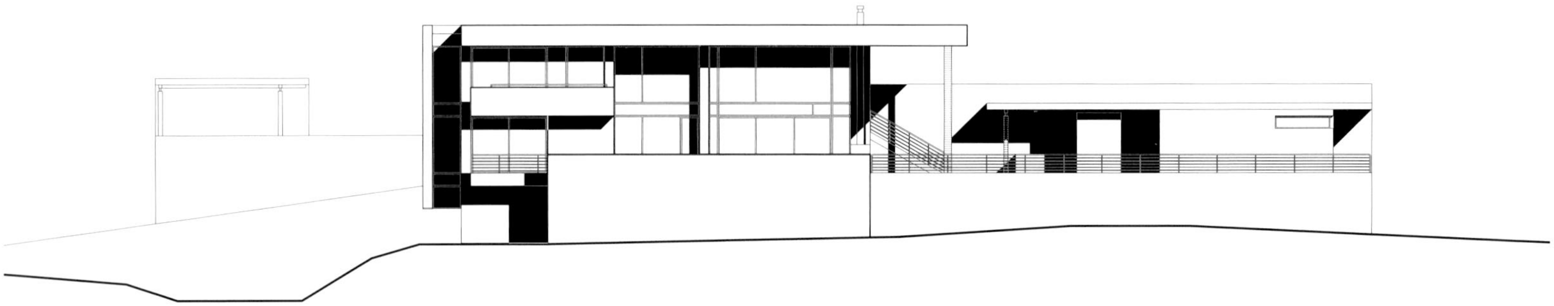

东向立面图

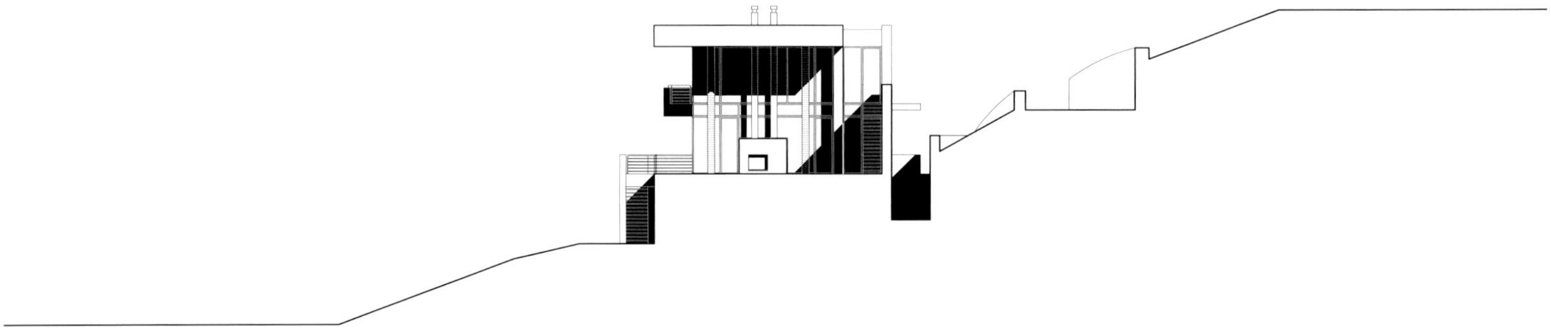

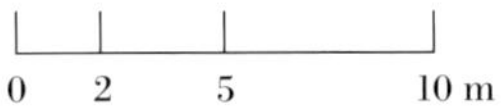

剖面图

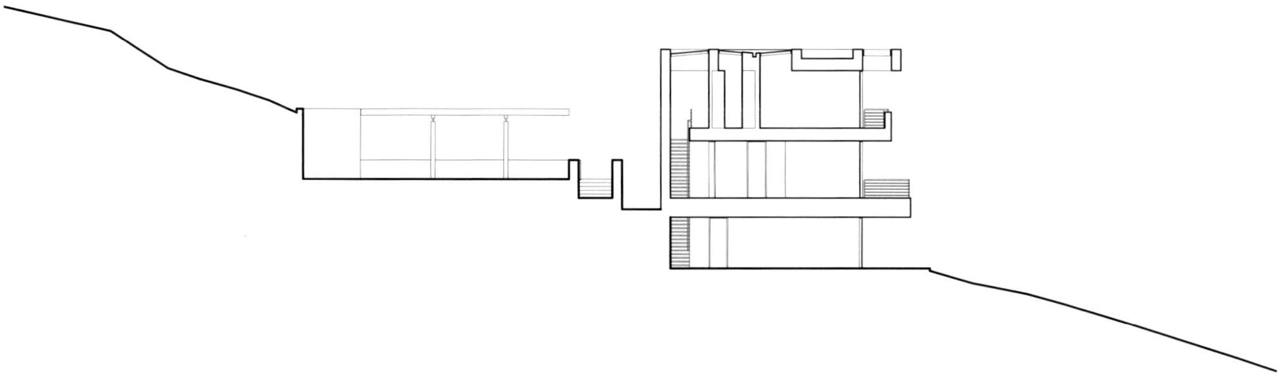

剖面图

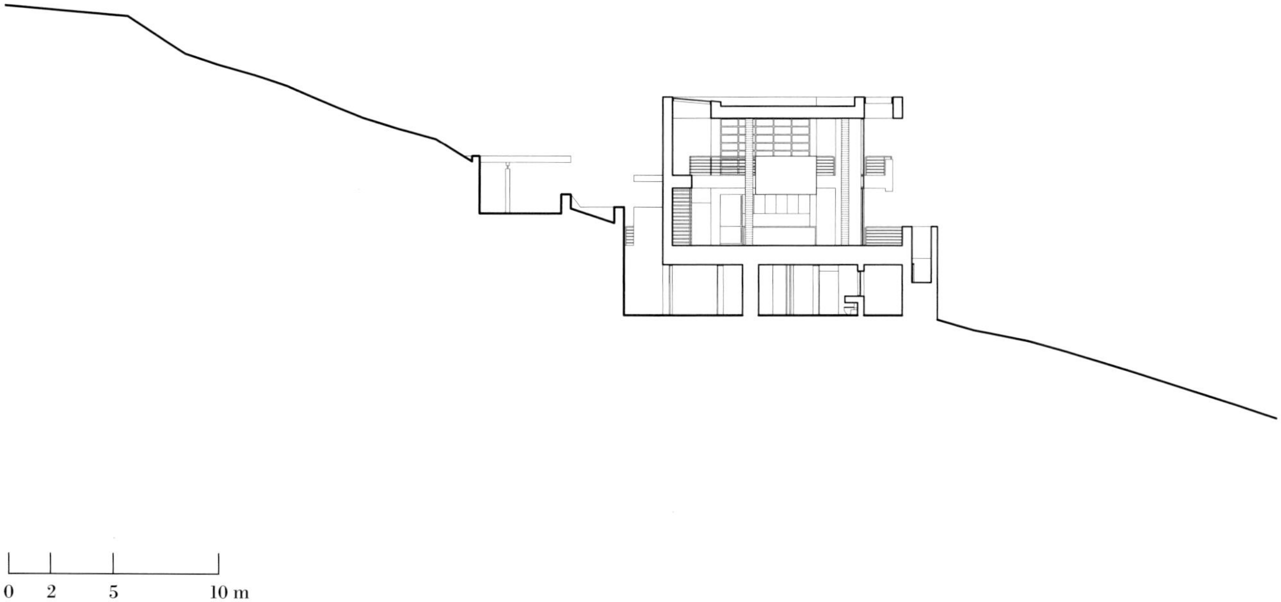

太平洋海岸住宅

Pacific Coast Residence

太平洋海岸住宅
Pacific Coast Residence

美国　加利福尼亚州
2008—2013年

总平面图

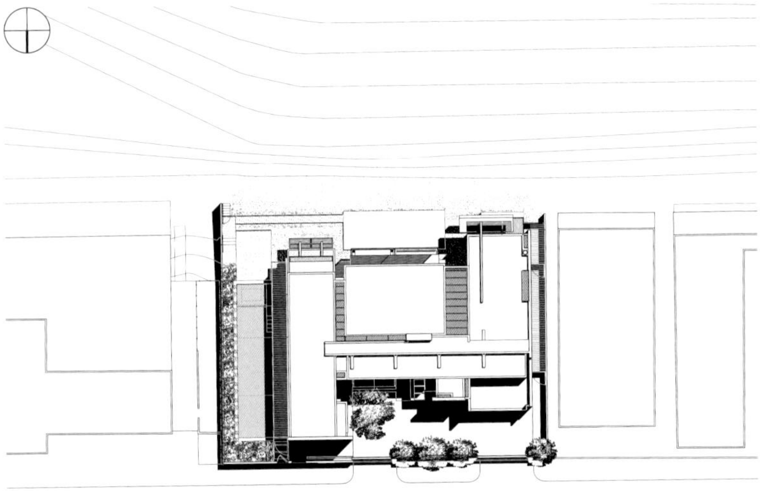

太平洋海岸住宅（Pacific Coast Residence）坐落在迷人的南加州沿海地带，在著名的太平洋海岸高速公路（Pacific Coast Highway）旁。这座住宅采用策略性设计，打破室内环境和秀丽自然风光之间的界限，同时与周边环境水乳交融，相辅相成。

这座住宅的场地方位和建筑表现，与周围建筑的尺度、繁华交通的邻近区域以及奔腾的海浪相映成趣。住宅的入口庭院充当繁忙的高速公路和中心生活空间的一片缓冲区。住宅主体由3部分组成，均环绕主入口的中轴线而建，包括双层高廊台、起居室和室外露天平台组成。住宅东侧是厨房和餐厅；西侧是放映室和办公室。主起居室上方点缀成排的天窗以及创新的结构设计最大限度地减少可见支撑，造成一种错觉，即二楼的主卧套房仿佛悬浮于低楼层之上。

这座住宅拥有晶莹剔透的纯白玻璃外墙，配备玻璃装配系统，坚固牢靠，可抵抗恶劣的海洋环境。住宅的生活空间均配有活动窗，通风效果良好；起居室一面采用可推拉的落地窗，高3.35米（11英尺）、长9.75米（32英尺），当折叠后，室内与室外则畅通无阻。室外的露天木平台和铝涂层遮阳幕墙强化了这座住宅的3部分表达，并调节日光照射，优雅地将滨水景观框入其中。

一层平面图

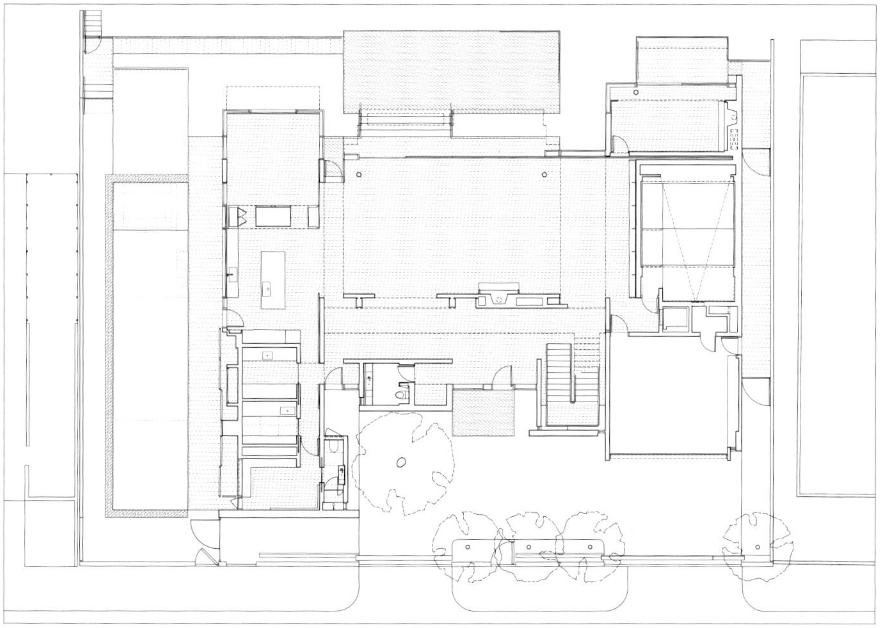

二层平面图

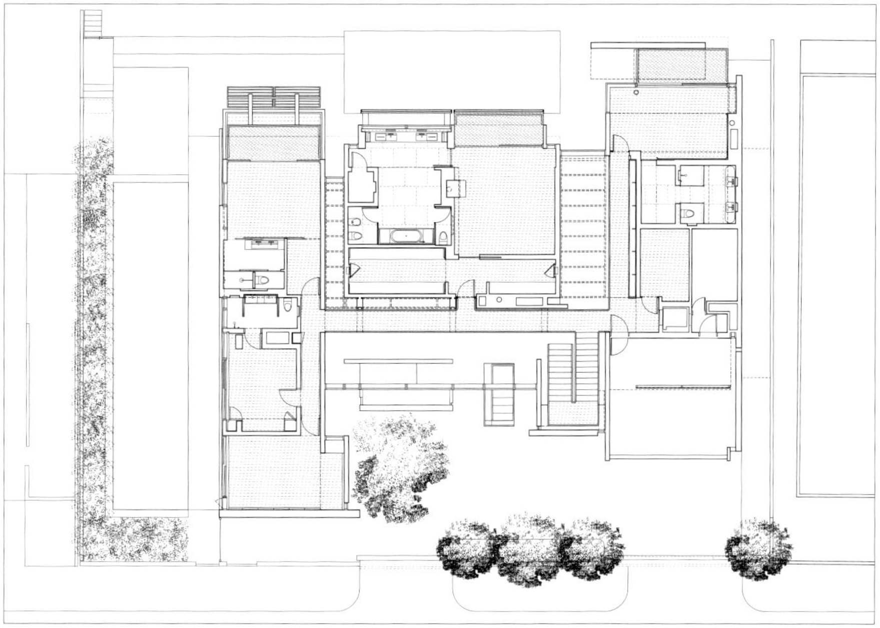

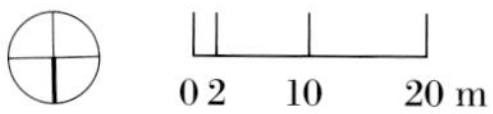

南向立面图

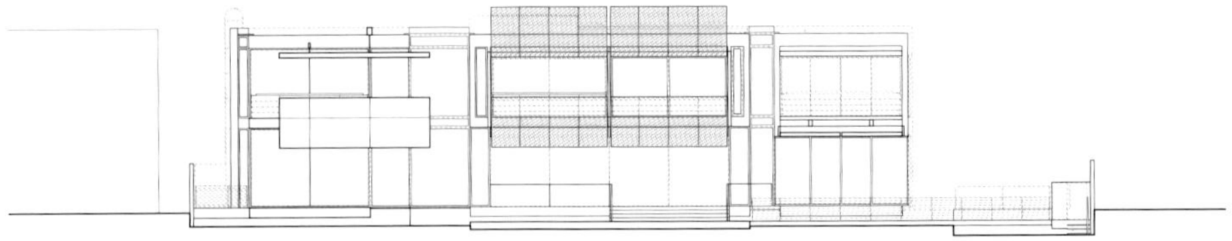

北向立面图

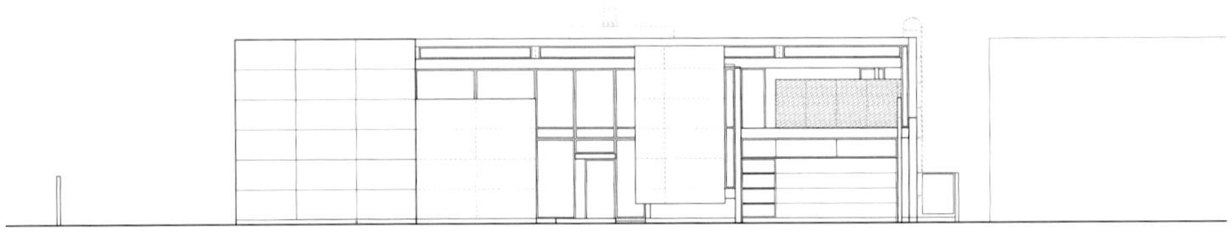

东向立面图

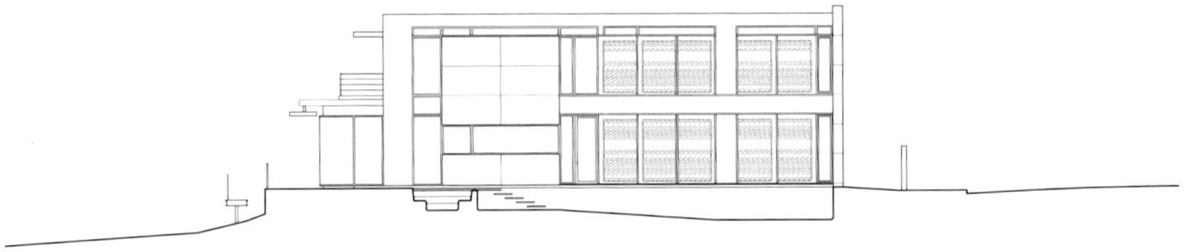

南向剖面图

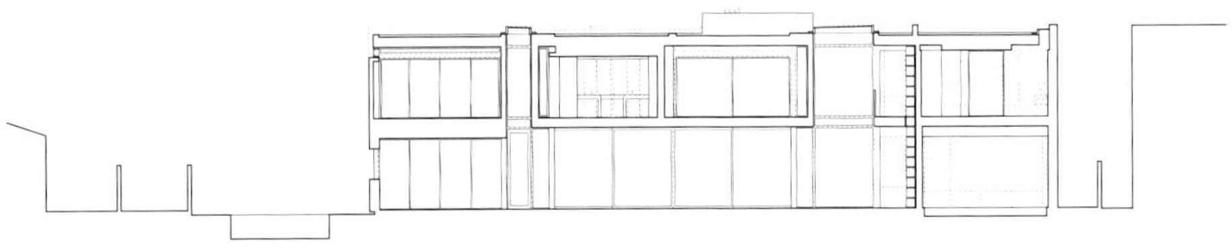

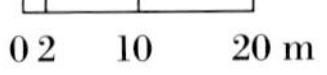

教师之村
Teachers Village

Halsey
DO NOT
ENTER

教师之村
Teachers Village

美国　新泽西州纽瓦克
2008—2016年

教师之村（Teachers Village）是一处多动能社区项目，地处纽瓦克（Newark）的中心地带，位于市场街（Market Street）以南，百老街（Broad Street）以西。该住宅区包括6幢全新建筑：教师公寓、特许学校、海尔希路沿线的中小型零售店铺。教师之村将提供200套教师居住单元、3间特许学校、1间幼儿日托中心以及众多街边零售店。住宅采用可持续发展设计理念，以创造全新景观及完善街道风貌为目标，旨在成为繁华纽瓦克社区的新典范。

设计师因地制宜，每座新建筑根据地势及周边环境建造而成。临街墙面高度符合《纽瓦克市中心居住区规划设计规范》。与此同时，住宅区的建筑物大多临街。海尔希路崭新的商业街位于住宅区中心，呈现出一派生机勃勃的景象。其中，居住空间及学校均装有大窗户，自然采光充足，楼下繁华街道的美景尽收眼底。《纽瓦克市中心居住区规划设计规范》要求所有临海尔希路的新建筑均为4层高，且不得超过18.3米（60英尺）。此外，依照分区规范的规定，海尔希路退后距离的建筑可高于18.3米，但最多不能超过6层。

教师之村是首批依托美国绿建筑协会（U.S. Green Building Council）设立的LEED绿色社区开发评分认证系统（LEED Neighborhood Development）而建造的项目之一。该项目采用可持续发展设计的最高标准，同时，该社区将打造成集智能发展、都市化以及绿色建筑为一体的新兴社区。原来这里是停车场，现在将改造成当地教师的员工宿舍，紧邻工作地点，让他们在经济能承受的范围内，体验品质上乘、健康安全的生活方式。教师之村交通便利，毗邻纽瓦克高效的公共交通系统，例如班次众多的本地或区间巴士，步行几分钟即可到达华盛顿街轻轨电车站、纽瓦克宾州车站，同时还是开往曼哈顿的新泽西公交（NJ Transit）、美国国铁（AMTRAK Trains）和纽新捷运（PATH Train）的枢纽。

教师之村旨在重塑地方归属感，即活跃海尔希路和威廉路的沿街街景，吸引住户、学生和访客前来活力四射的新社区，来感受现有的文化、娱乐以及教育设施，包括新泽西表演艺术中心（New Jersey Performing Arts Center）、纽瓦克艺校（Newark School for the Arts）、新泽西历史博物馆（New Jersey Historical Society）、纽瓦克博物馆（Newark Museum）、纽瓦克公共图书馆分馆（the main branch of the Newark Public Library）。教师之村的住户可轻松前往临近的3座城市公园及社区花园等公共场所。教师之村周边有6所大学，约5万人，每所大学均设立独立图书馆及文化设施，为教师之村与周边的企业办公场所和学术机构，带来合作的可能。

教师之村排除万难，倾力打造健康、富有活力的中心社区，为纽瓦克多元化的居民打造全天候的美好居住环境，尽情享用纽瓦克提供的多种便利设施。

总平面图

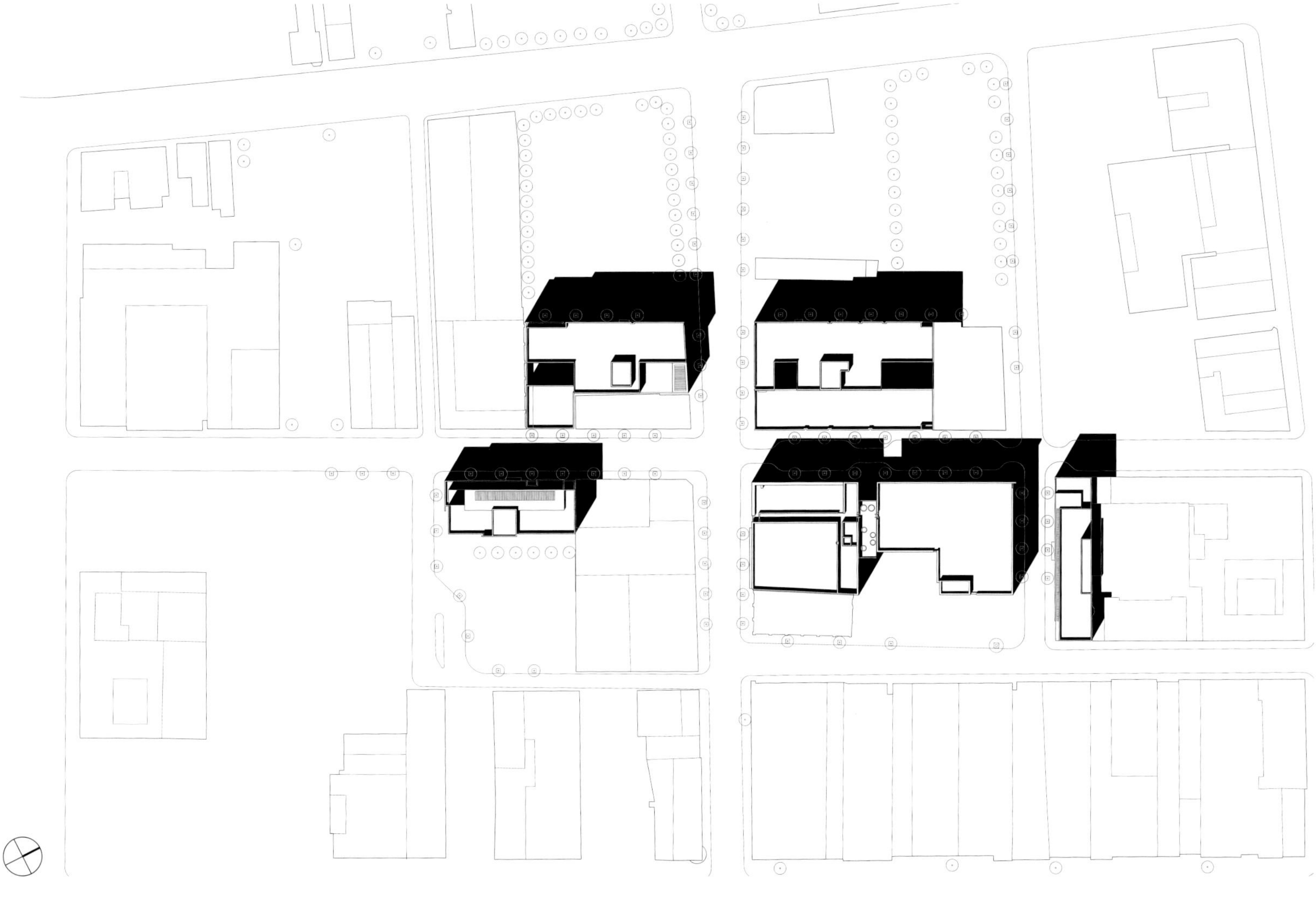

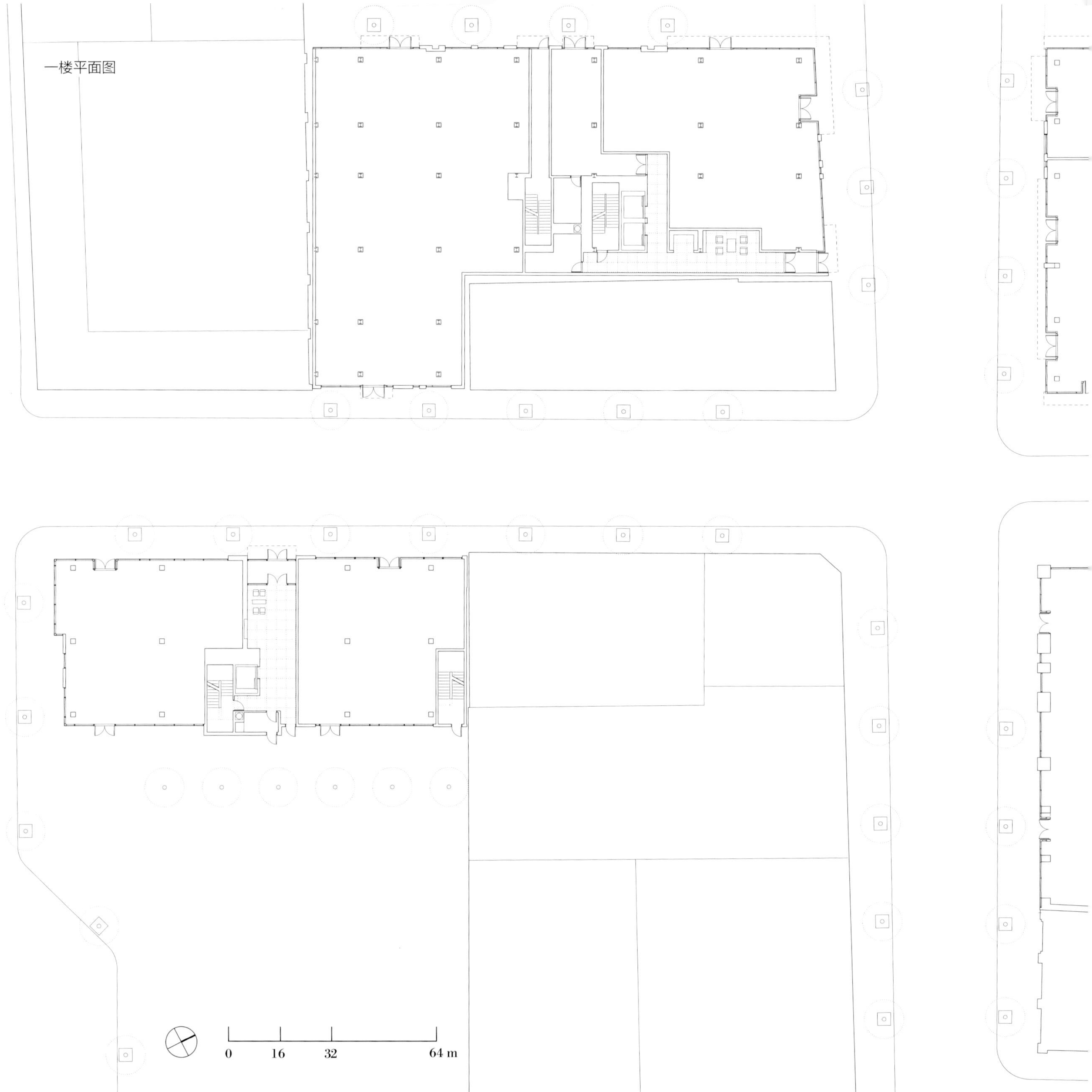
一楼平面图
0
16
32
64 m

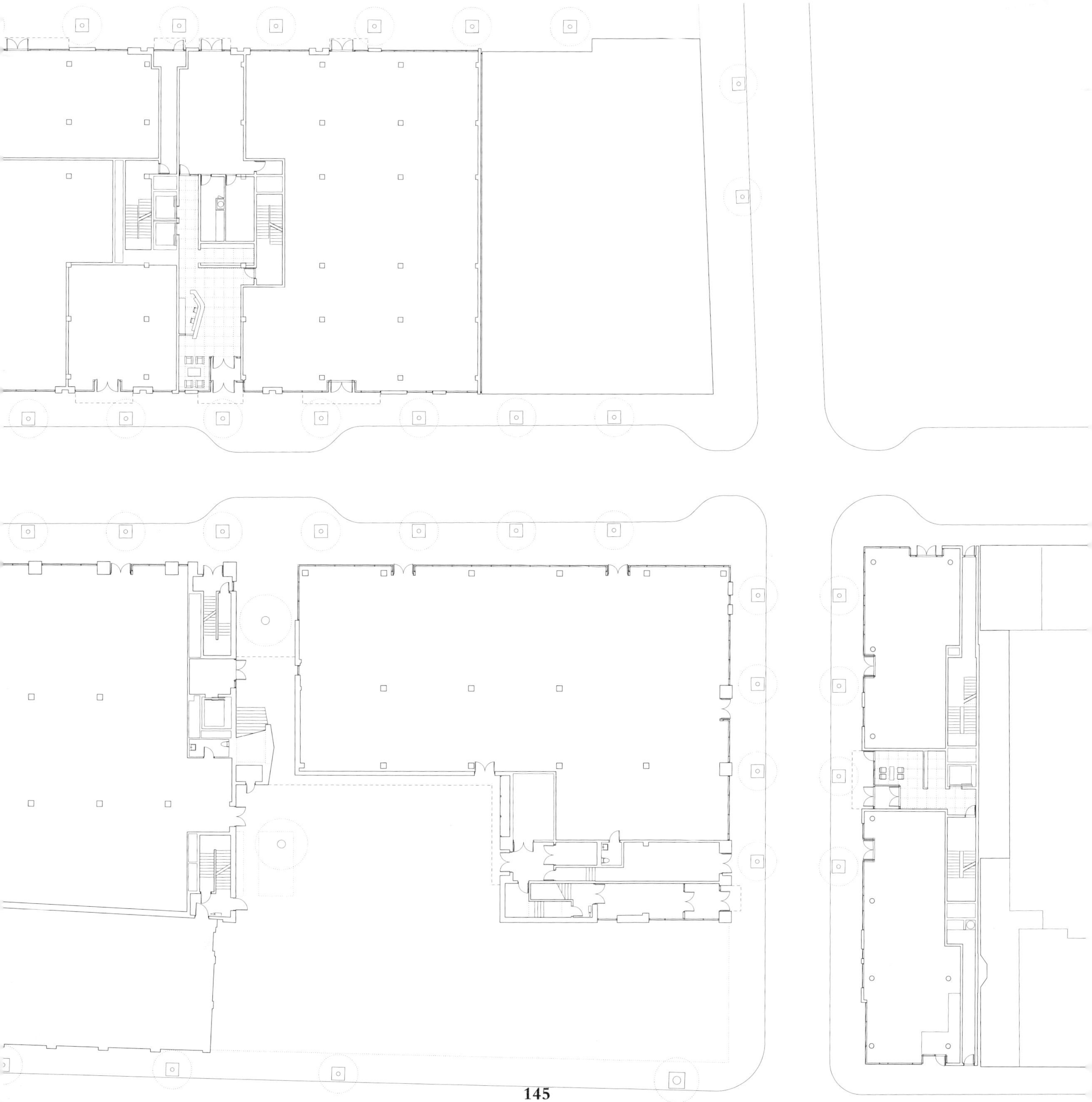

标准楼层平面图

南向立面图

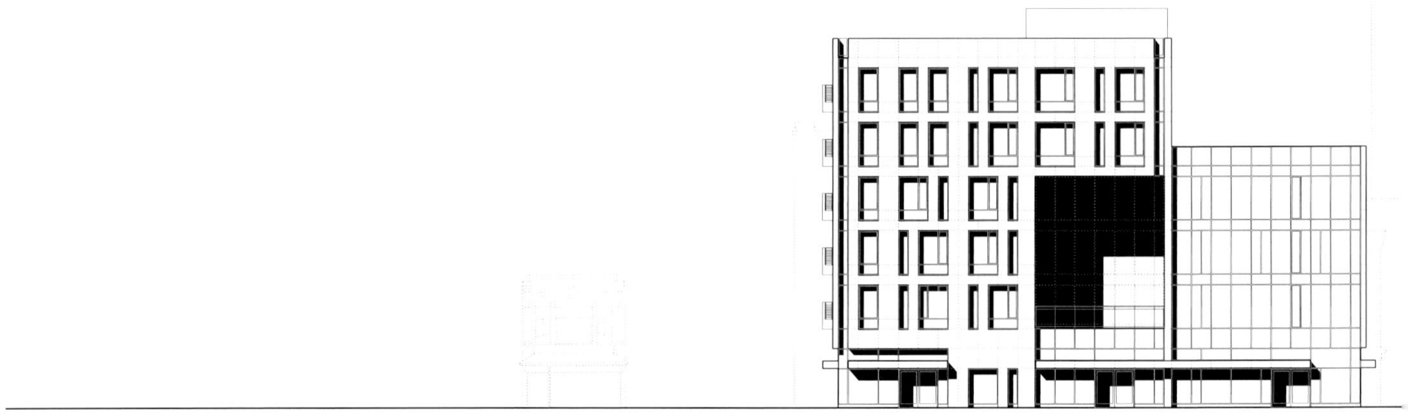

东向立面图

西向立面图

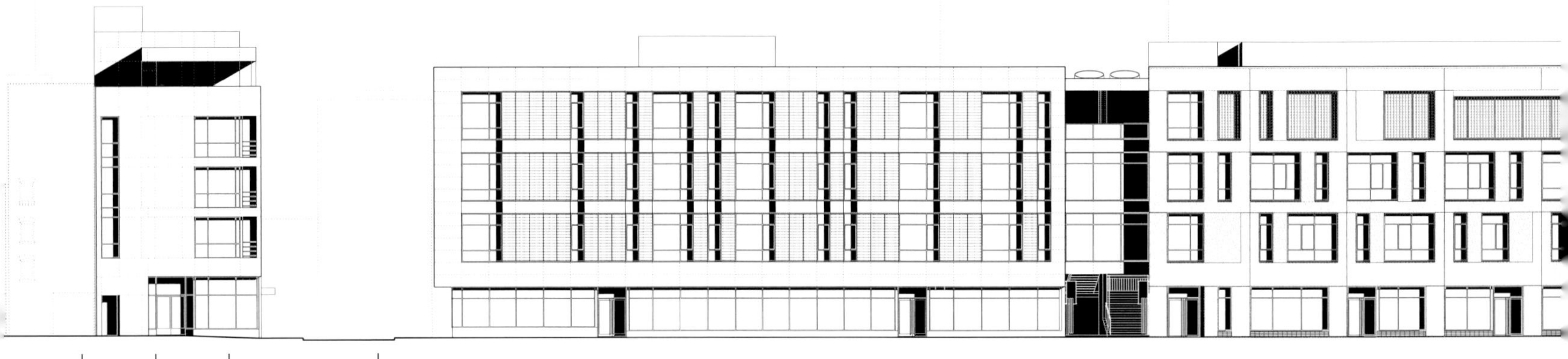

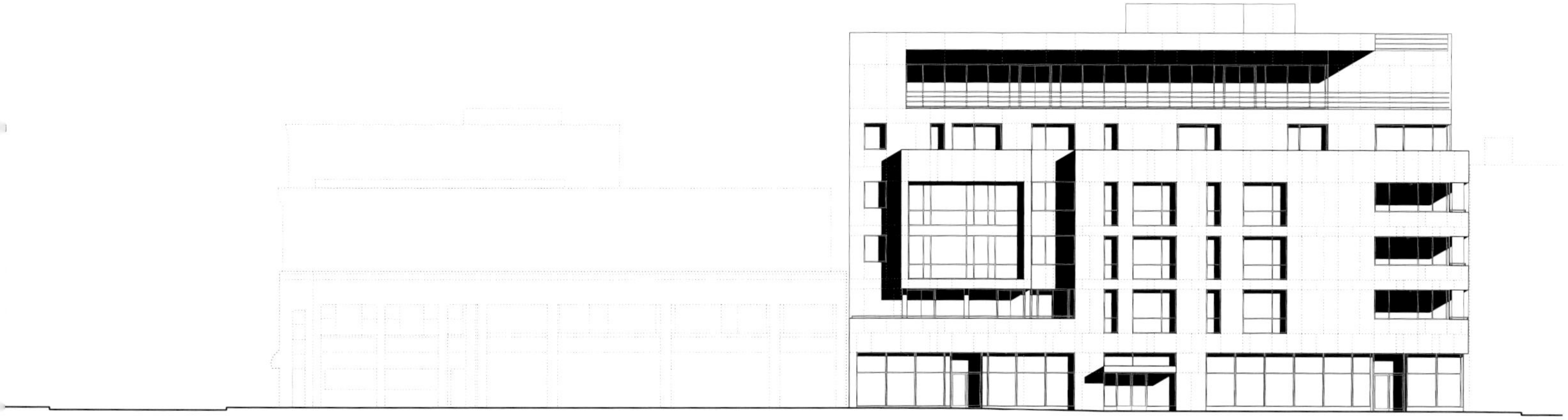

COMING
SOON

DO NOT
ENTER
TEACHERS

DO NOT
ENTER
COMING
SOON
Tonnie's
MINIS
COMING
SOON

晴海集合住宅双塔
Harumi Residential Towers

晴海集合住宅双塔
Harumi Residential Towers

日本　东京
2008—2016年

晴海集合住宅双塔（Harumi Residential Towers），坐落在日本东京晴海区东京湾的海滨散步道之上。双塔紧邻晴海运河（Harumi Canal）而建，辨识度极高。每天从海滨区去东京中心的通勤者可一睹双塔的风采。

晴海集合住宅双塔位于东京都中央区晴海2丁目，其中每座塔楼高达48层，各含1800套住宅单元。双塔均高达172米，驻足塔上，视野开阔，可纵览晴海运河以及前方地平线的壮美景色。该双塔南北朝向，符合《城市居住区规划设计规范》的要求。晴海集合住宅双塔气势恢宏，布局极为开阔，可畅览天空及海洋的曼妙风姿，还可俯瞰众多类似彩虹大桥（Rainbow Bridge）的城市地标性建筑。

晴海集合住宅双塔作为三菱地产（Mitsubishi Estate Company）最大型和最有声望的房产项目之一，旨在打造成旗舰品牌。因此，三菱地所倾力将晴海集合住宅双塔打造成城市地标，给东京大都市注入新鲜血液，创造出更加迷人的城市风光，给现代化社会建设添砖加瓦。

晴海集合住宅双塔使用天然材料，合理利用自然光线及反射光线，将组成构件、空间及肌理清晰地呈现出来。双塔设计精雕细琢，匠心独运，与当地文化和自然环境和谐相处。

双塔的设计是开放式的，设计师既不专制独裁，也不追求建筑结构的完美对称。模块化的精度导致建筑暂时呈现出不对称的造型，人造结构与瞬息万变的自然元素达成完美平衡。

手绘草图

总平面图

底层平面图

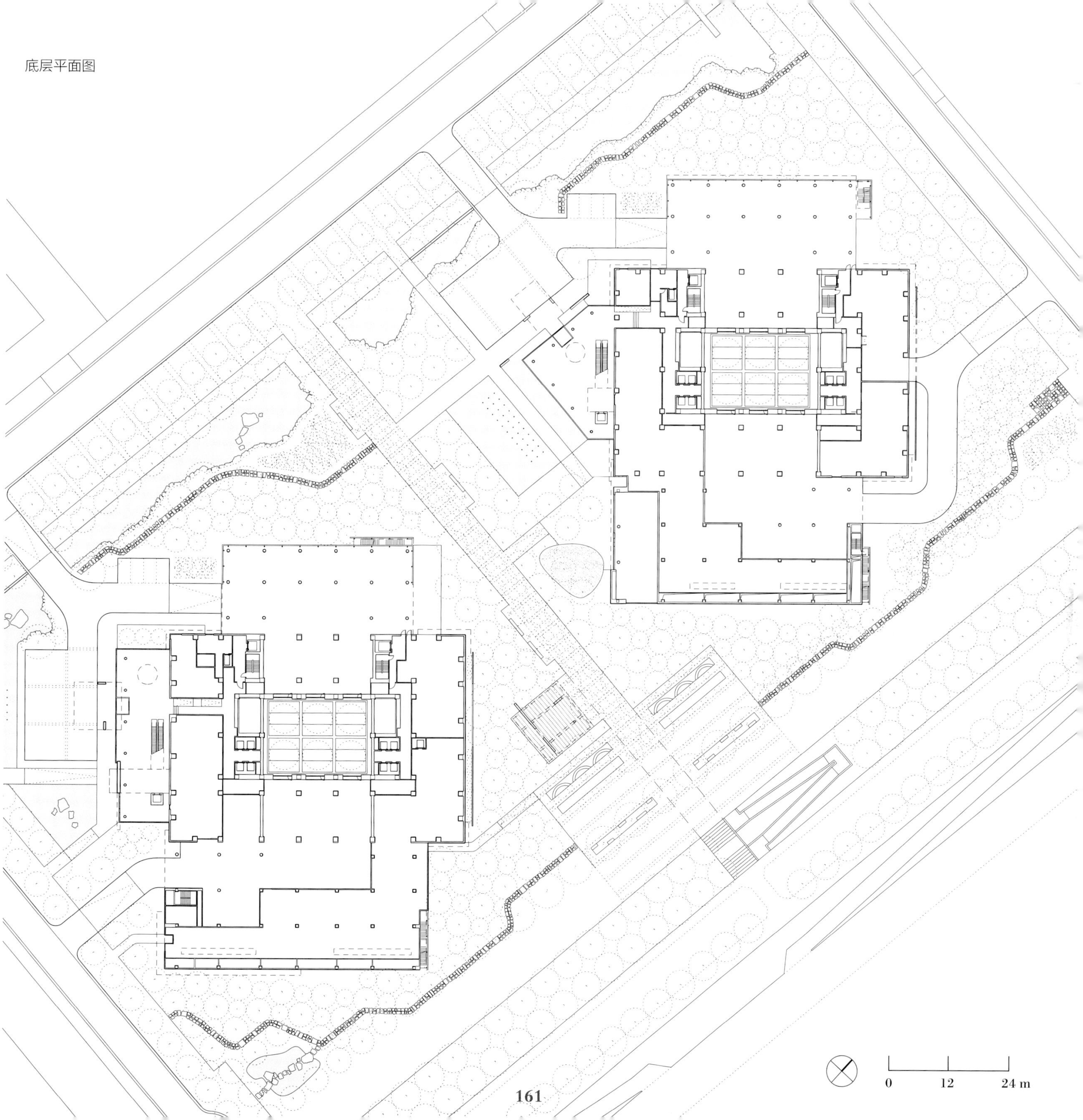

标准楼层平面图

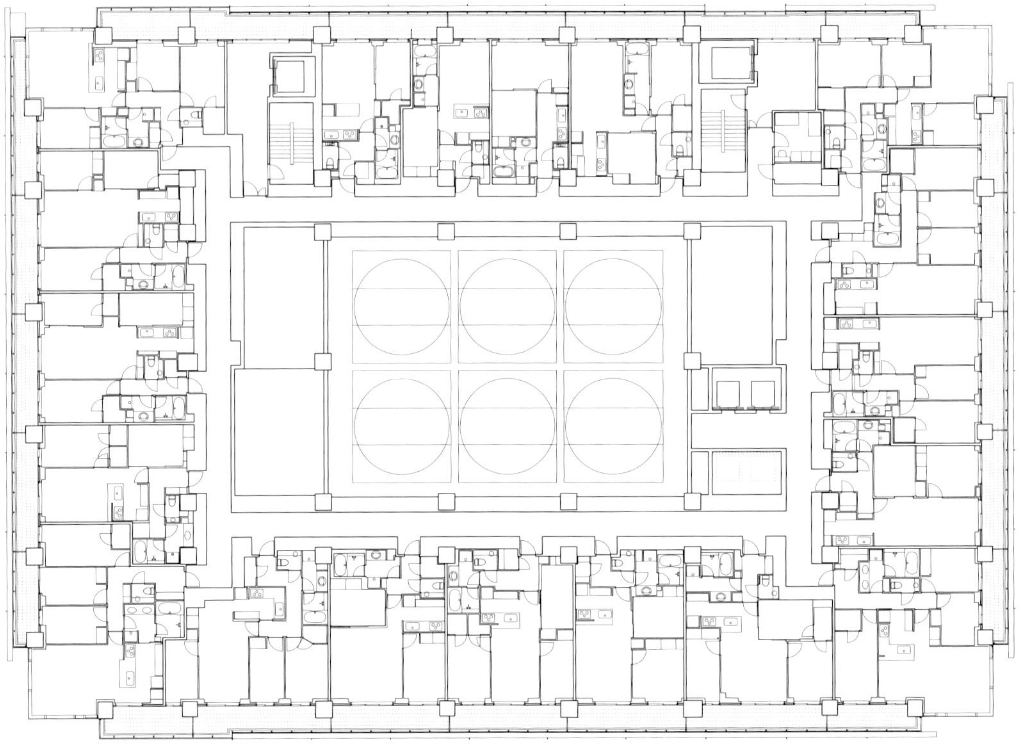

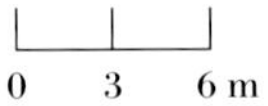

顶层住宅平面图

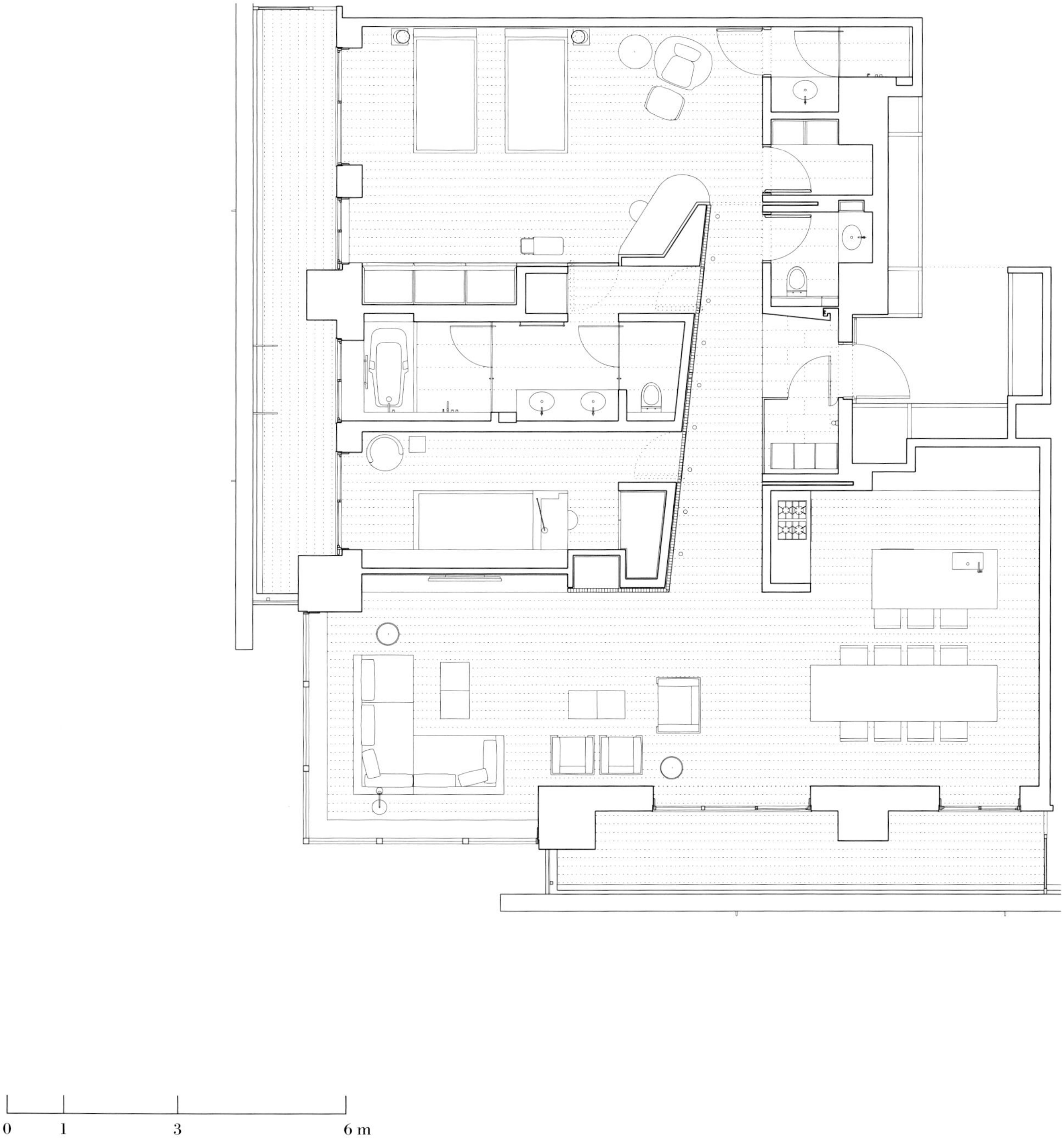

立面图

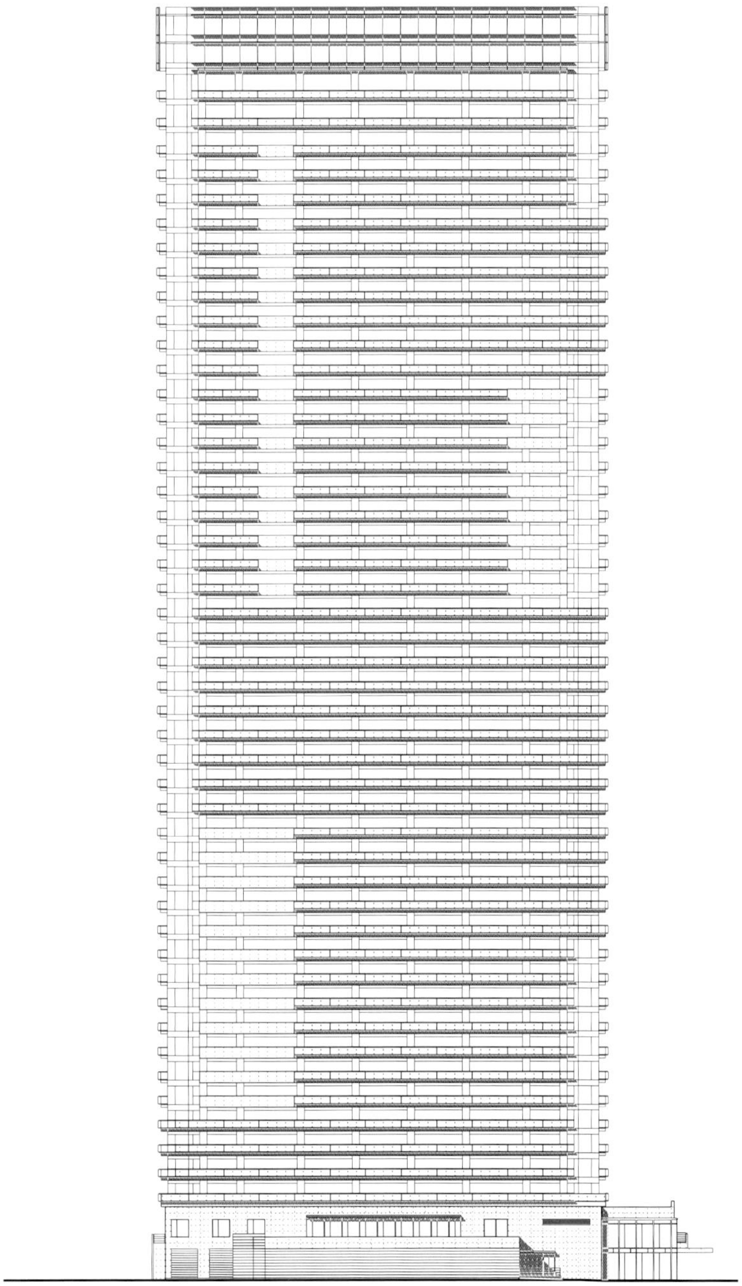

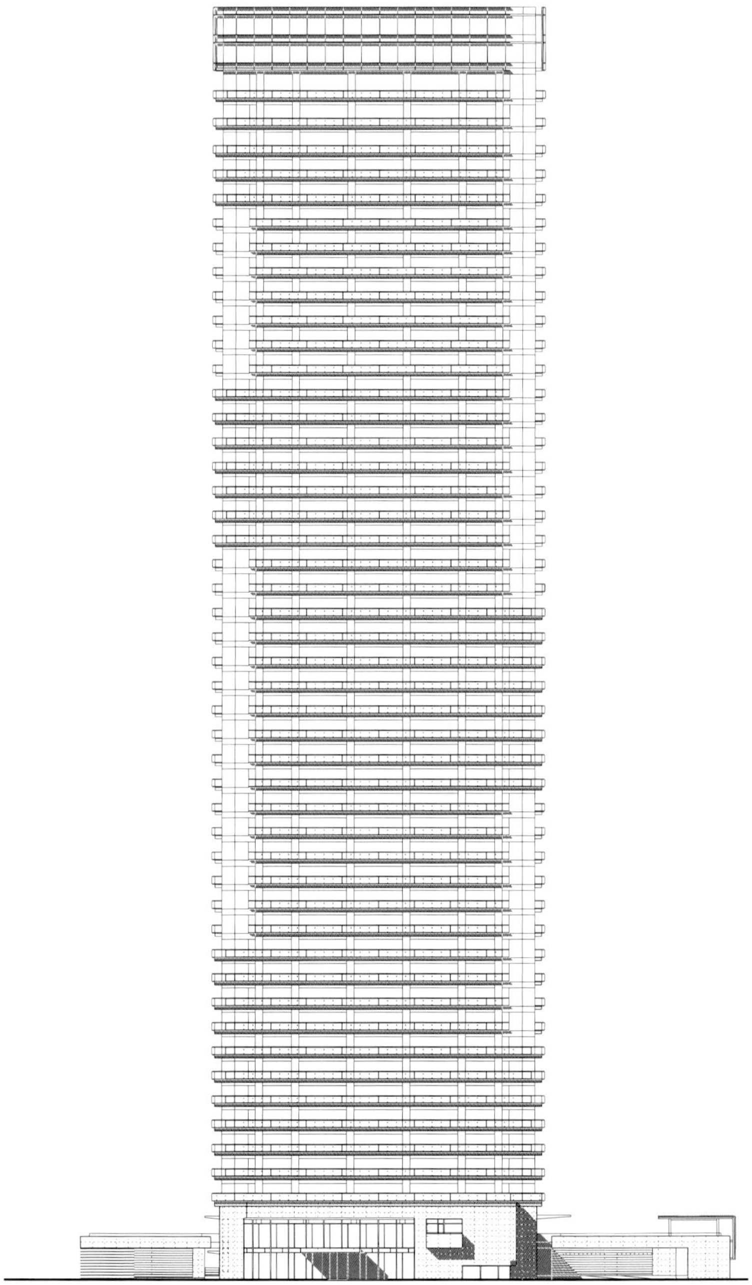

0 6 12 m

剖面图

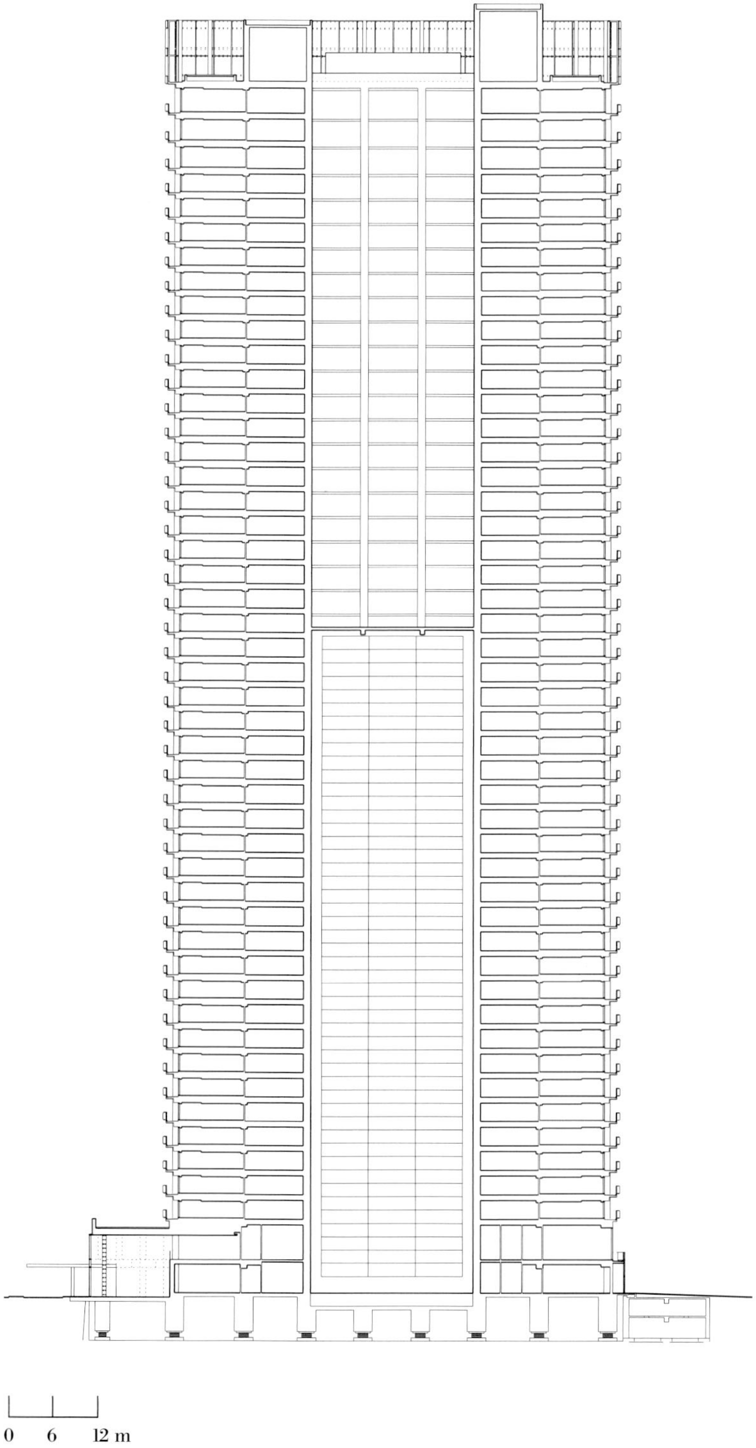

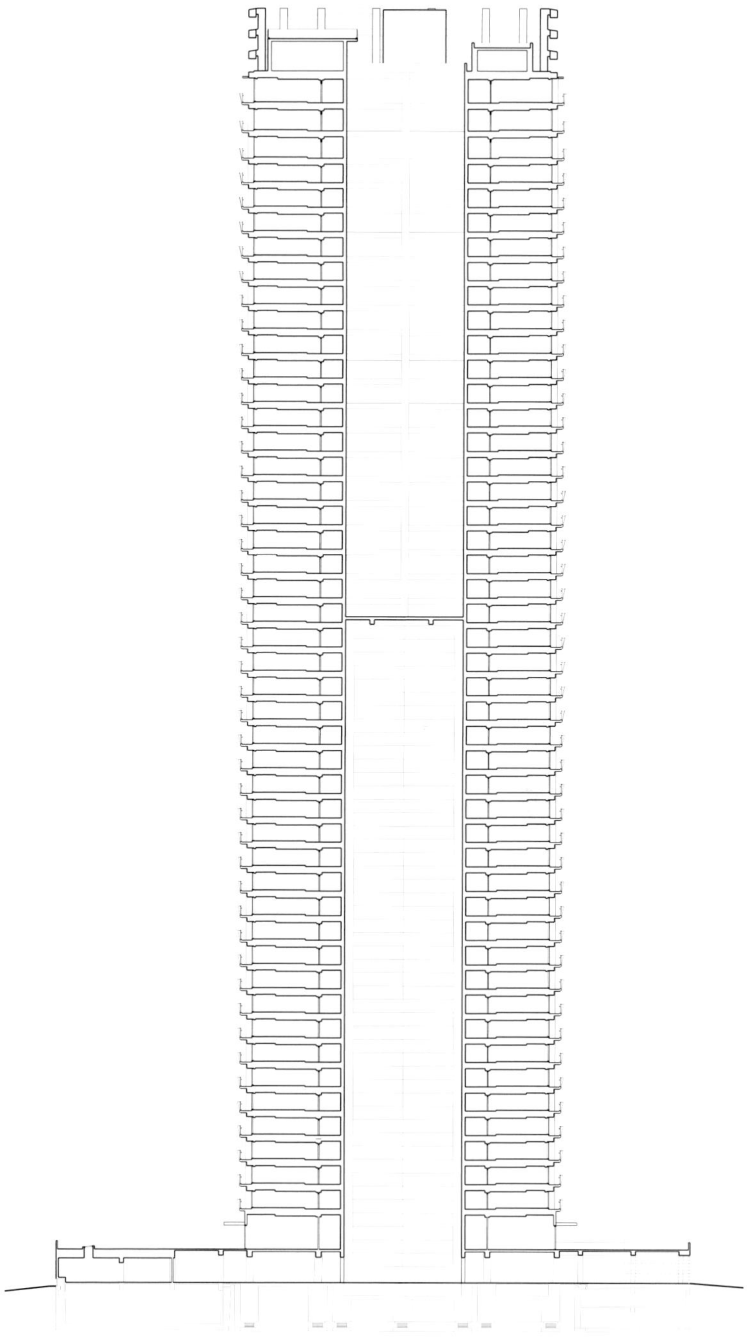

加利福尼亚大学洛杉矶分校伊迪和卢·沃瑟曼大楼
UCLA Edie & Lew Wasserman Building

加利福尼亚大学洛杉矶分校伊迪和卢·沃瑟曼大楼
UCLA Edie & Lew Wasserman Building

美国　加利福尼亚州洛杉矶
2009—2014年

总平面图

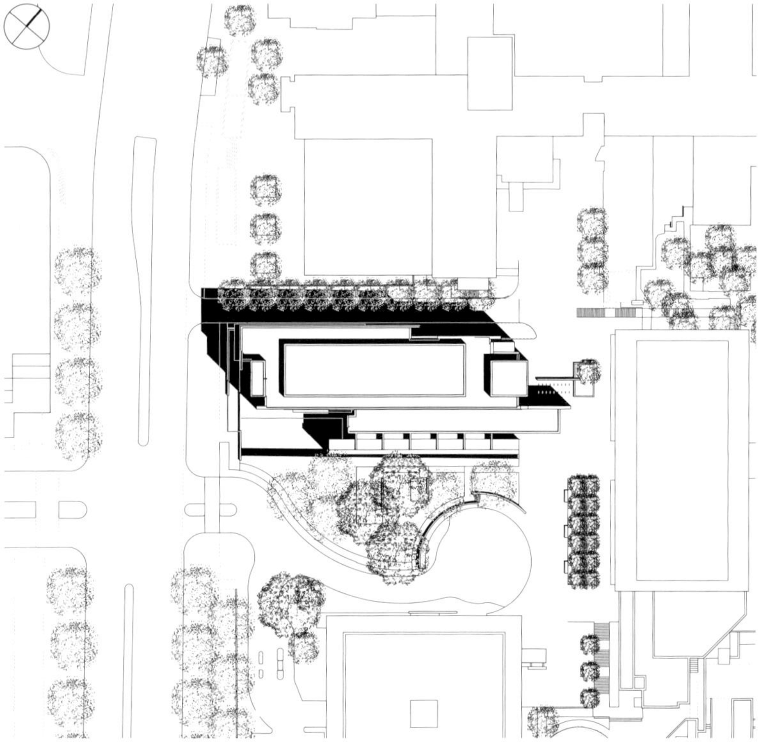

伊迪和卢·沃瑟曼大楼[1] 6层高，建筑面积为9290平方米，旨在满足朱尔斯·斯坦眼科研究所（Jules Stein Eye Institute）的专业技术需求。这项精心设计的校园填充项目匠心独运，有效扩大研究所用于前沿研究及重症监护的场地，给病人及其家人带来舒适体验，成功提升其作为国家重点眼科护理中心之一的形象。

崭新的大楼位置绝佳，将加州大学洛杉矶分校（UCLA）于20世纪60年代建造的两座大楼连接起来。大楼规模宏伟，打造的室外空间，配有露台景观，可引导来访者快速抵达扩建后的3栋建筑群主入口。顶棚、灯光及协调的图案浑然一体，提升病人的就诊体验。

这座全新建筑的南向立面与现有建筑正立面的规模和结构形态交相辉映，穿过入口花园可直接抵达。南向立面采用落地玻璃墙设计，透明敞亮，在入口花园和送客大厅即可清楚看见电梯大厅和候诊区。大楼内的休息区采光充足，病人可在此休息，并且周边风景一览无余。对建筑而言，色调和修饰面同等重要。该建筑将自然光线引入室内的每一寸公共空间，赋予丰富而诱人的体验。大楼的外立面采用最流行的建筑元素，与原建筑结构相结合，同时在建筑色彩和自然肌理方面，与学校环境和谐共处。

伊迪和卢·沃瑟曼大楼秉承对环境负责的态度，已经荣获LEED[2]金牌认证。这座大楼跨度较大，一定程度上减少立柱的使用，可方便快捷地调整楼层布局，大大降低将来翻新的成本。大楼采取一系列措施提高能源使用效率：打造合适外观、位于朝阳方位、创新建筑外形及机械系统设计、规范使用先进的操作系统和监控设备。

1.伊迪和卢·沃瑟曼大楼以纪念已故慈善家Edie（伊迪）和Lew Wasserman（卢·沃瑟曼）——译者注

2.领先能源与环境设计（LEED）是美国绿建协会在2000年设立的一项绿色建筑评分认证系统，用以评估建筑绩效是否能符合可持续性。

一层平面图

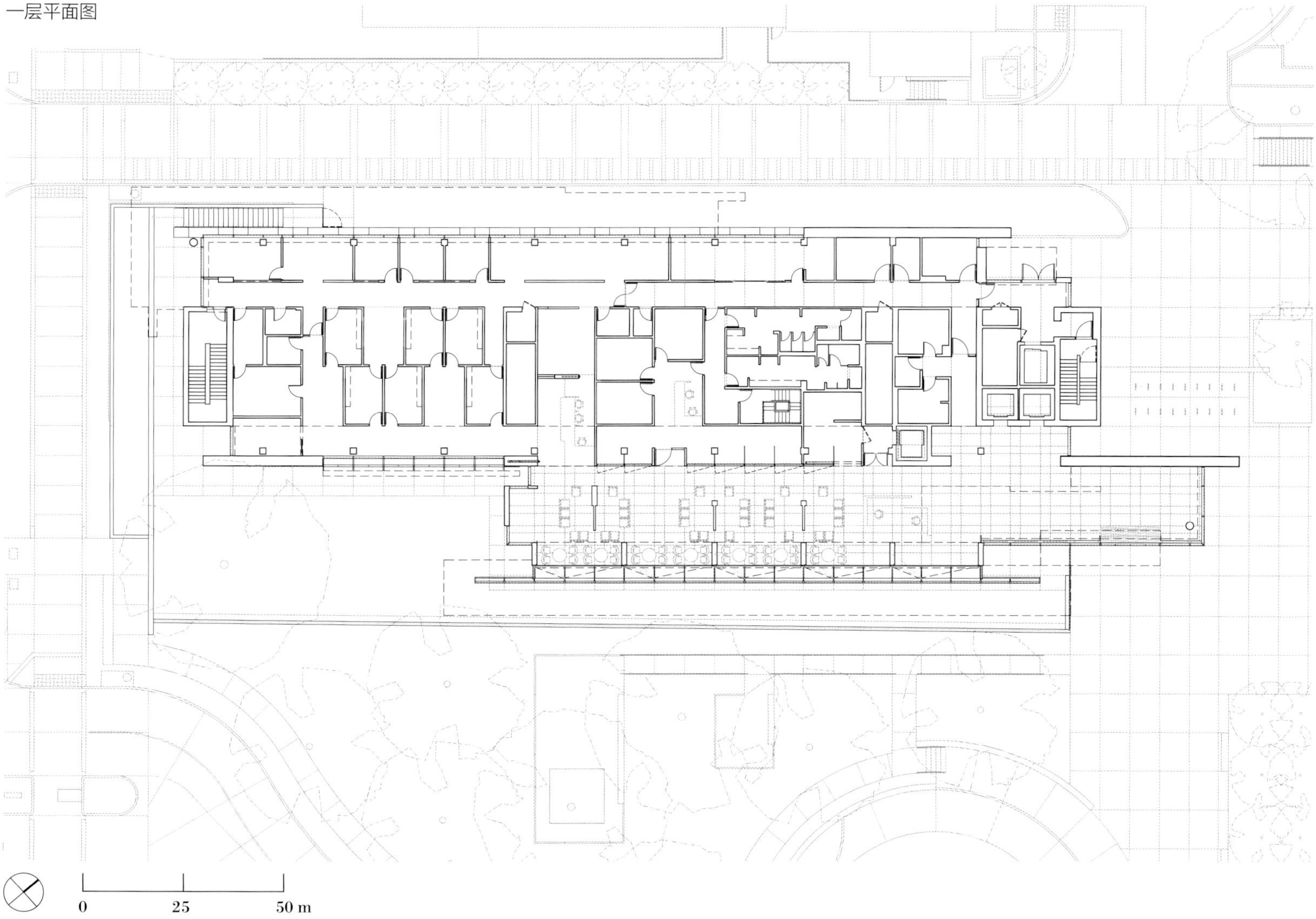

标准楼层平面图

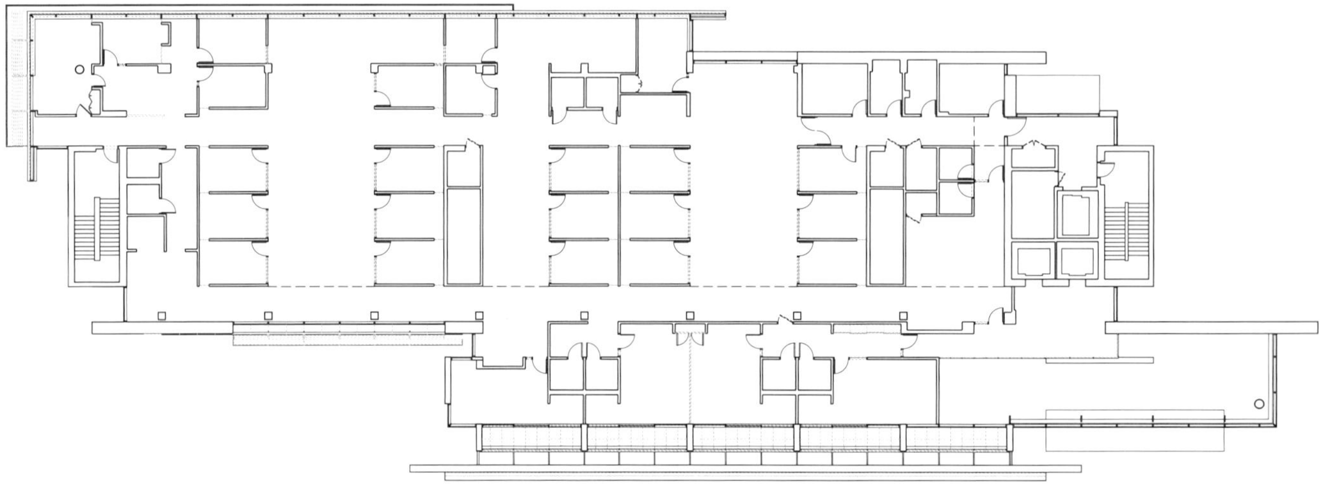

南向立面图

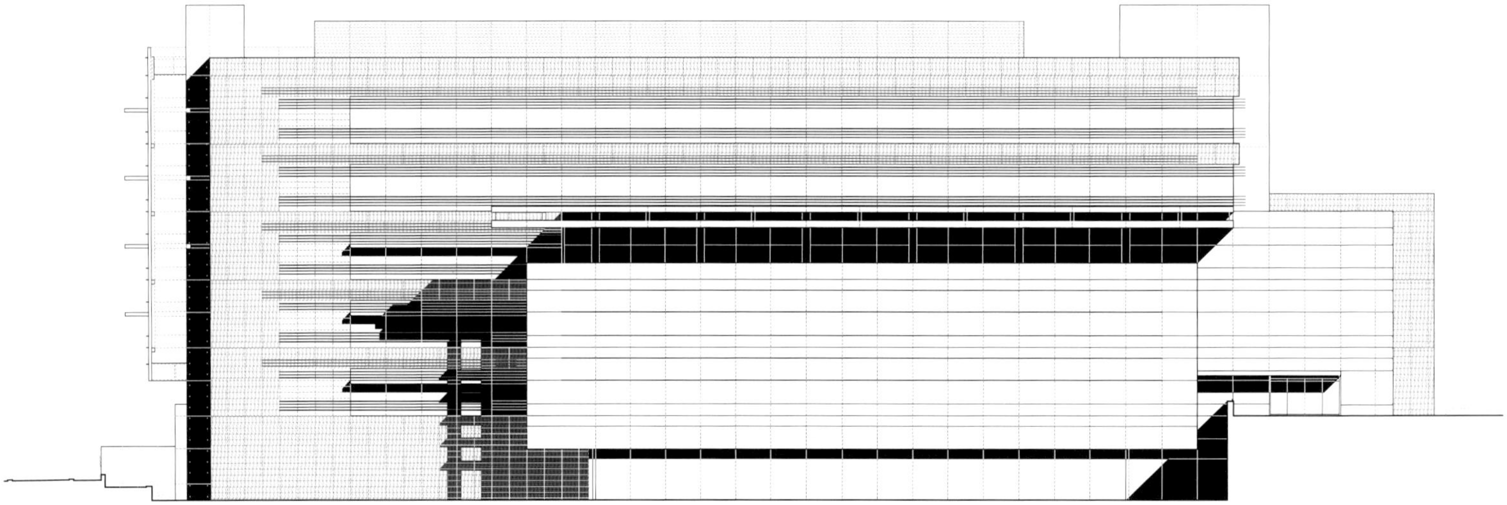

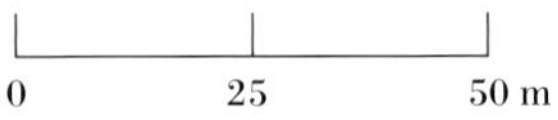

卡普兰住宅
Kaplan Residence

one

卡普兰住宅
Kaplan Residence

美国　内华达州拉斯维加斯
2010—2013年

总平面图

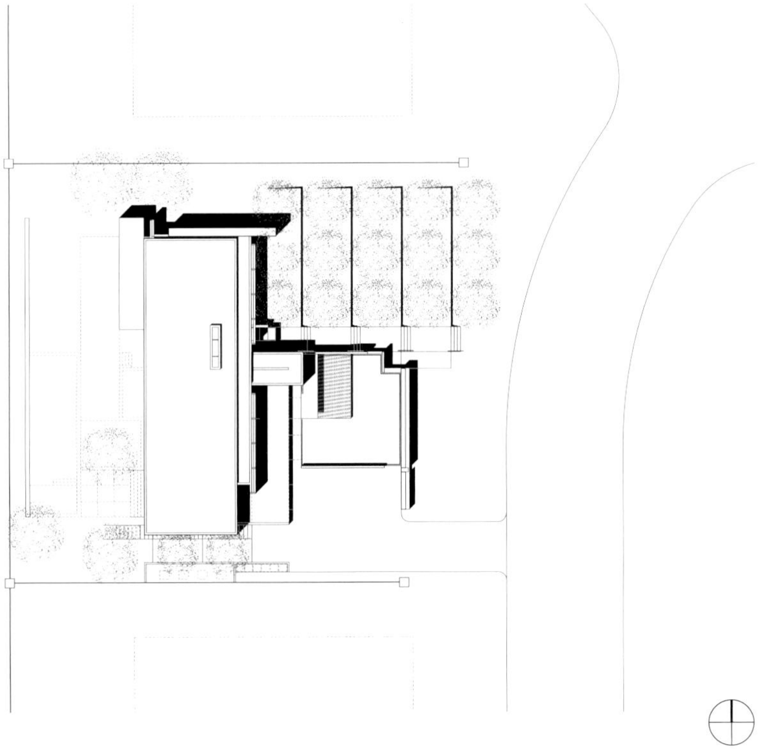

卡普兰住宅（Kaplan Residence）地处山麓小丘之上，介于从壮美的红岩峡谷（Red Rock Canyon Mountains）到赌城大道（Las Vegas Strip）的天际线之间。公寓造型时尚，线条流畅，极具二元性，与周边壮美的郊区自然风光交相辉映。这座公寓整体呈狭长状，建筑面积达372平方米，其西向立面采用落地玻璃窗设计，宽敞明亮，可调节室内光线，同时还可饱览毗邻山脊的美景，层层叠叠，纹理分明。公寓的正立面朝东，铺设磨砂水平式百叶窗，确保住户免受太阳光的直射及附近城市扩张的影响。

卡普兰住宅中庭向内延伸，直至住宅中央，衔接两侧的起居空间。拾阶而上，来到二楼。这里宽敞通透，一座室内天桥横跨其上，连接主卧套间和3间次卧。每间卧室均设有独立阳台，家庭成员可在此欣赏周边山脉风光，同时遮挡一楼免受太阳光的直射，感受位于西向立面的独特整面落地玻璃窗。该公寓配套车库，位于屋顶平台。车库以及主楼层的一片平台则作为过渡区，衔接迷人的室内空间和室外的沙漠风光。

一层平面图

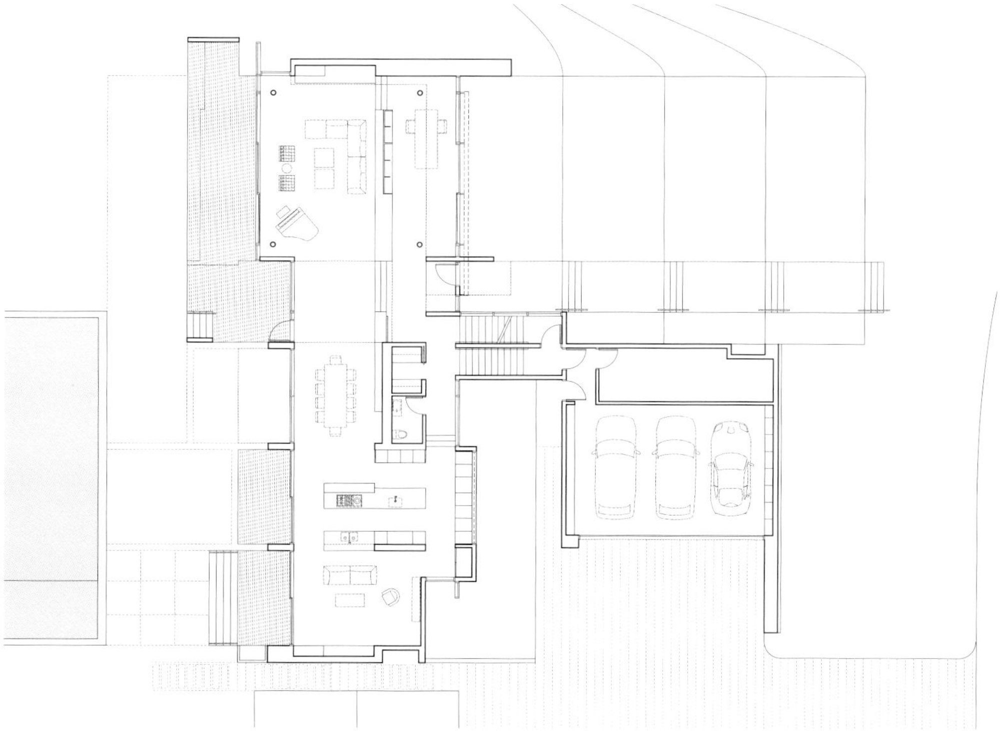

二层平面图

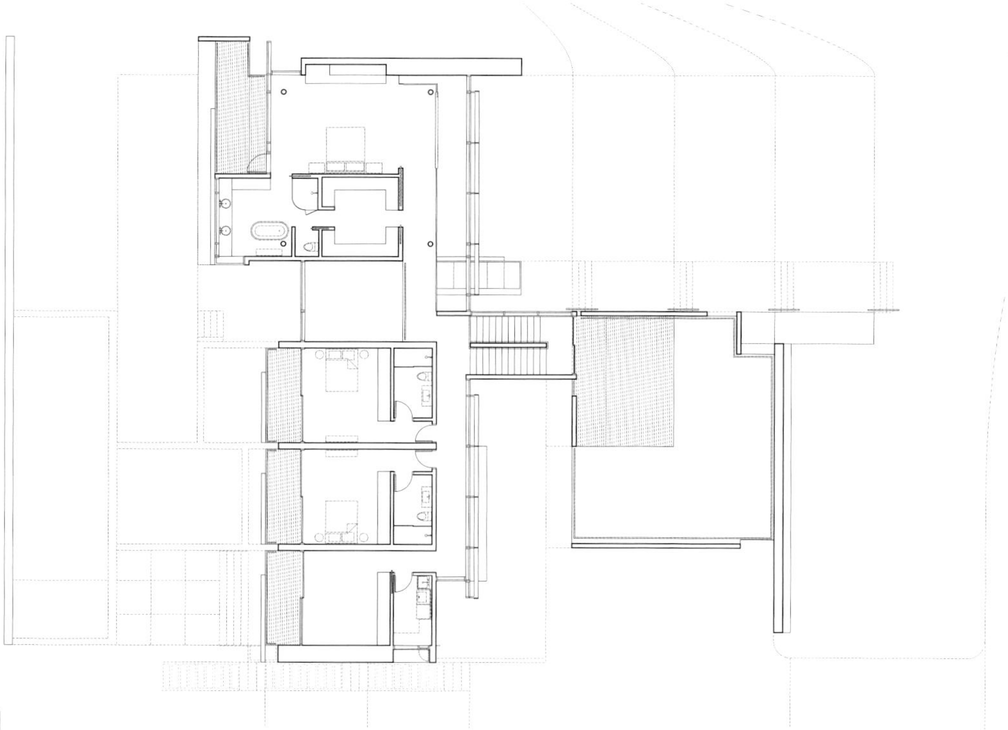

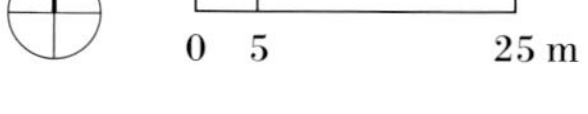

剖面图

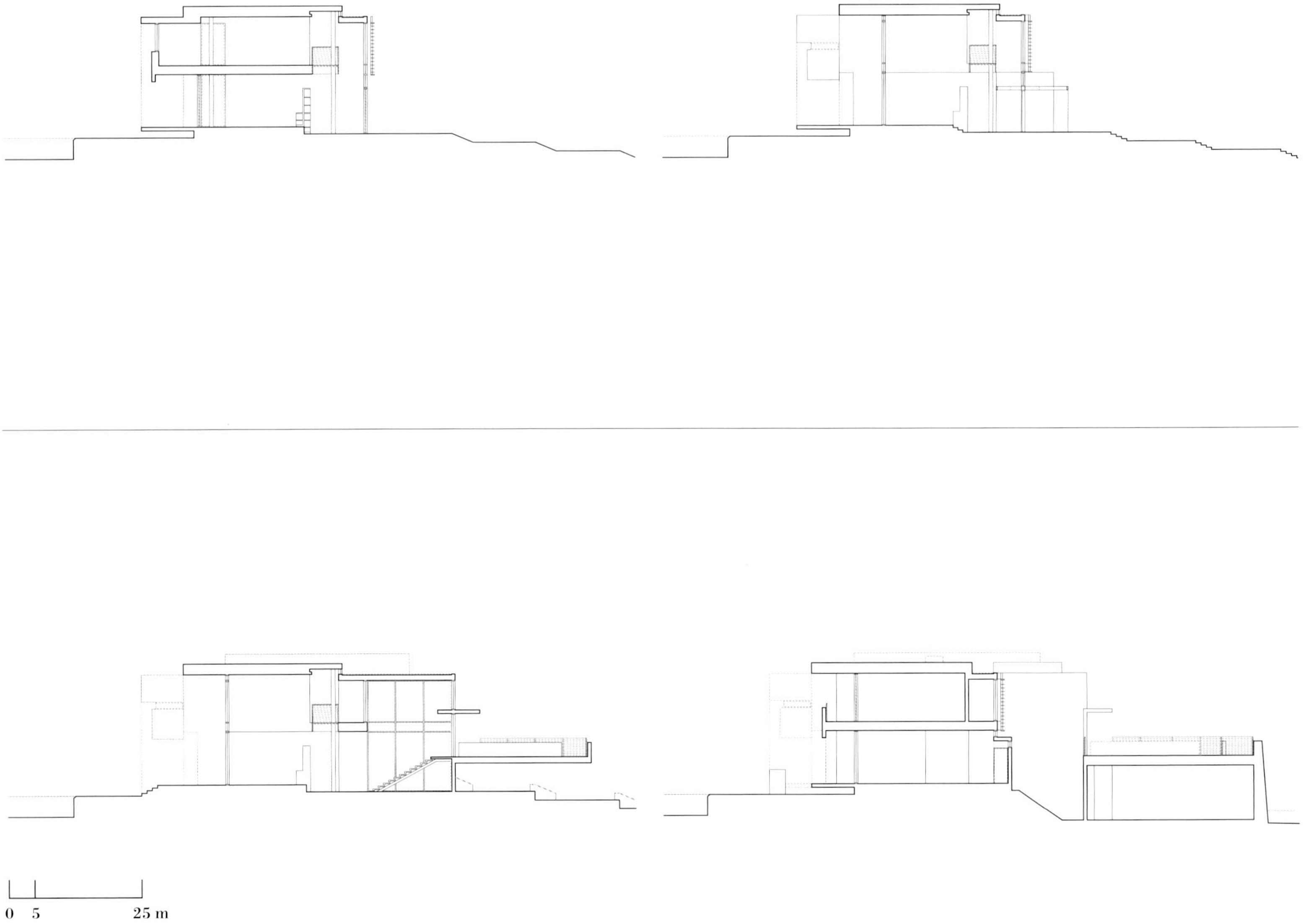

火岛住宅

Fire Island House

火岛住宅
Fire Island House

美国　纽约州长岛
2011—2013年

总平面图

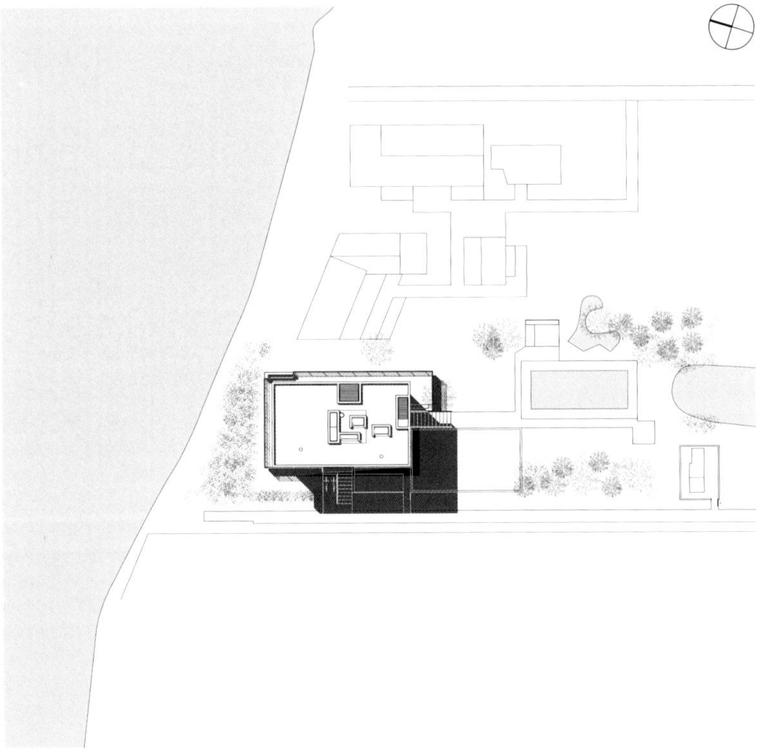

火岛住宅（Fire Island House）位于火岛费尔湾（Fair Harbor）海滩边一处私人地块上。住宅的建筑面积为186平方米，视野开阔，周边景观及海景尽收眼底。该住宅结构独特，主楼层位于挑高平台之上，屋顶飞檐呈水平状，坐拥室内美景，亦可饱览周边自然风光，两者水乳交融。住宅主体部分向外延伸，可通往花园、泳池及附属池畔小屋。

火岛住宅三面均铺设双层高玻璃幕墙，可饱览海湾美妙景色，主入口阶梯毗邻榆木步道。水平式的屋顶之下空间层次分明，一分为二：一部分是双层高起居室，另一部分空间由两层楼组成。其中，一楼设有媒体室、厨房；二楼设有主卧套间。这两部分之间设有可旋转家具，既可最大限度地利用自然光线，又可无障碍饱览海湾美景。住宅中央的隔断处设有功能设施：化妆间和洗衣房位于一楼，含天窗主卫位于二楼。火岛住宅设有悬浮楼梯，可达二楼走廊，可在此俯瞰一楼起居空间。

火岛住宅的窗户、玻璃幕墙及天窗均为透明节能的太阳能玻璃，同时搭配纯白的竖式和水平式铝制百叶窗。光影交替，斑驳可见于平台、双层高空间、玻璃幕墙及天窗，室内通风效果良好，同时不失亲密感。该住宅所选材料至简至纯、朴实无华，着重表现建筑的轻盈和通透感。玻璃、木材及白色饰面与周围海湾呈现的自然色彩和美景交相辉映。

一层平面图

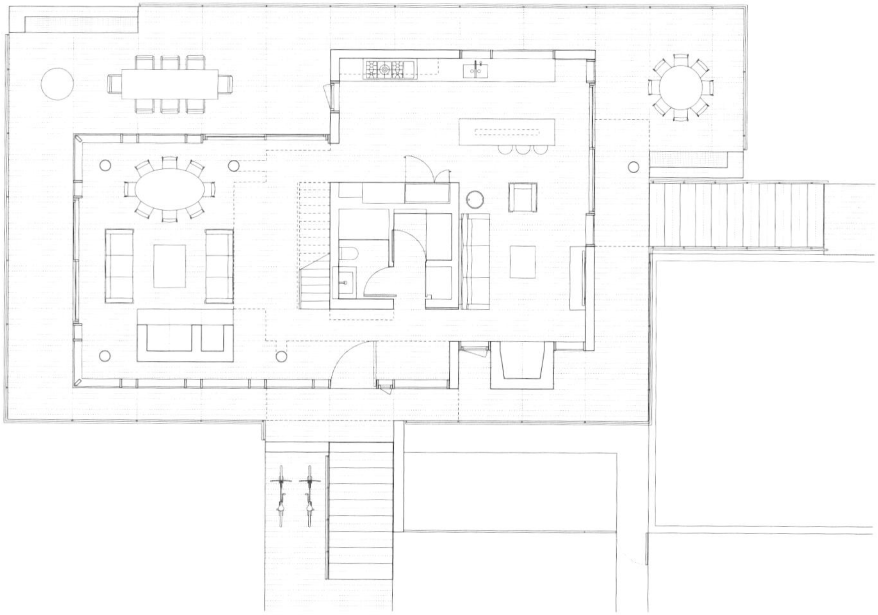

二层平面图

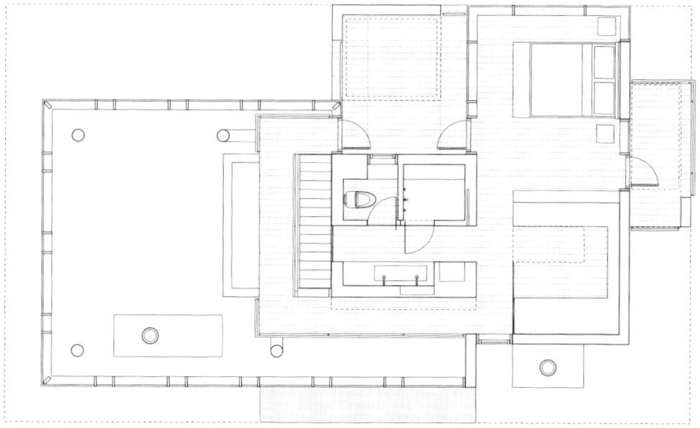

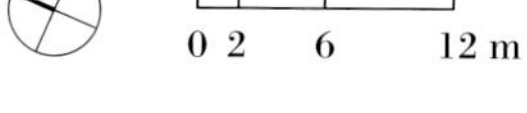

东向立面图

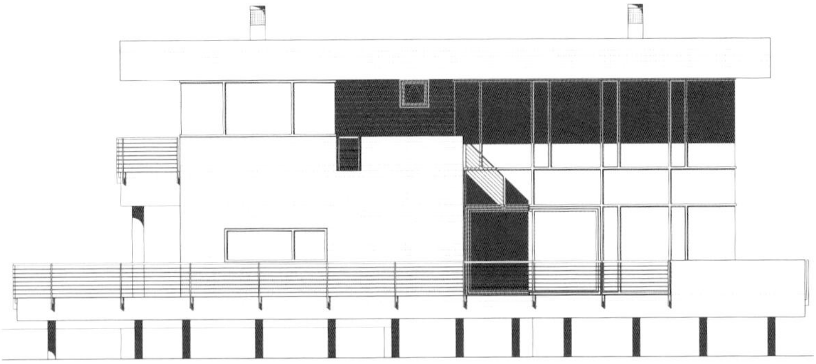

北向立面图

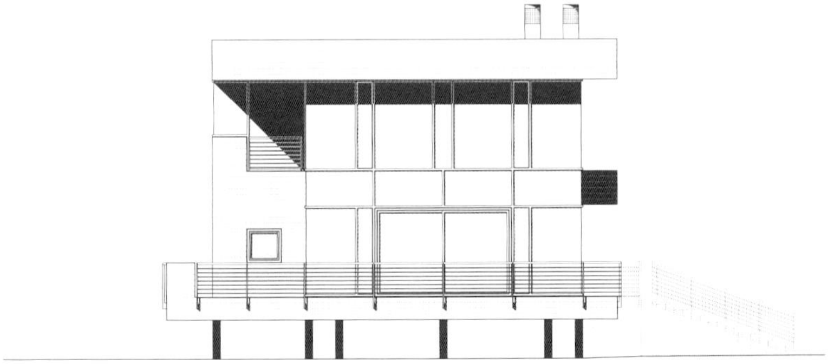

西向立面图

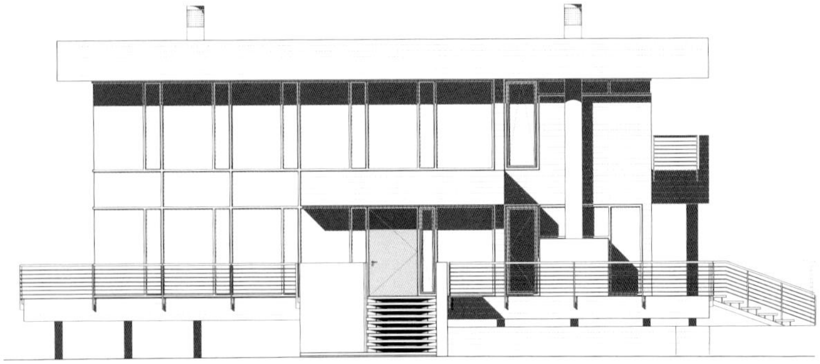

南向立面图

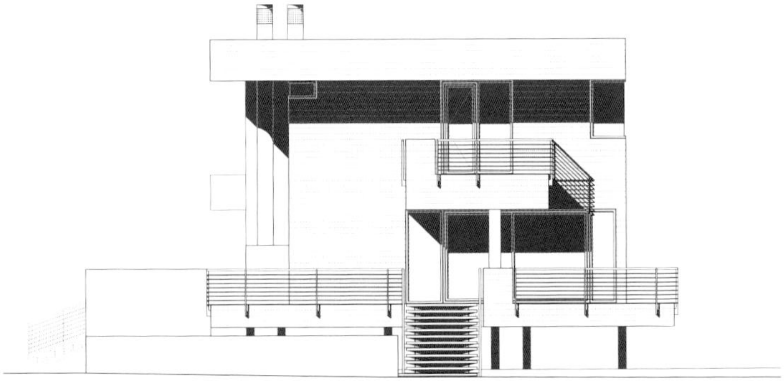

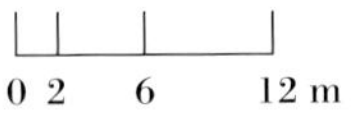

南北向剖面图

东西向剖面图

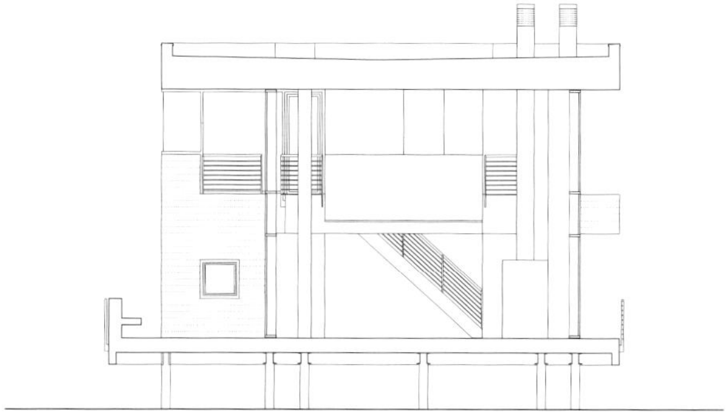

南北向剖面图

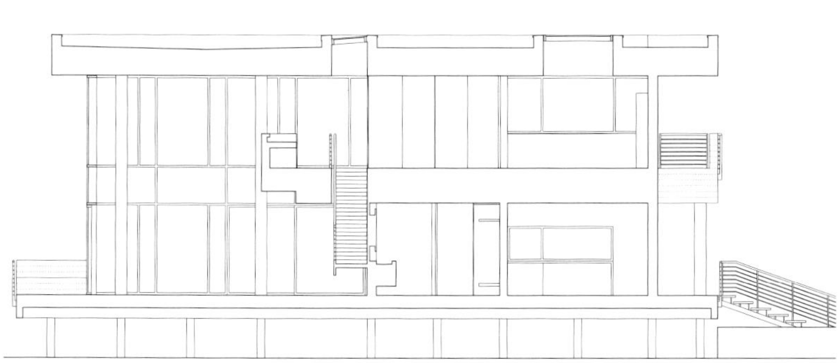

东西向剖面图

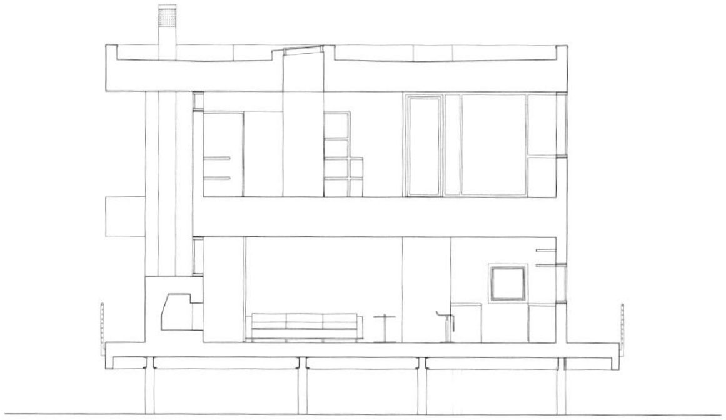

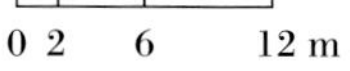

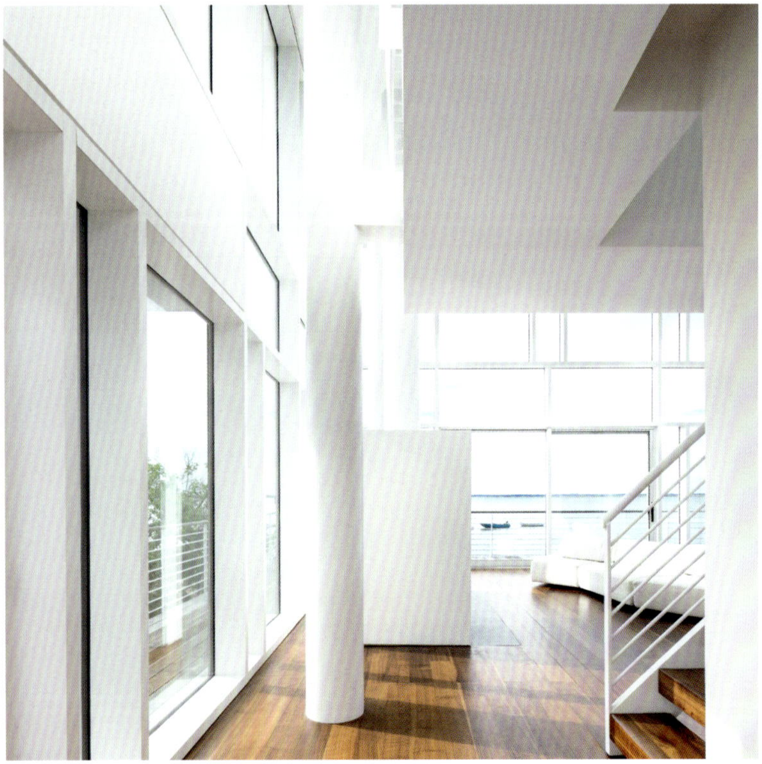

吉马凯精品酒店
Seamarq Hotel

吉马凯精品酒店
Seamarq Hotel

韩国　江陵
2011—2015年

吉马凯精品酒店（Seamarq Hotel）由两栋主楼及附楼组成，坐落在一座拥有茂密松树林的山丘之上，可俯瞰日本海（Sea of Japan）、镜浦湖（Gyeongpo Lake）及太白山脉（the Taebaek Mountains）。吉马凯精品酒店原名现代镜浦台酒店，现已重建，为在韩国平昌郡举办的2018年冬季奥林匹克运动会做准备，是重振该地区发展的项目之一。酒店的塔楼位居山顶高原，海洋近在咫尺，仿佛从地面拔地而起。相比之下，酒店的宴会厅则所处位置相对较低，通过一座天桥将这两栋大楼相连，与2座建筑周边自然风光和谐相处。一长串绵延的丰富空间沿湖展开。当地植被点缀其间，始于镜浦湖的主干道，穿过入口庭院，直至酒店大堂。

酒店塔楼外形参设计考山丘的外形特征，高11层的梯形塔楼，位于4层裙楼之上，由150间客房组成。酒店5楼设有开阔的室外海角露台，坐拥无边际泳池，可饱览海洋全景，堪称神来之笔。该露台采光充足，既是交际场所，又可作为低层裙楼和高层塔楼之间的过渡空间。

酒店一楼宴会厅的入口门厅外设有带顶的停车回廊，方便宾客上下车。走进宴会厅，映入眼帘的是双层挑高大堂，彰显宏大尊贵的不凡气质。大堂内设有休息室、酒吧，可在此欣赏壮丽海景。

大堂周围环绕着室外露台，将大堂从室内延伸至室外。这里坐拥美妙风光，一览无余，无缝连接室内外空间，空间利用率达到极致。餐厅位于负一楼，与现有景观融为一体，可零距离一睹壮阔大海及沙滩美景。SPA区位于负二楼，其外形独特，参考山峦外形设计，丰富的自然植被及风光尽收眼底。总统套房设于顶层，配置宽敞露台、庭院花园，可全方位观景。

酒店外形呈清晰的锐角形态，与周边山脉及低楼层的餐厅、SPA区的柔和外形对比鲜明。酒店剪影变幻无穷，呈现于不同的特色区域，如悬浮阳台、铰接式平台、高度不一的建筑、顶层总统套房的悬挂屋顶，令人回味无穷。建筑中央外立面采用不规则图案设计，创造动态和平衡。建筑以浅白色为基础色调，全天可置身于光线及周围环境的相互交织之中。

吉马凯精品酒店焕然一新，其空间改造与设计息息相关，不是抽象空间，也不是无限大的空间，而是与灯光、人体尺度、建筑文化息息相关的空间。该酒店的每一个元素均经精雕细琢，充分考量公共区域、当地气候以及海洋的自然光线。建筑整体采用统一联合的设计策略，充分利用自然采光，并且建立起酒店、宴会厅及其余区域之间的联系。

总平面图

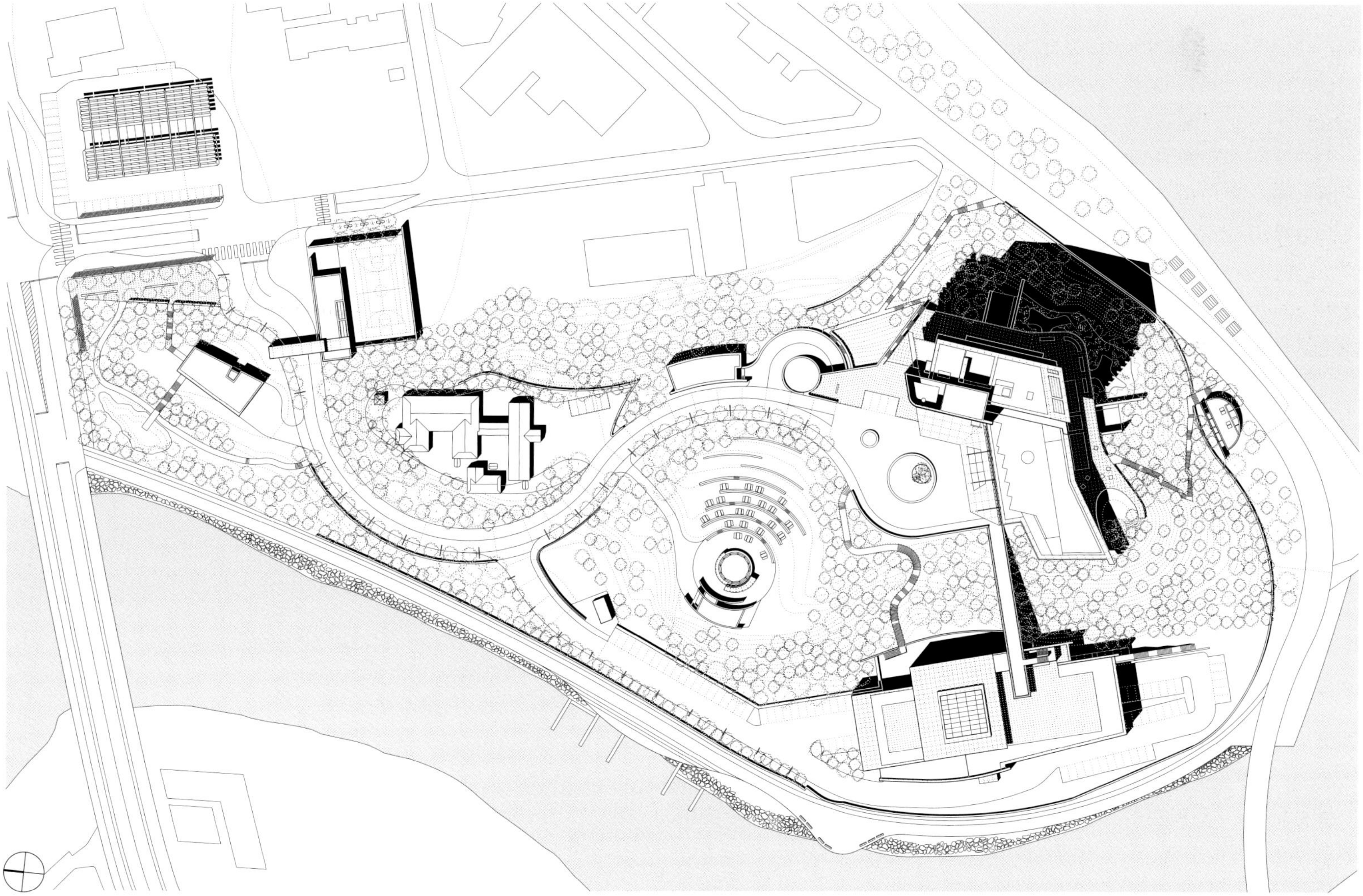

手绘草图

Hyundai Hotel
Gyeongpodae
South Korea
View from the south
31
January
2013

地下二层平面图

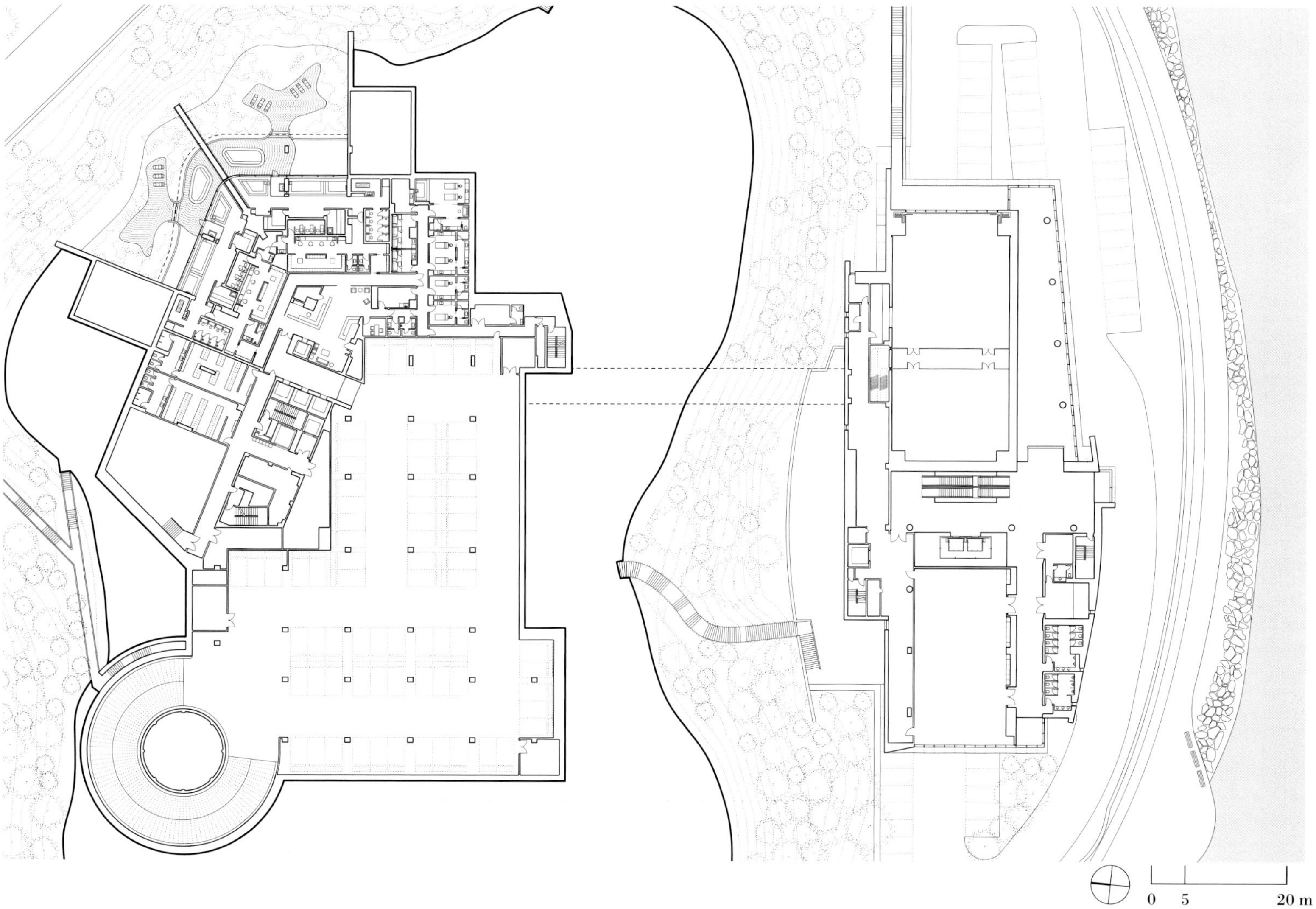

地下一层平面图

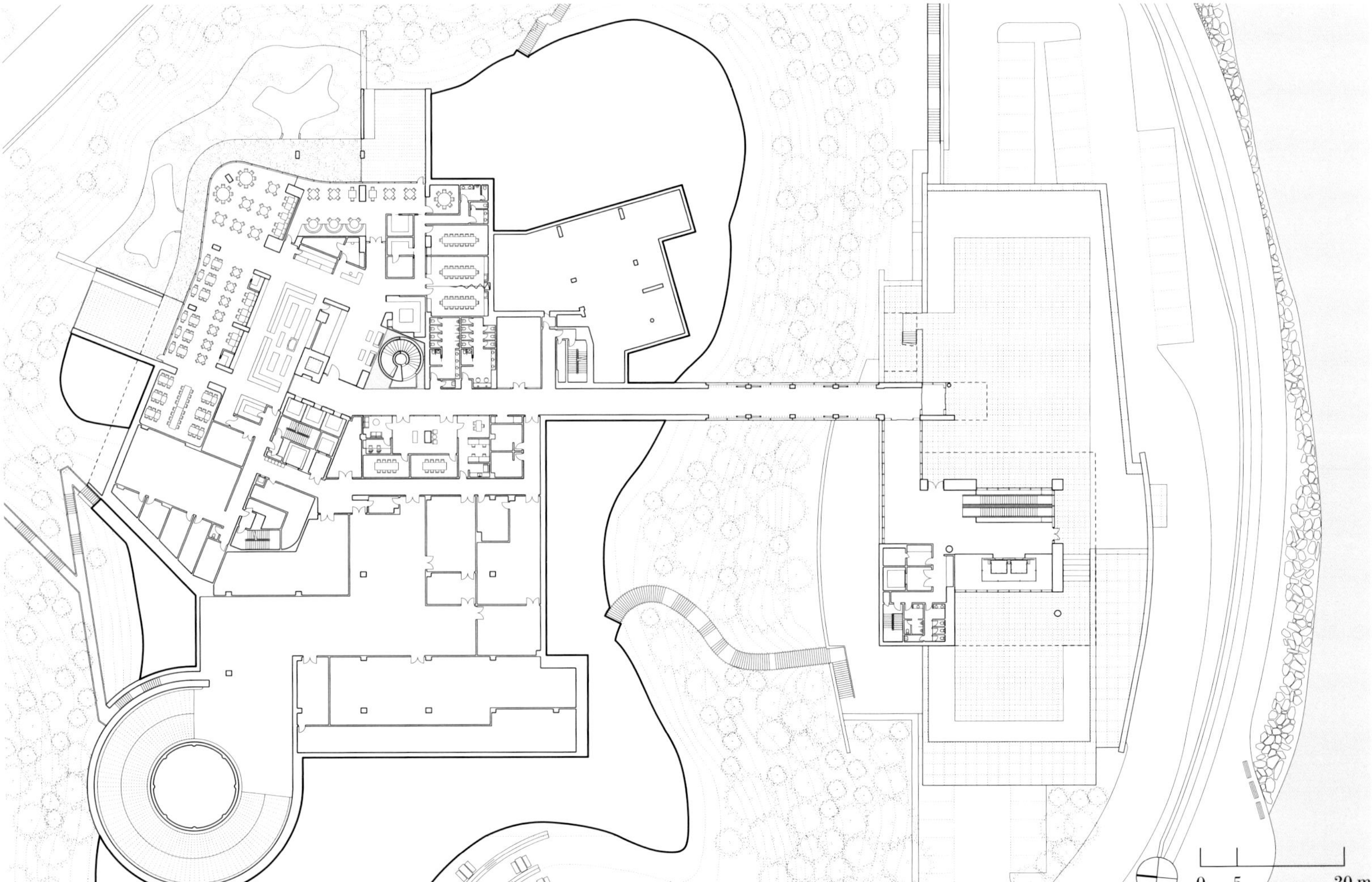

底层平面图

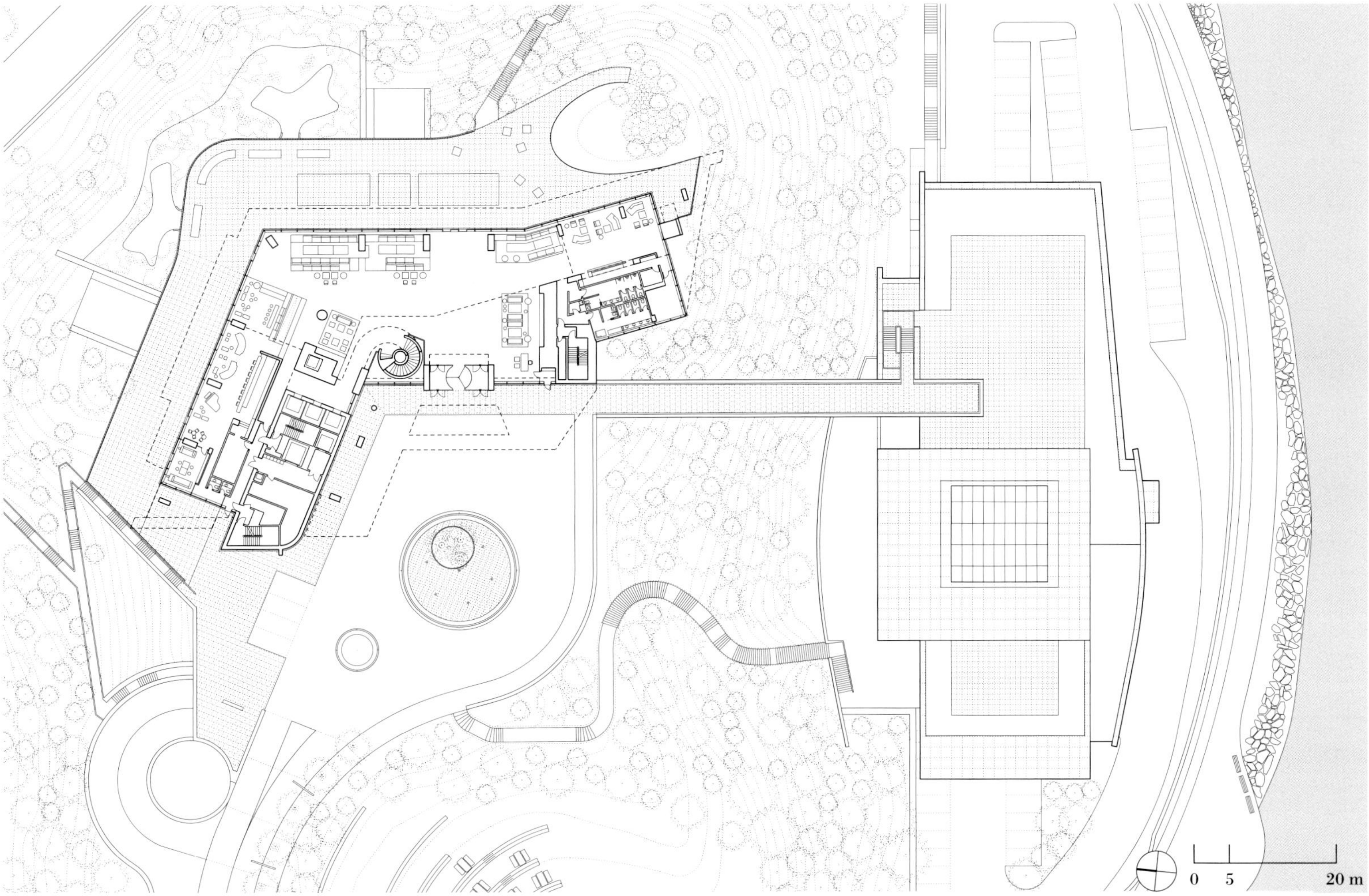

三层平面图

五层平面图

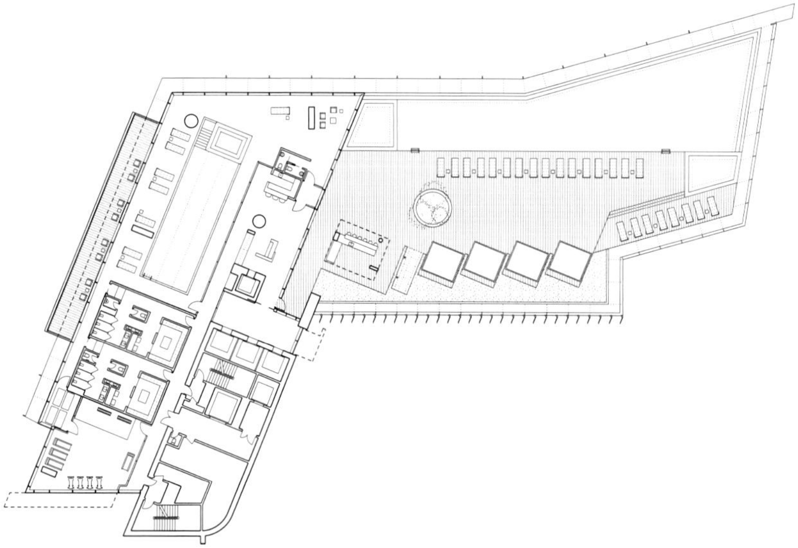

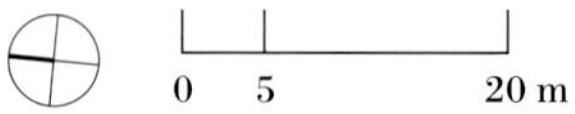

十四层平面图

十五层平面图

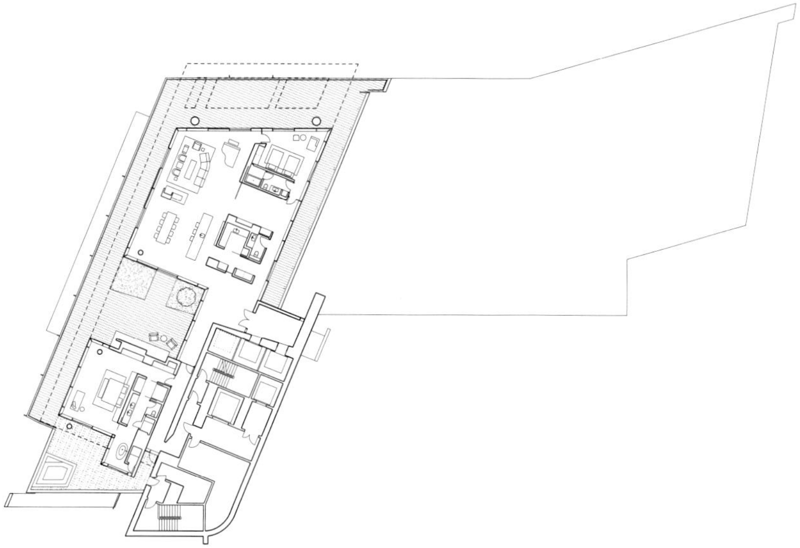

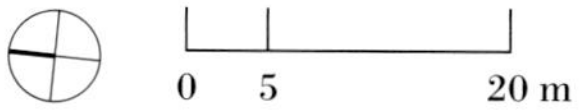

东向立面图

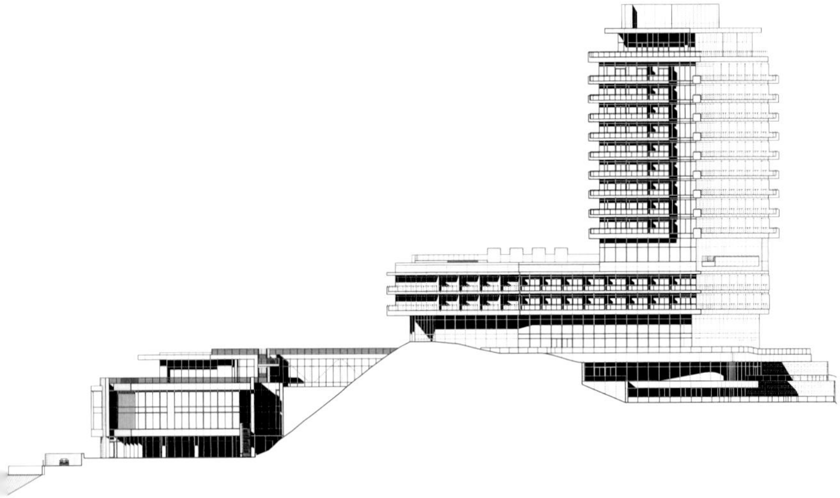

南向立面图

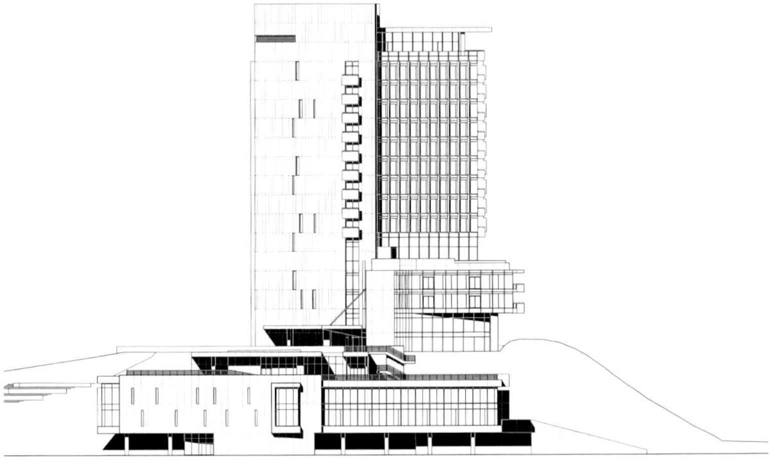

北向立面图

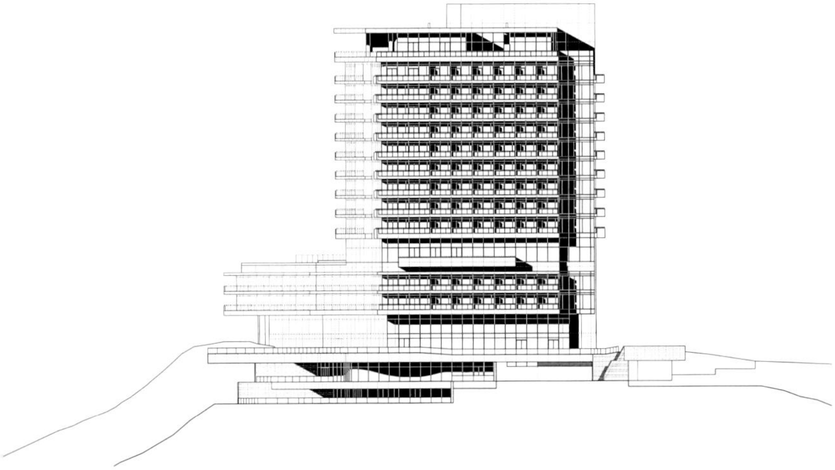

西向立面图

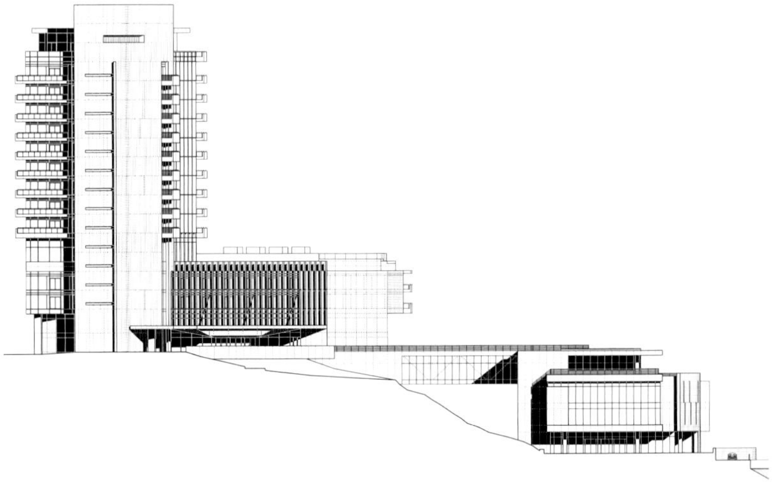

0 5 20 m

横向剖面图

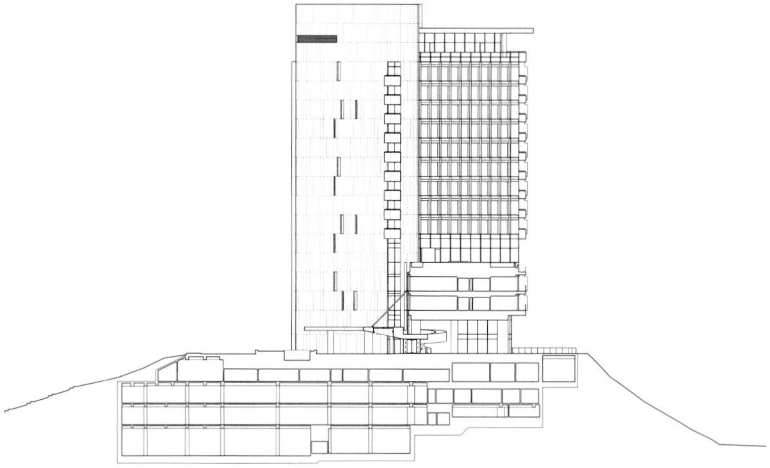

横截面图

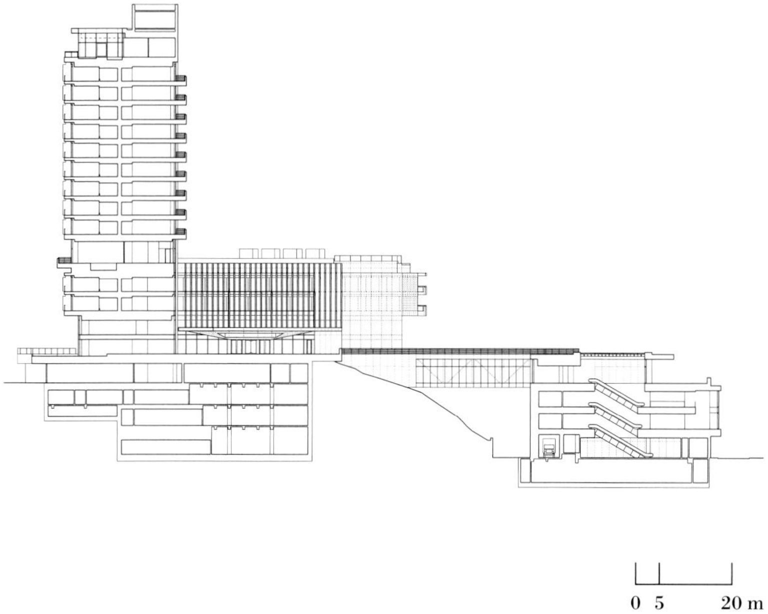

莱布隆办公楼
Leblon Offices

莱布隆办公楼
Leblon Offices

巴西　里约热内卢
2011—2016年

总平面图

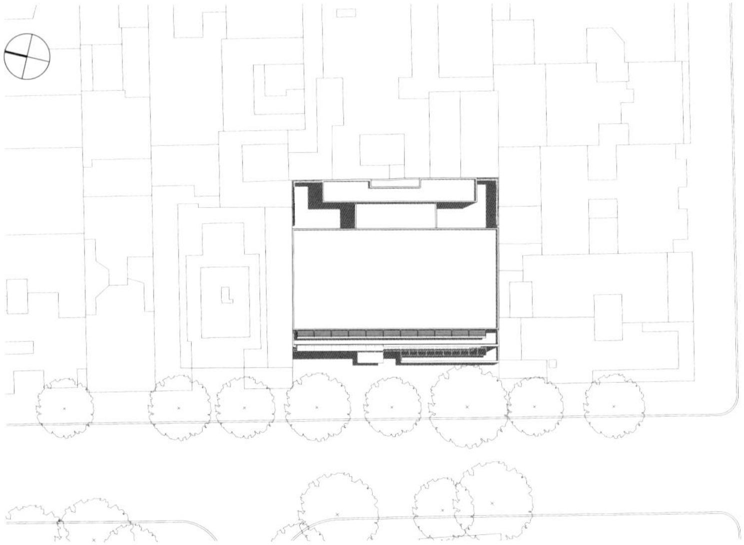

莱布隆办公楼（Leblon Offices）是一座可持续性建筑，采光充足，采用混凝土、玻璃设计，同时打造新兴垂直花园，独具一格。这座办公楼位于巴西里约热内卢莱布隆社区（Leblon neighborhood of Rio de Janeiro），现有一家巴西知名的另类投资及资产管理公司的全新国际总部入驻。该办公楼主要由私人内部庭院、开放式办公区域及大片平台组成，可直达城市主干道Bartolomeu Mitre大道。

莱布隆办公楼地上共7层，高25米，可租赁楼层面积为6500平方米。宽敞的大堂临街而立，可欣赏街景；地下三层还有可租赁区域，同时设有私家停车场。

莱布隆办公楼的建筑形式精妙独到，地理位置得天独厚，同时解决可持续性、高效性及灵活性等问题。建筑整体位于临街正面，其西向立面上装配精致的百叶窗，最大限度地提供遮阳、确保隐私。莱布隆办公楼设计巧妙，没有将建筑和盘托出，而是采用百叶窗设计将主立面的铰接处及层次结构体现出来。这种设计方案使得办公楼既能安然置身于临街面，又能与城市的熙熙攘攘保持距离。它为入住者提供必要的隐私保护、遮阳功能，同时也可以通过清晰透明的窗户饱览繁华街景。

办公楼的东向立面与毗邻建筑隔开，并创造出内部庭院，给所有办公空间提供两面充足采光。宽敞的垂直花园将通风中庭和裸露的混凝土结构紧密相连。莱布隆办公楼气势恢宏，置身精致的白色铝质玻璃开放式办公楼及粗犷的混凝土、庭院内植被之间。大楼的设计旨在呈现成功、高端的办公楼形象，打造里约热内卢的新地标，在尊重巴西丰富的建筑历史遗迹的同时，挑战传统的室内外空间设计理念及协调建筑与城市之间的关系。

底层平面图

西向立面图

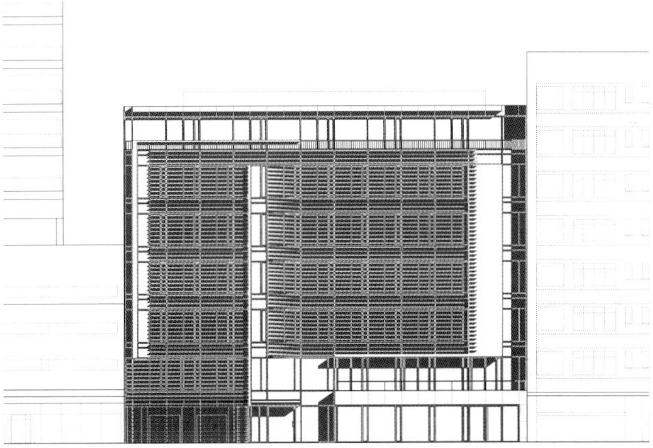

一层平面图

剖面图

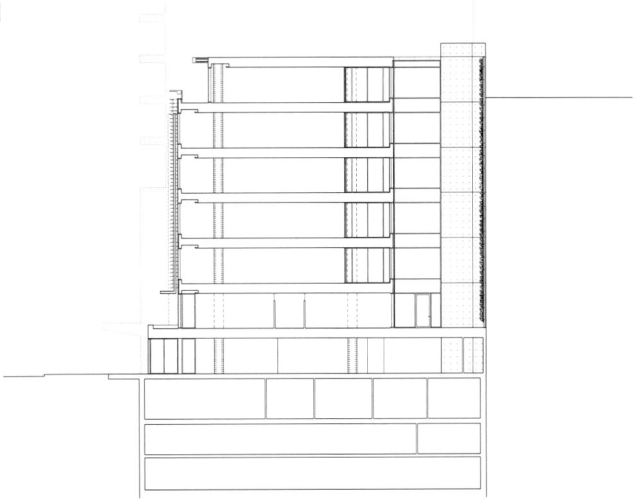

330

改革大厦
Reforma Towers

改革大厦
Reforma Towers

墨西哥　墨西哥城
2012—2017年

墨西哥城是拉丁美洲最重要的文化商业中心之一。在墨西哥城经济持续繁荣的大背景之下，我们旨在开发体现墨西哥城历史以及其丰富的建筑遗迹的建筑项目。

改革大厦（Reforma Towers）紧邻墨西哥城改革大道（Paseo de la Reforma）。这条著名的大道跨越整座城市的对角线，为纪念美洲历史而建，现已成为墨西哥的主要商业街。这座多功能大厦极具优雅气质，由理查德·迈耶合伙人建筑师事务所设计，Diametro Arquitectos公司开发。

新大厦高达40层，集高端办公楼、零售空间、餐馆、健身房、停车场于一体。除这座大厦外，还将建造一栋27层的酒店。整体设计方案考虑到当前城市的局限性，同时为周边将来环境发展负责。

改革大厦设计简洁大方，挑战此类大厦的传统设计方案，即采用全新的布局方式，在塔楼中央巧妙地创造出一个大中庭。大中庭产生的空隙通过“切口”在外部表现出来，最大限度地利用办公中央区域内的光线，增强通风效果，着重展现这座历史城市中心及改革大道的风光。

改革大厦大胆、前沿，但却不失简洁、大气的设计，将营造出建筑及墨西哥城现有建筑肌理之间的动态平衡。同时，还将在城市层面进行视觉表达，挑战此类大厦的传统设计方案。

总平面图

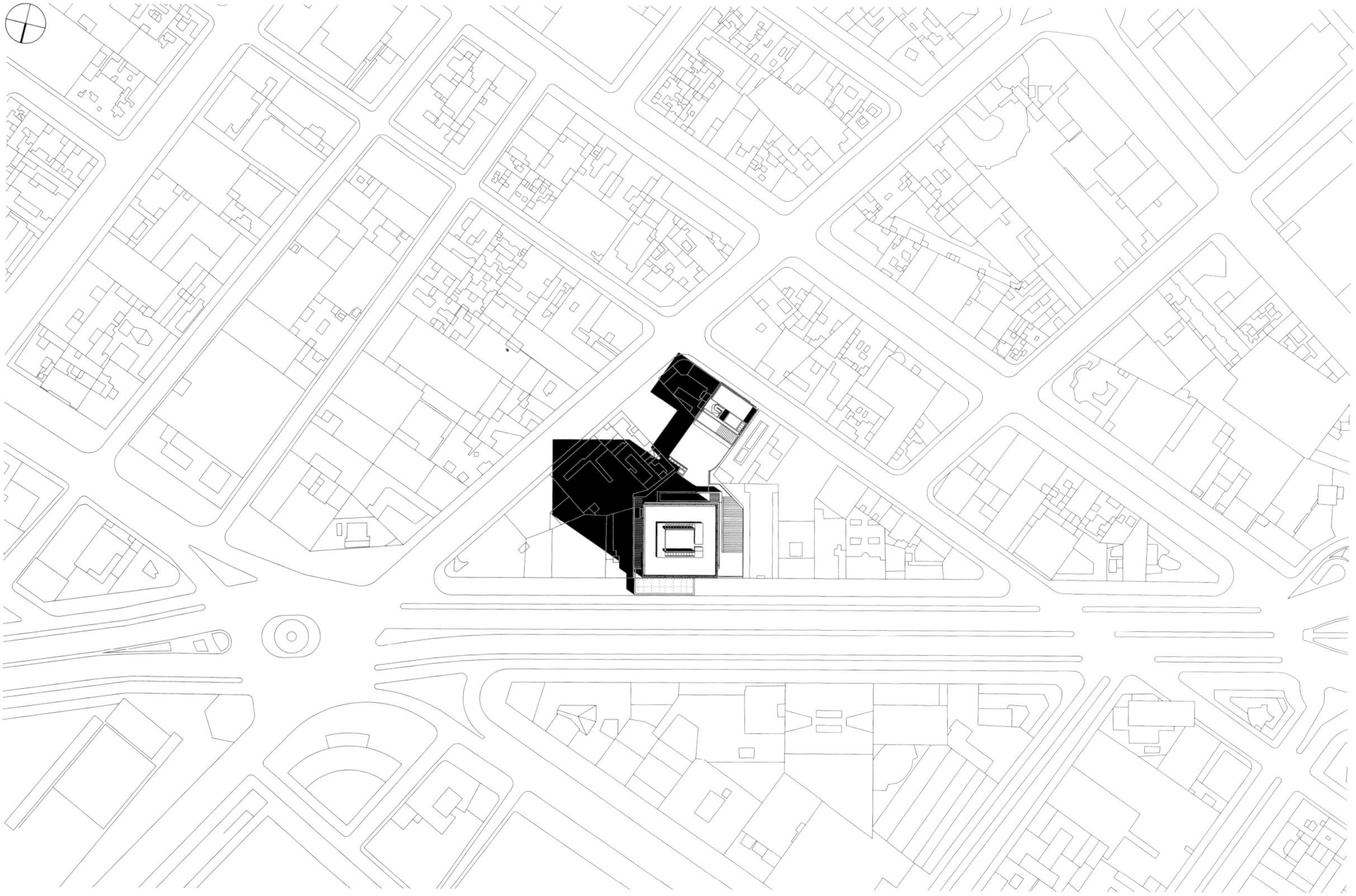

标准停车场平面图

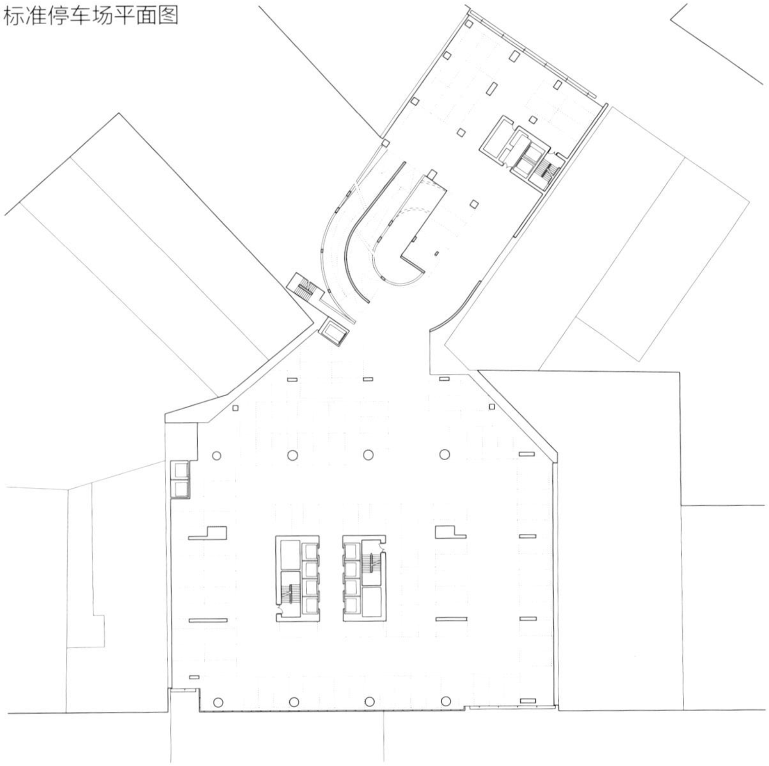

底层平面图

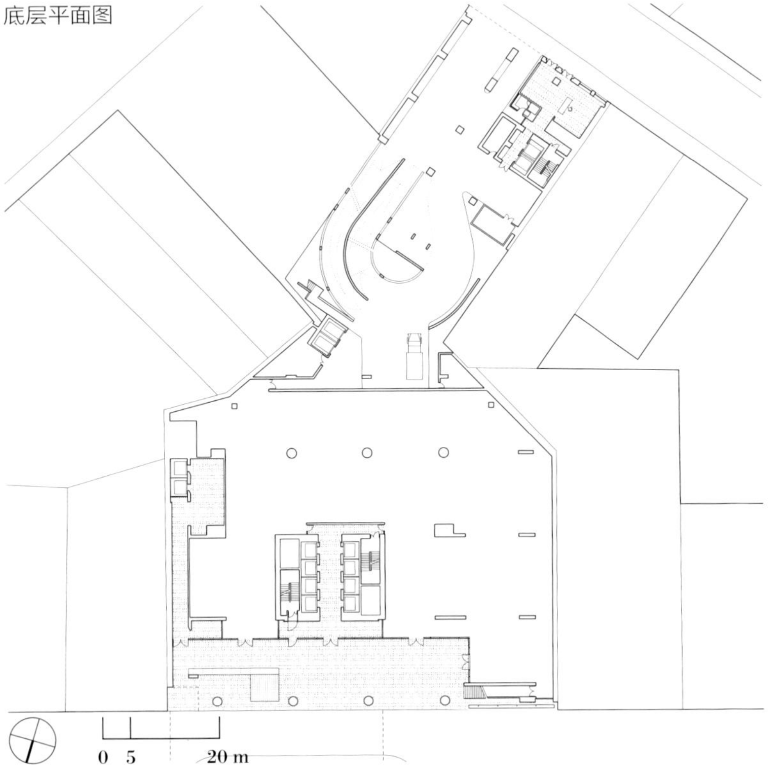

露天平台平面图

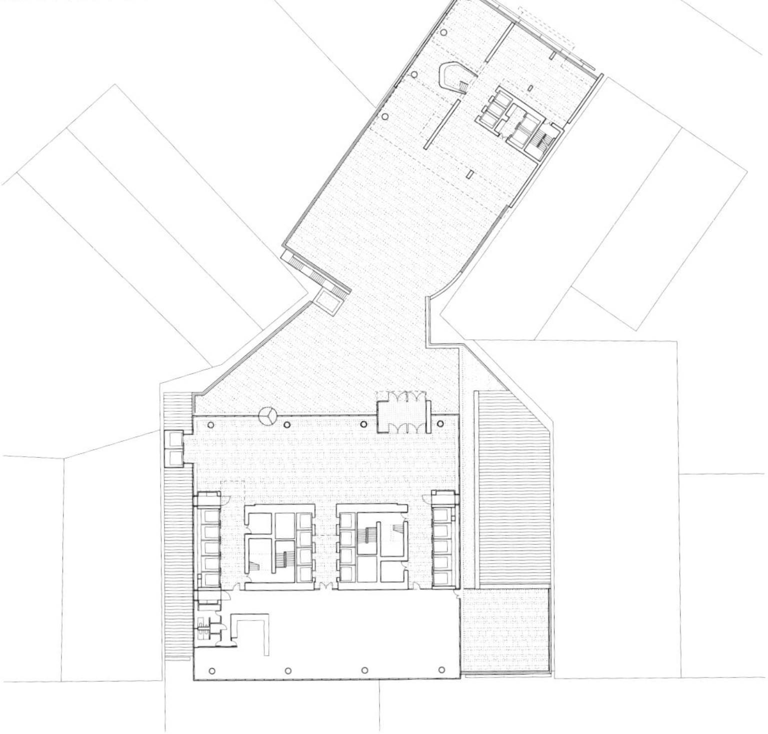

写字楼露天空中大厅平面图

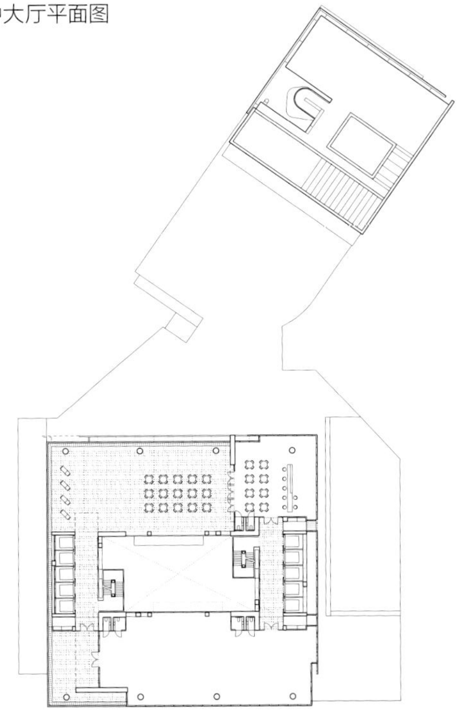

写字楼中庭标准平面图

酒店标准平面图

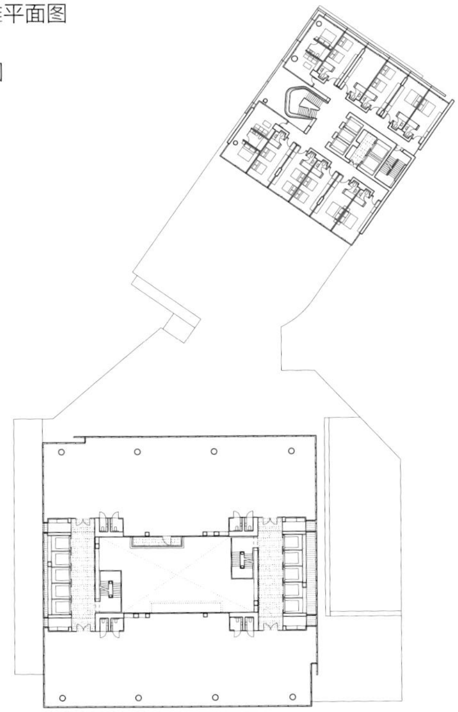

写字楼标准楼层平面图

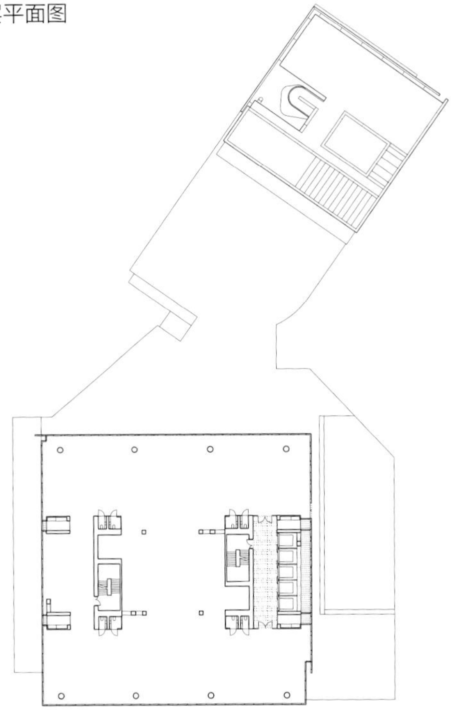

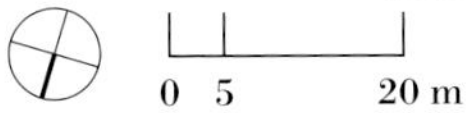

手绘草图

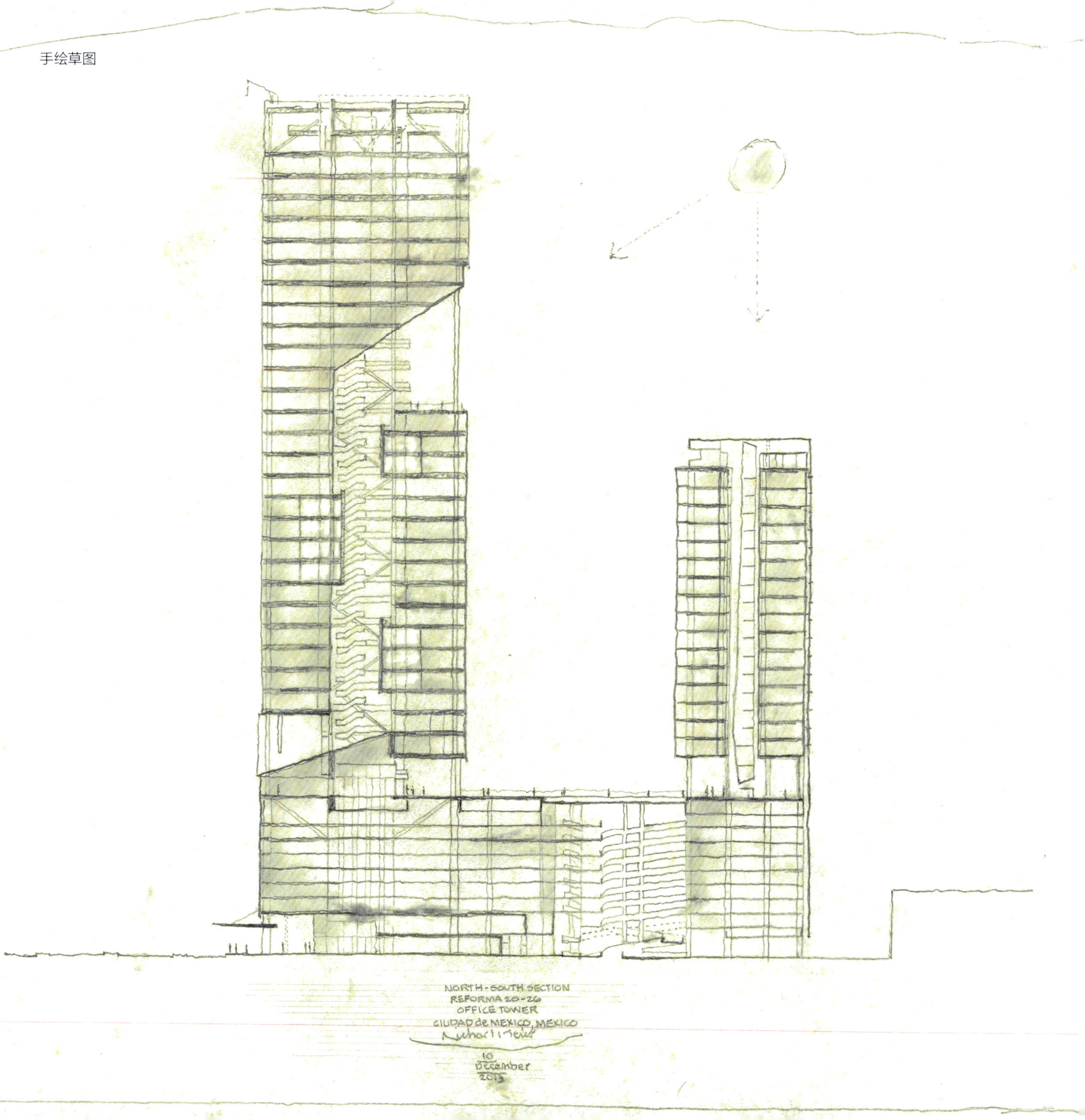
NORTH-SOUTH SECTION
REFORMA 20-26
OFFICE TOWER
CIUDAD de MEXICO, MEXICO
10
December
2013

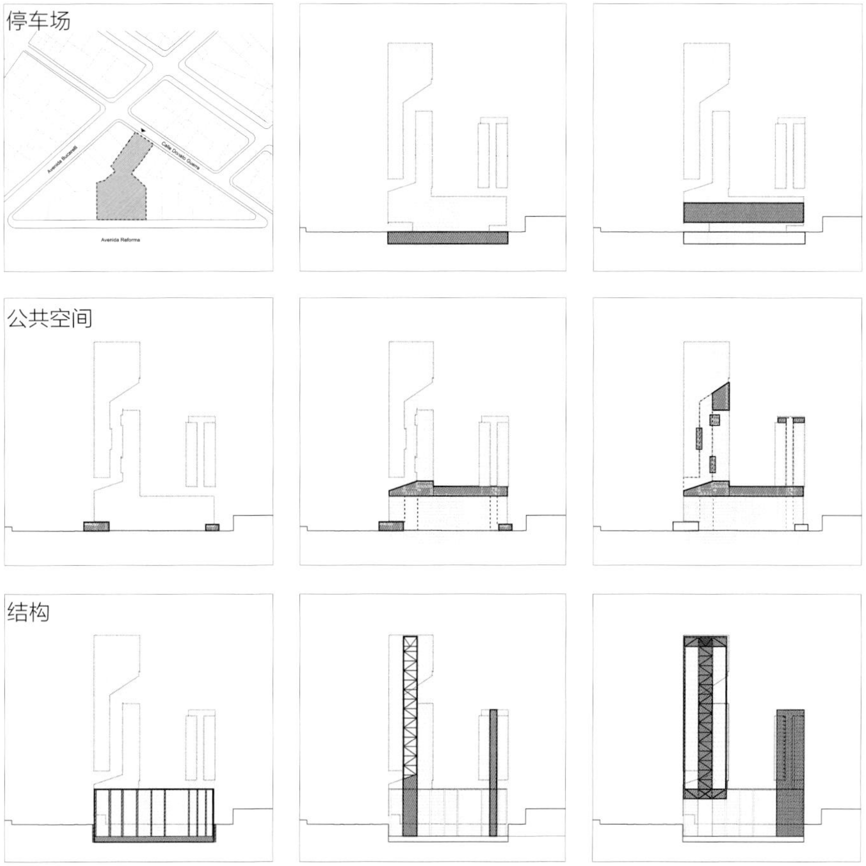
停车场
公共空间
结构

西向立面图

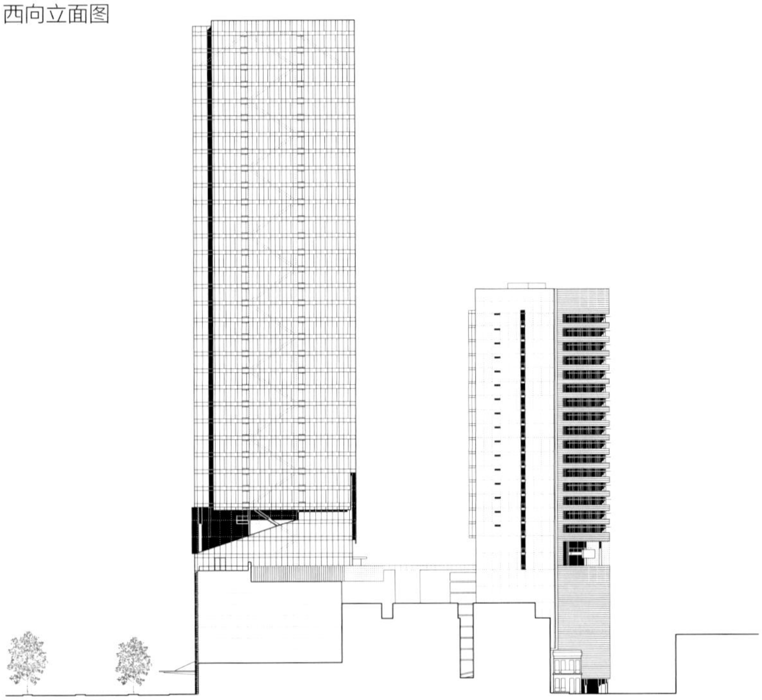

南向立面图

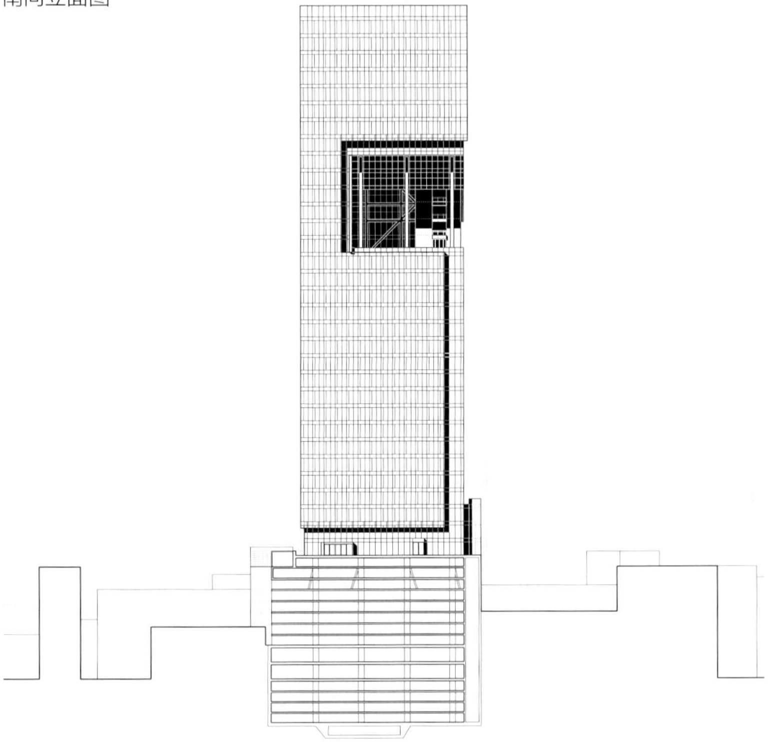

北向立面图

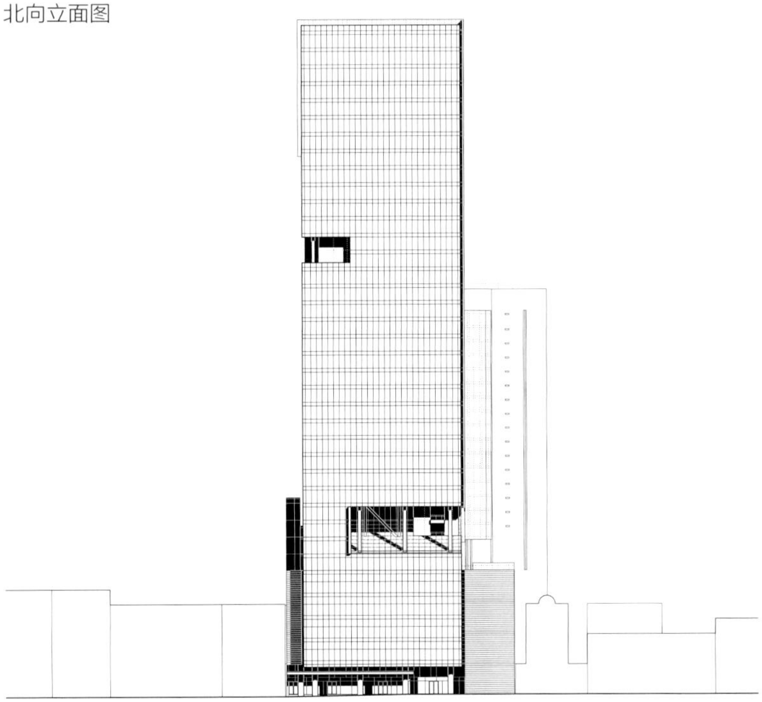

东向立面图

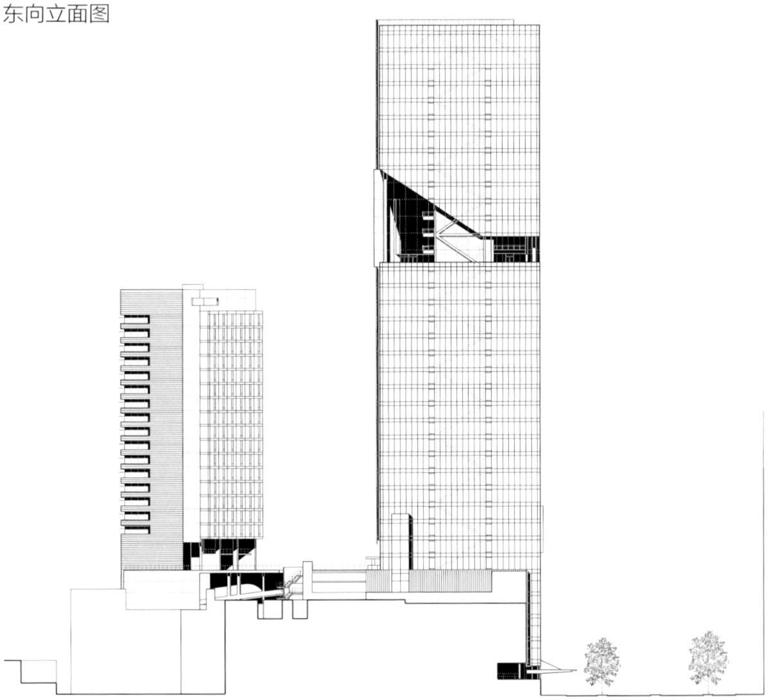

0 10 50 m

酒店塔楼南向立面图

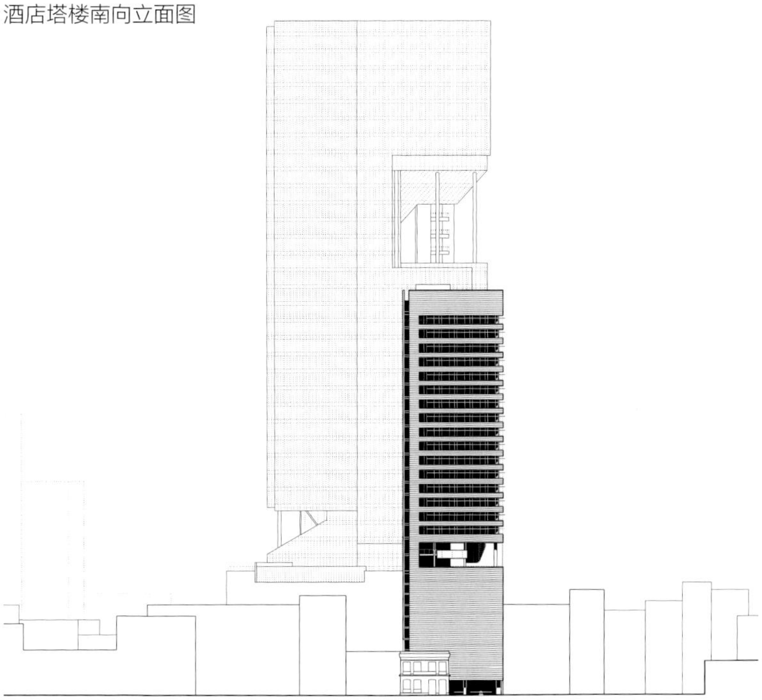

剖面图

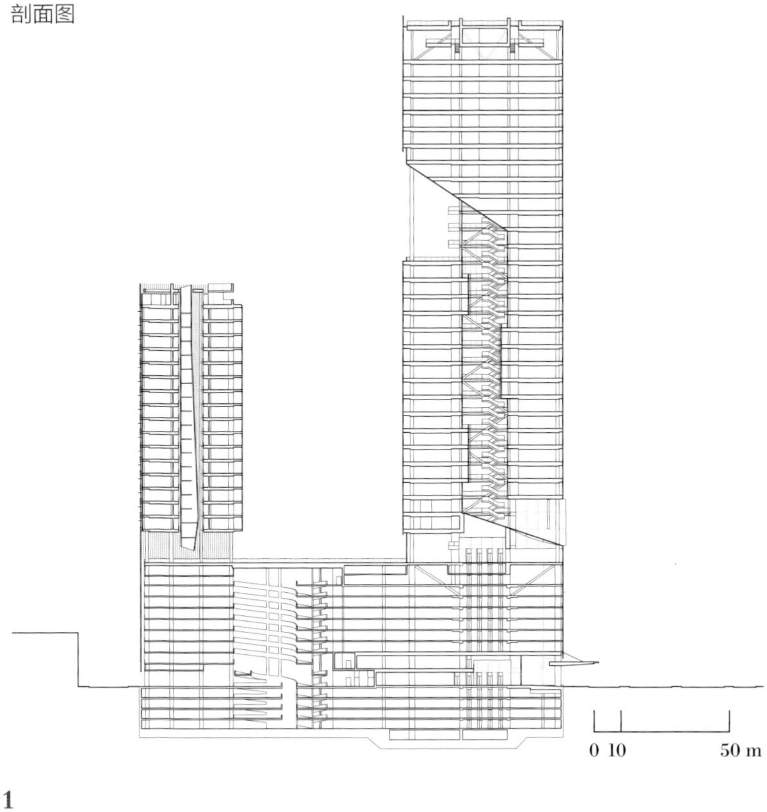

冲浪俱乐部

The Surf Club

冲浪俱乐部
The Surf Club

美国　佛罗里达州瑟夫赛德
2012—2017年

1930年，美国商人哈维·费尔斯通（Harvey Firestone）在美国佛罗里达州瑟夫赛德（Surfside, Florida）的大西洋之上创立传奇的冲浪俱乐部（The Surf Club）。俱乐部占地36 422平方米，现将扩建3幢全新大楼，以原冲浪俱乐部为中心，在原外部庭院的中心新建一座四季酒店，还将在俱乐部的南北侧各建造一栋12层高的公寓楼。

冲浪俱乐部坐拥长达293米的大西洋海岸线，建筑面积达36 422平方米，将扩建打造成一栋酒店、两栋公寓楼、一家私人俱乐部、两家餐馆、4个泳池、一家顶级SPA及健身中心、40多间海滨小屋以及海滨花园。理查德·迈耶及合伙人建筑师事务所打造的概念房及豪华公寓的面积从130平方米至743平方米不等，宾客可在此欣赏从大西洋到迈阿密市中心的壮丽风光。其中，住宅装饰均由理查德·迈耶亲自挑选。

建筑设计充分体现了迈耶的标志性视觉语言：透明性、宽敞的空间体量、全天采光俱佳及奢华而低调的材料。

建筑设计旨在为宾客提供最佳视角，使其全方位观景，纵览东至大西洋及海滩、西抵迈阿密市中心天际线的美妙景色。主要庭院位于原冲浪俱乐部和南楼之间，面朝沙滩和海洋，并设有大片滨水平台和一座泳池。一系列台阶和一处新设的坡道将庭院与花园相连，这里有层层叠叠的棕榈树，点缀着星星点点的草坪，并设有座椅，供客人们休憩和闲谈。

这次扩建项目的主要挑战在于原冲浪俱乐部的庭院地形与周边新建的高层酒店及住宅楼之间如何相协调。设计师用心构思建筑比例、功能需求，完美解决了这一难题。整个建筑的统一设计策略是将自然光线持续引入新旧建筑中，并且打造视觉走廊，连接新旧建筑。同时，进一步营造出公共空间和周边风光的和谐统一。所有建筑均采用现代材料，保留其历史性，并引入创新元素。

当下迈阿密已成为佛罗里达州几大现代化城市之一，其历史文化如影随形，深度根植于城市之中。在这种背景之下，新旧建筑之间充分对话，冲浪俱乐部作为独特的旅游目的地应运而生。

手绘草图

总平面图

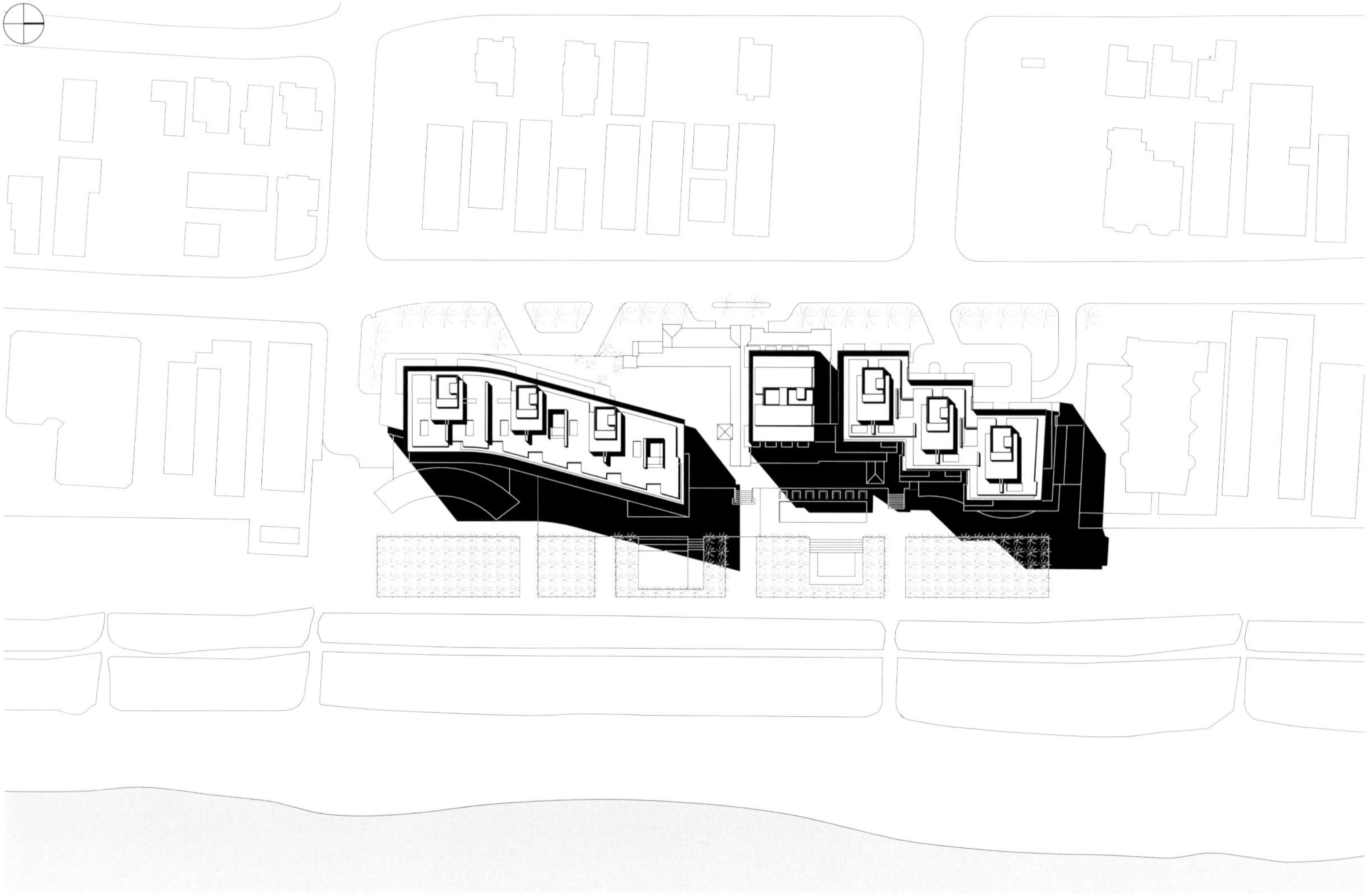

底层平面图

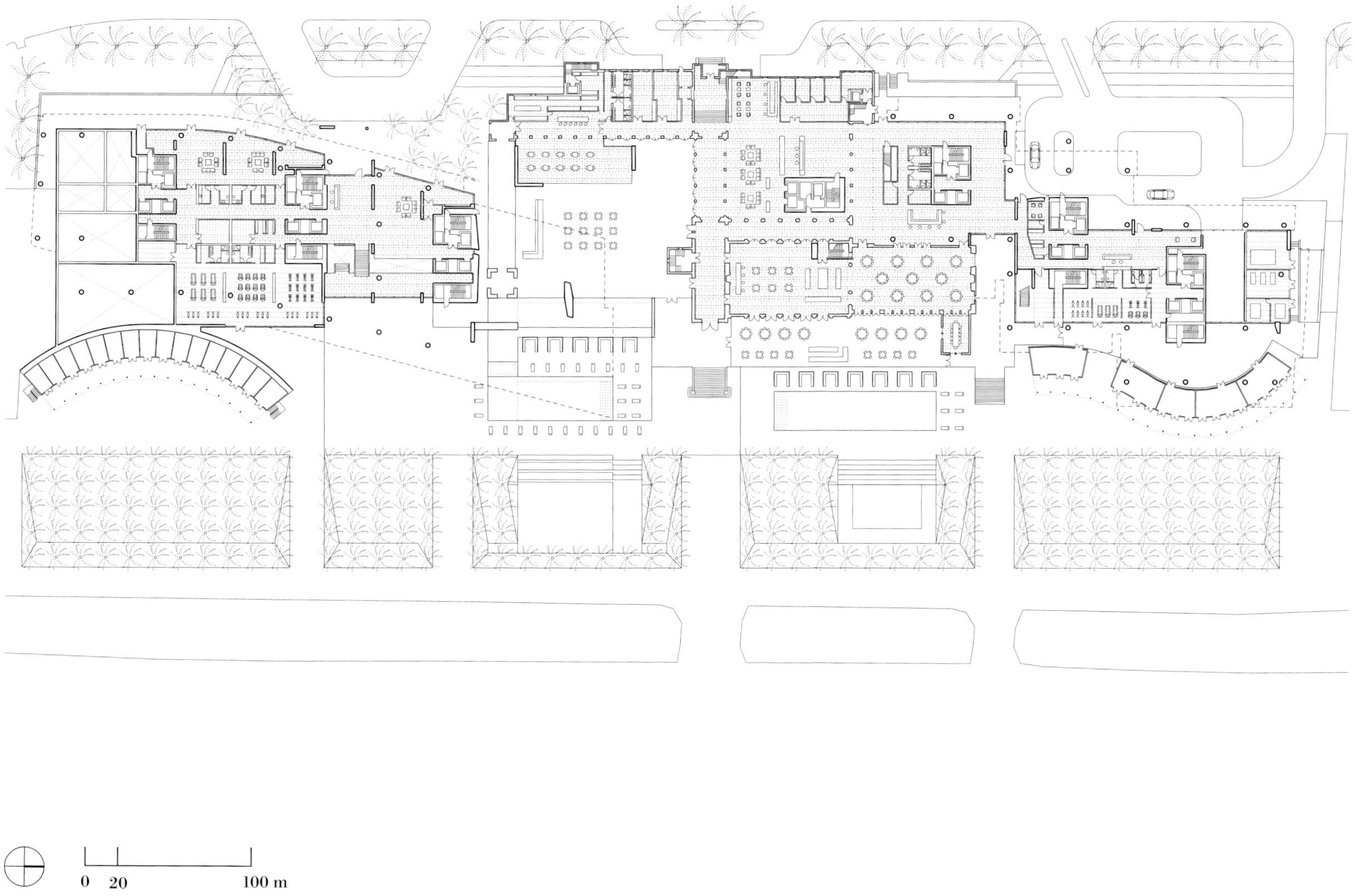

标准层平面图

公寓一层平面图

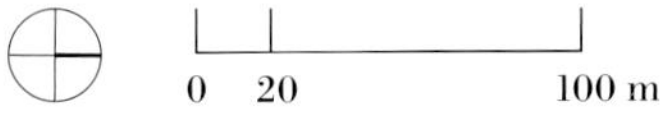

公寓二层平面图

公寓屋顶平台

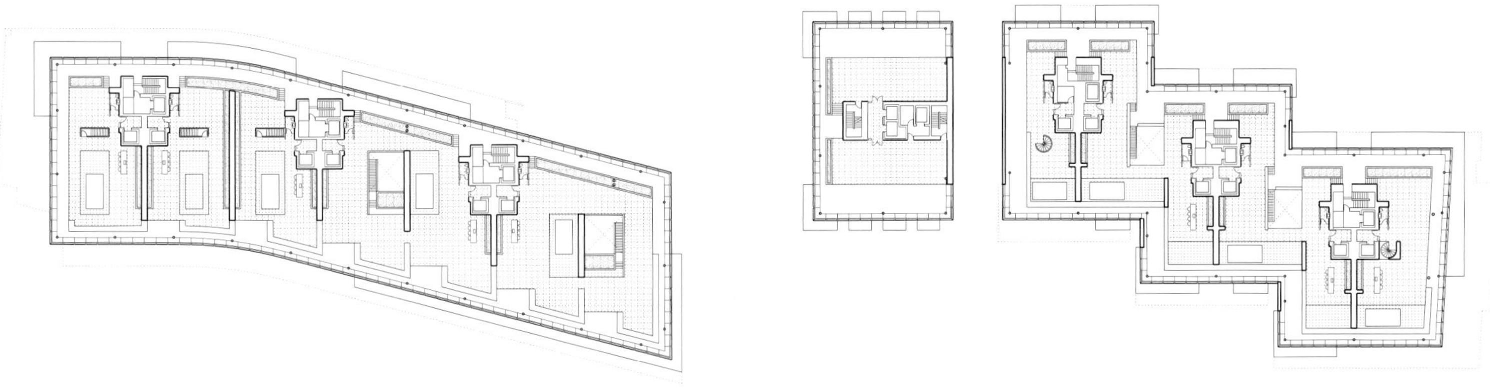

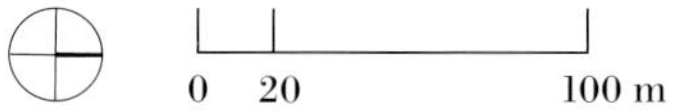

东向立面图

西向立面图

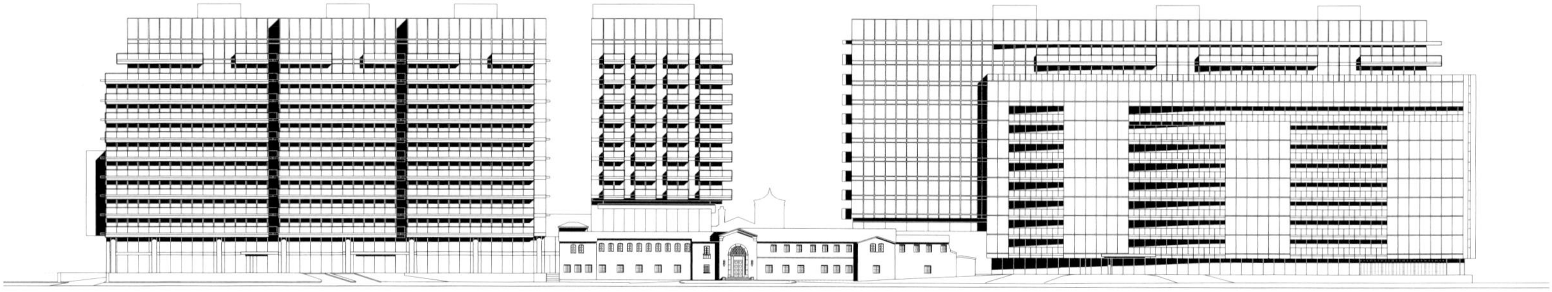

酒店塔楼横截面图

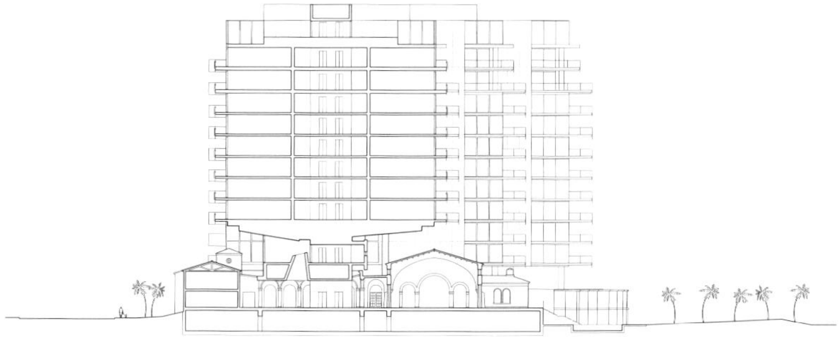

北座公寓楼横截面图

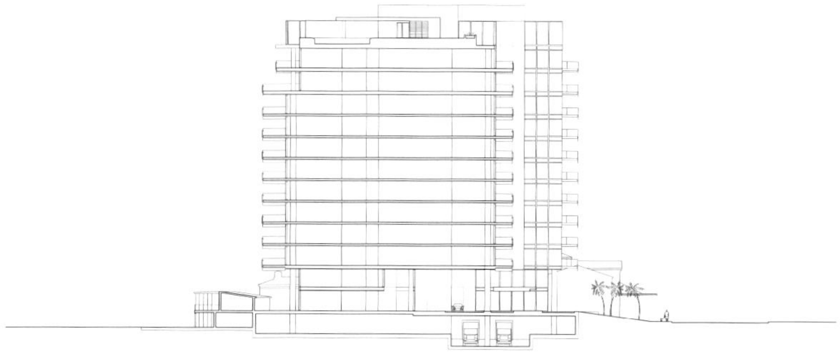

南座公寓楼横截面图1

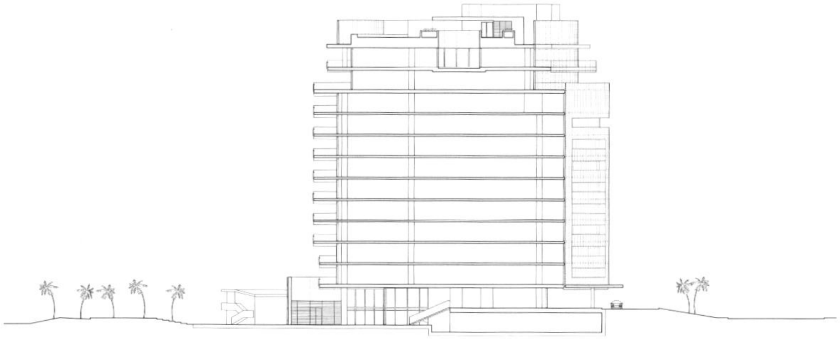

南座公寓楼横截面图2

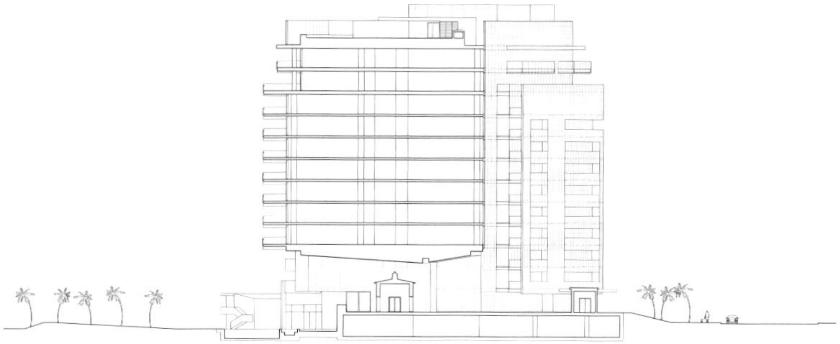

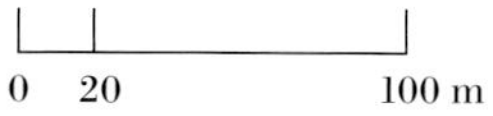

Meier

信义住宅大厦
Xin-Yi Residential Tower

信义住宅大厦
Xin-Yi Residential Tower

中国　台湾台北
2012—2017年

信义住宅大厦(Xin-Yi Residential Tower)是大陆开发集团(Continental Development Corporation)倾力打造的城市地标。大厦高耸入云,蔚为壮观,总高为127米,开启将整个私人建筑景观对公众开放的先河。信义住宅大厦位于信义路东西方向的中轴线上,其外立面是整齐划一的网格造型,规模宏大,同时与城市环境和谐对话、相处融洽。地平面是城市肌理的延续,已经成为一处开放景观,树木遍地,坐拥国际艺术家雕像。因此,该项目最重要的元素之一是民众价值,即在城市中央为民众提供宽敞的公共空间。

这座大厦的设计遵循几何清晰和开放的原则,体现在其水平及垂直布局中。大厦由两座互补体块组成:通透的南座和实心的北座。南北座之间的巧妙隔断从横向和纵向上营造出动态及规模的变化,与目前的城市环境彼此呼应。总体来说,实心的北座配置住宅单元的功能设施;通透的南座自然采光充足,是起居生活、社交活动及其他公共活动的绝佳场所。大厦的几何布局精雕细琢,设有观景回廊,可遥观远处的山脉美景。

信义住宅大厦体量宏大气派，布局合理，打造出较接式的高低楼层，同时与环境和谐相处。低楼层每层设有两间公寓；高楼层每层则设有一套大型公寓，打造更加宽敞的开放式空间。大厦顶层配套室外泳池、露台等奢华设施，可饱览台北101大楼（Taipei 101 skyscraper）的飒爽英姿。

信义住宅大厦外形硬朗,其南外立面及透明的落地玻璃窗耸入云霄;同时,大厦北座拥有厚重的实心体块,与大地遥相呼应,可提供更多的私人空间。以上这些元素相结合,共同达到厚重与轻盈的平衡,提升了炎炎烈日下现代台北的起居品质。该建筑项目旨在促进信义区以及台北市作为亚洲现代活力城市中心的持续发展。

总平面图

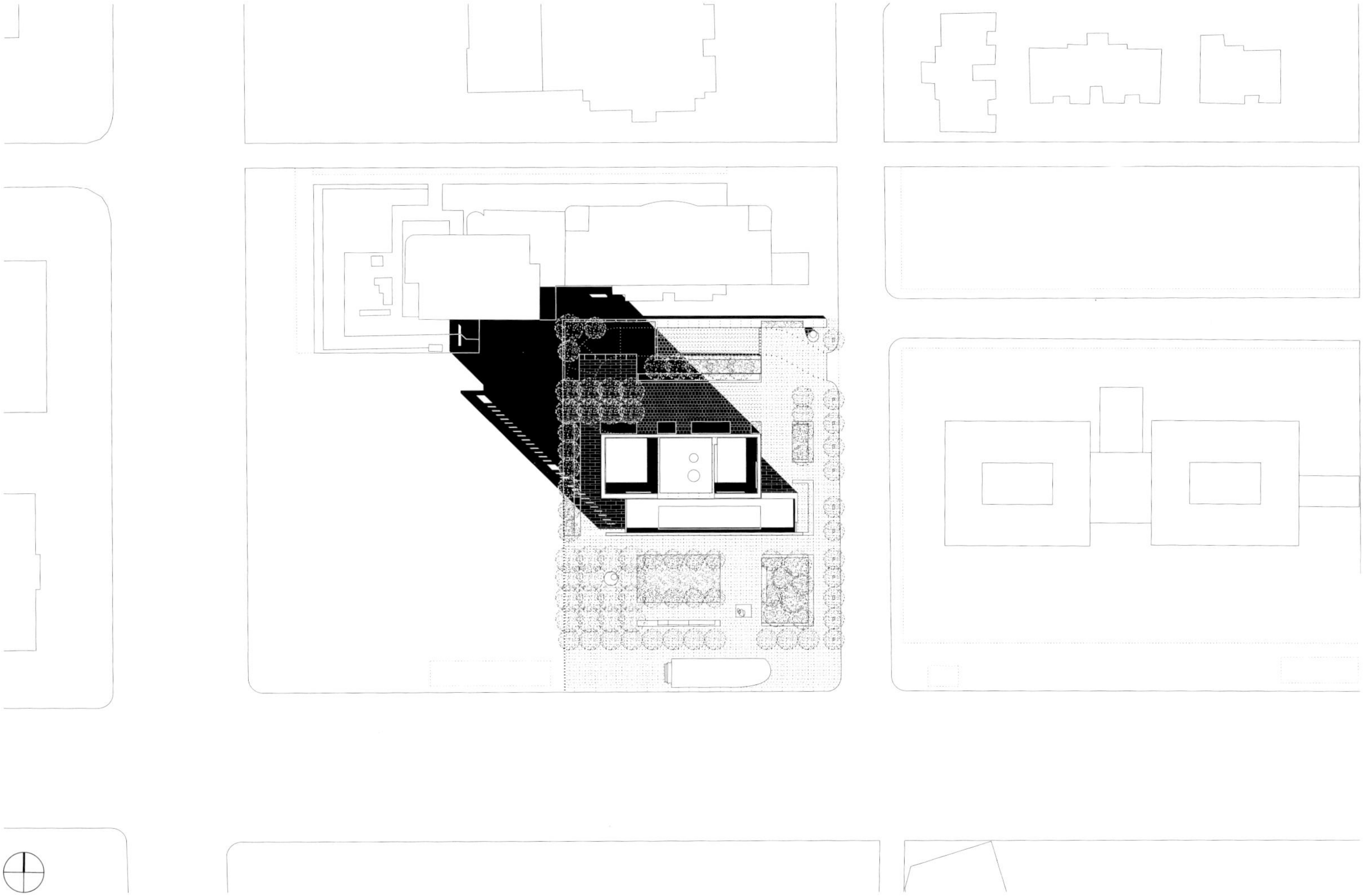

底层平面图

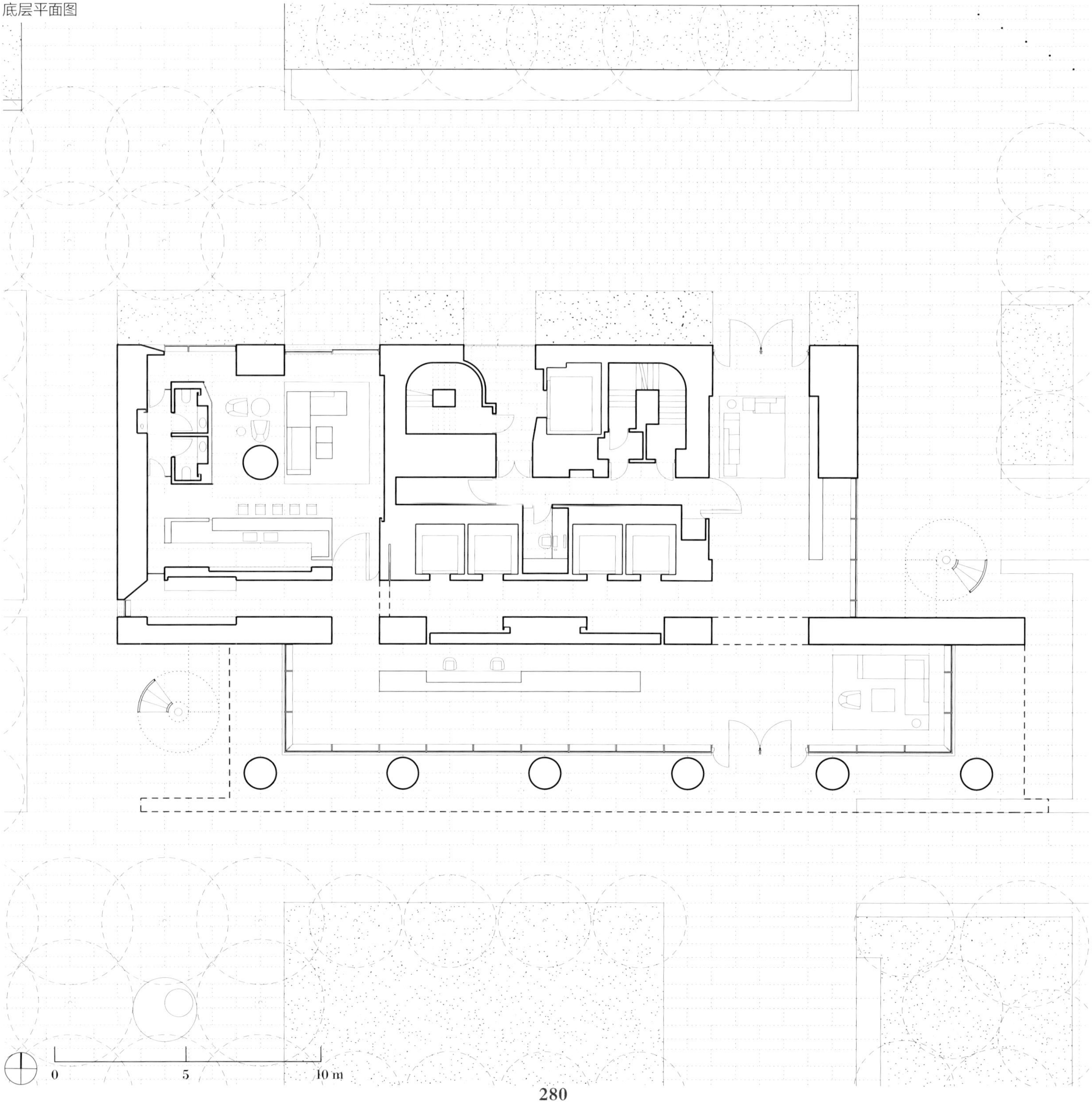

标准低楼层平面图

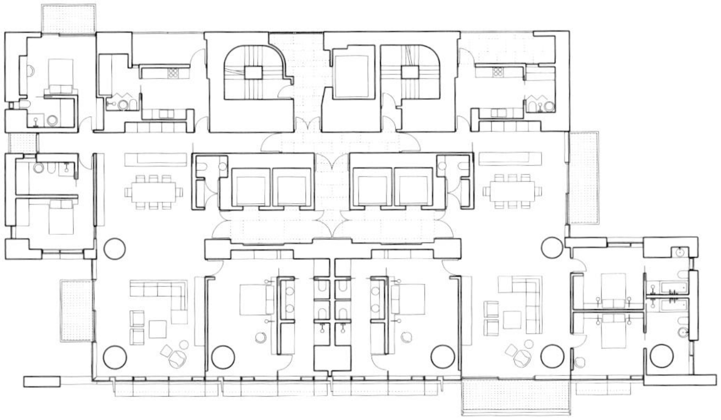

标准高楼层平面图

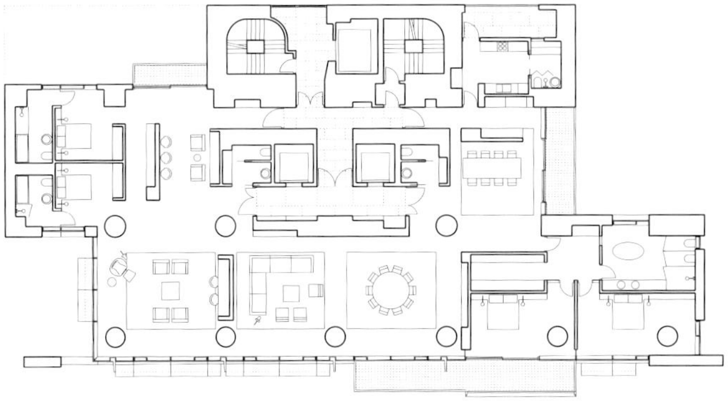

十五层平面图

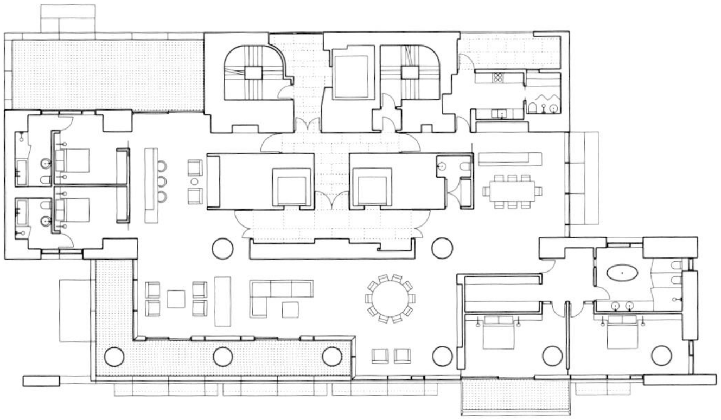

三十一层平面图

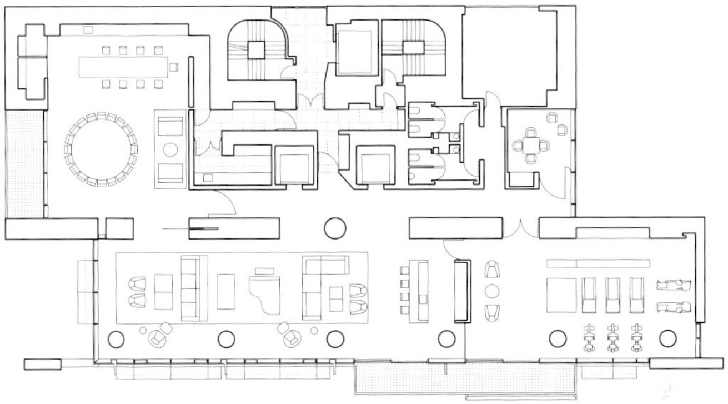

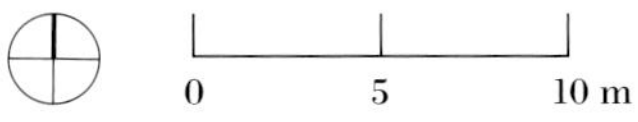

南向立面图

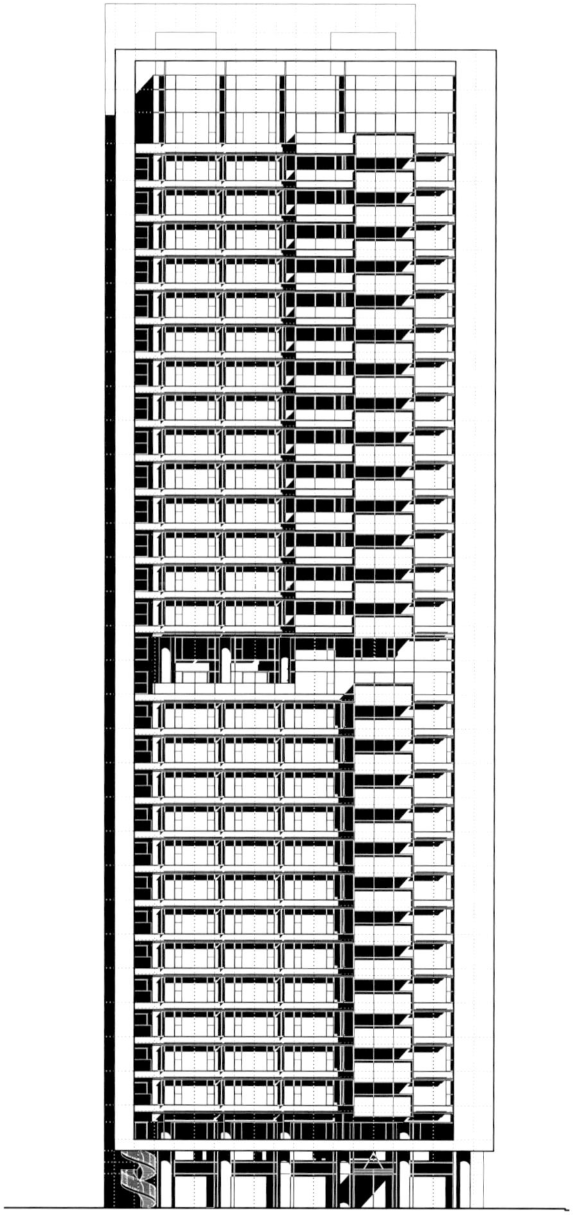

东向立面图

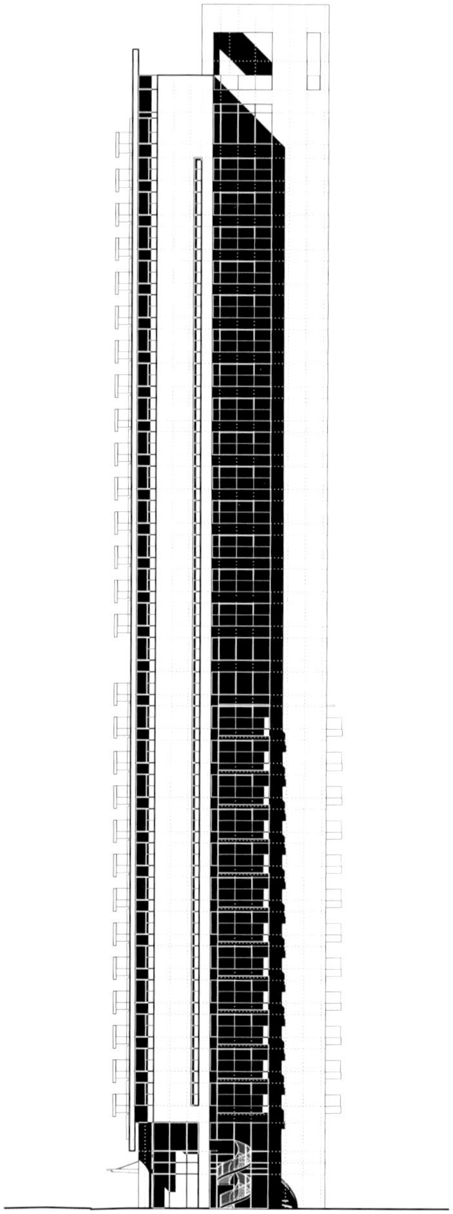

北向立面图

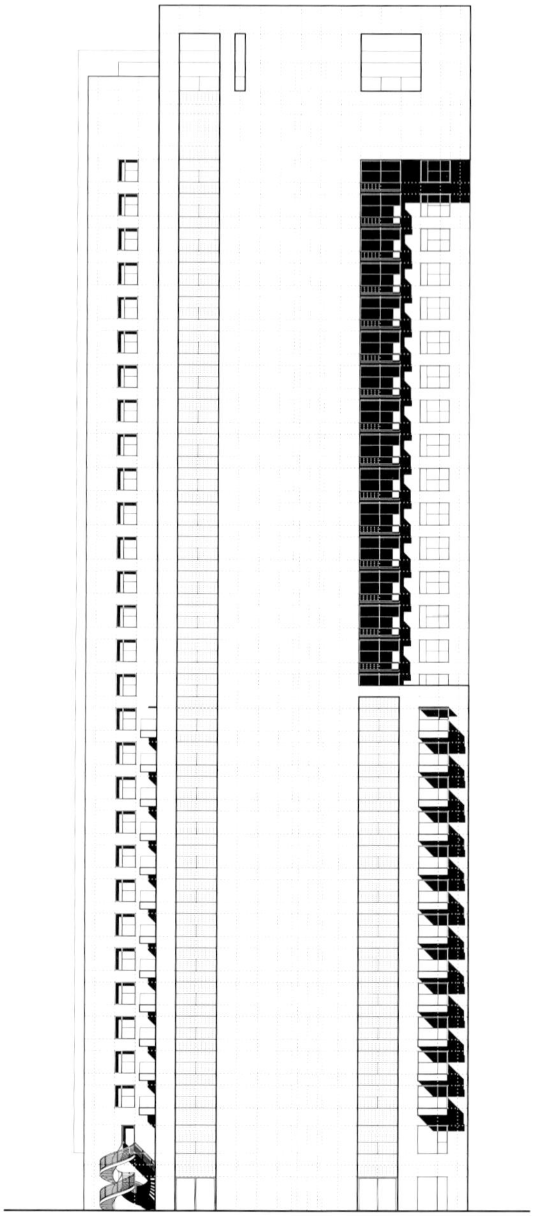

0 10 30 m

西向立面图

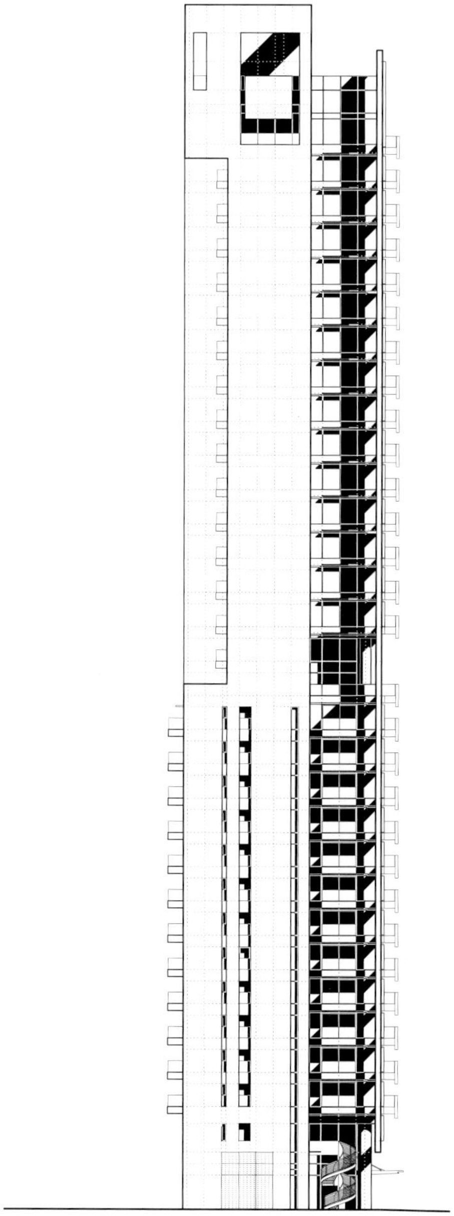

剖面图

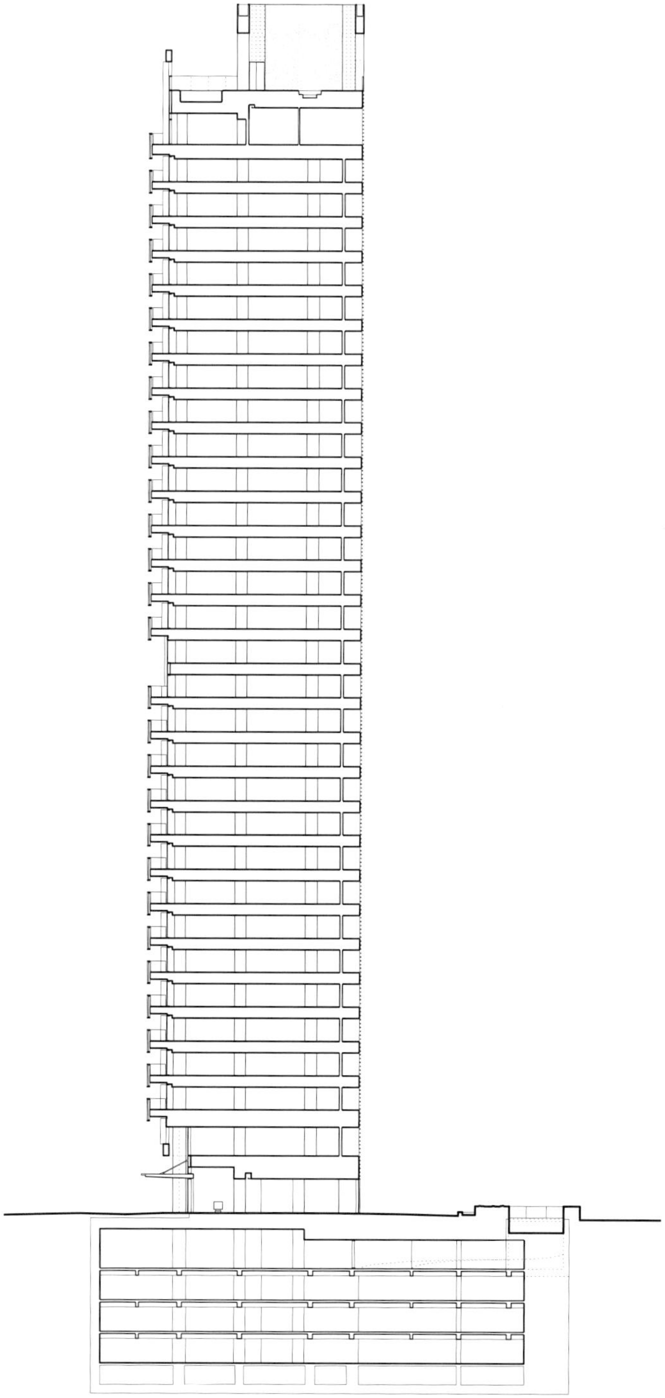

安阁物业总部及公寓大楼

Engel & Völkers Headquarters and Apartments

EUROPA

安阁物业总部及公寓大楼
Engel & Völkers Headquarters and Apartments

德国　汉堡
2012—2017年

总平面图

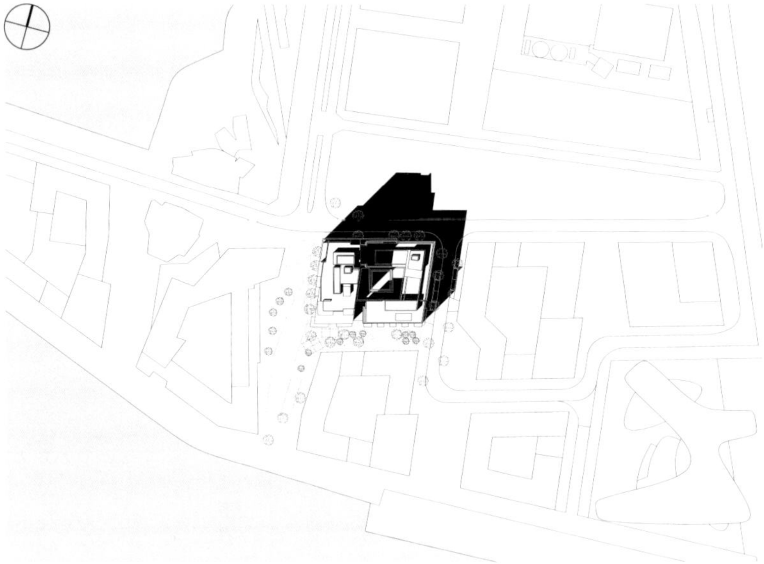

安阁物业（Engel&Völkers）总部及公寓大楼位于德国汉堡，设计方法独特，挑战此类建筑庭院的传统设计方案，打造出了一座通透性良好、布局合理及外形别致的建筑。该建筑遵循汉堡港城的城市要求，同时给通常此类庭院的布局提供全新视角。

该项目的设计始于将合院式建筑与混合体建筑的组织结构进行匹配。建筑用途广泛，可用作公寓、培训学院、办公和零售空间。以上这些用途迥然相异的空间，布局独特，充分利用水平及垂直空间，将便利性做到极致。建筑外形宛如连续、均匀铰接的外壳，精雕细琢，详尽呈现出建筑的内部差异。建筑内部拥有众多的不同空间，彰显不同的体验。庭院被改造成中庭，作为中央循环核心和一个传统酒店大堂的城市起居空间。以中庭顶部作为界限，建筑以下为公共空间（培训学院、商店、咖啡馆和画廊），楼上为私人空间（住宅和办公室），但也因自然光和天窗的景色而达成统一。

除了独特的建筑结构外，该建筑还拥有开放、宽敞、采光充足的内部空间，配有落地门窗，可欣赏城市、易北河（Elbe River）和城市港口的美妙景色。公寓住户还可使用位于16楼的私人健身房，在此可俯瞰汉堡全景。该建筑的每一层均充分考量透明度与自然光线之间的平衡，严格遵守可持续性规范，为住宅和办公室内部提供不同程度的私密性和不透明度。这座16层高的建筑旨在为汉堡港城的重建和城市的天际线风光增光添彩。

底层平面图

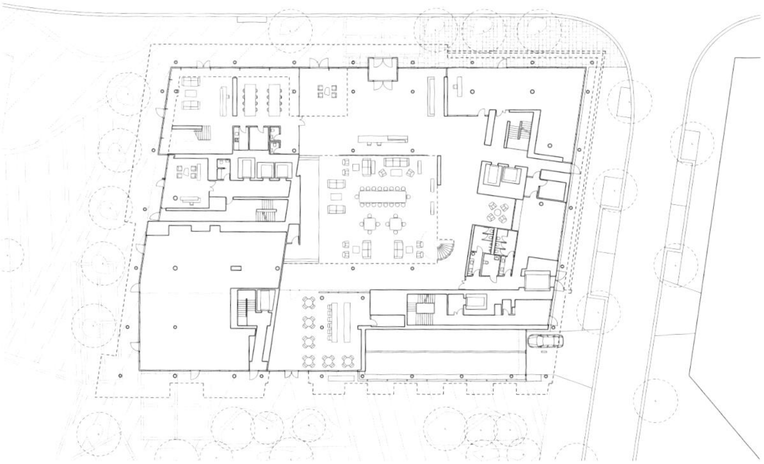

一层平面图

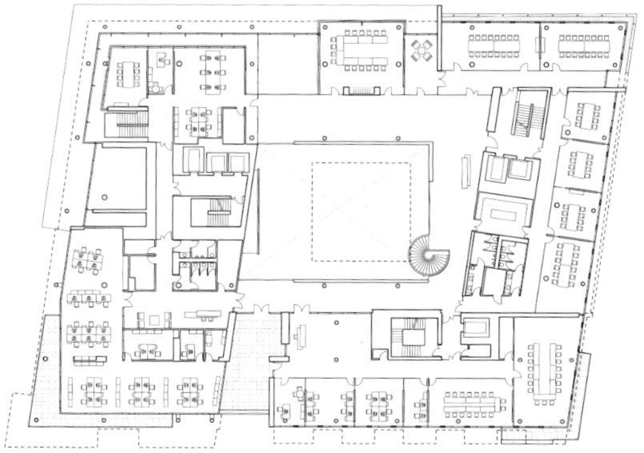

标准楼层平面图

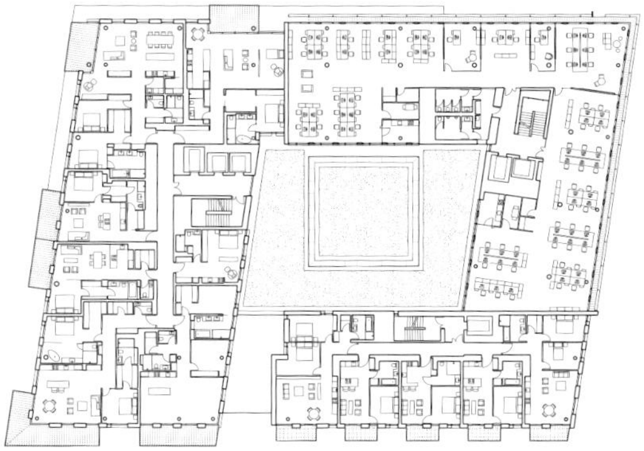

8—10标准楼层平面图

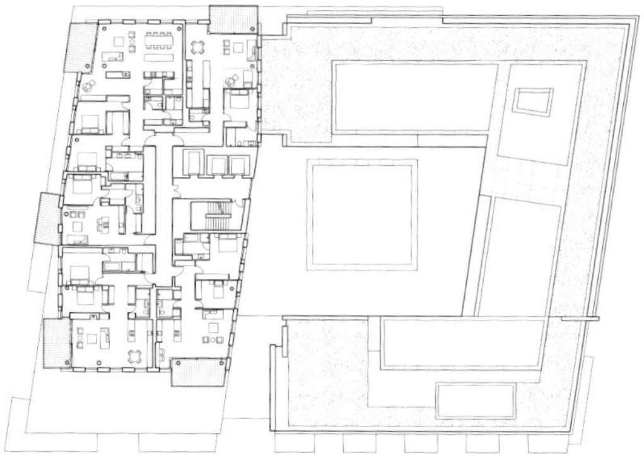

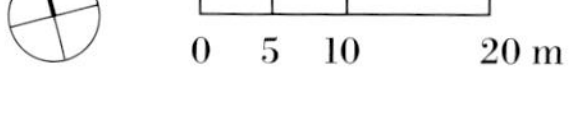

东向立面图

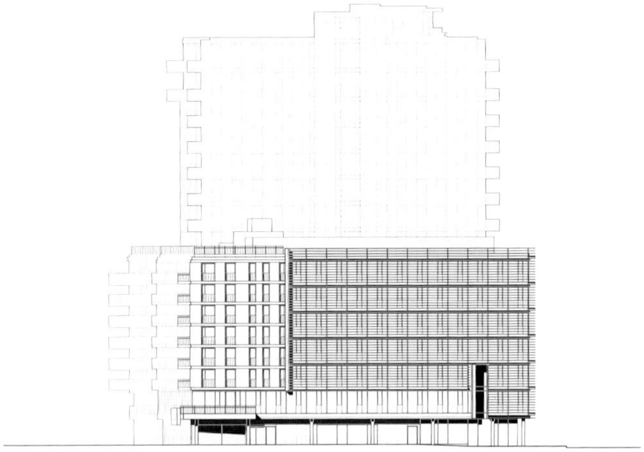

北向立面图

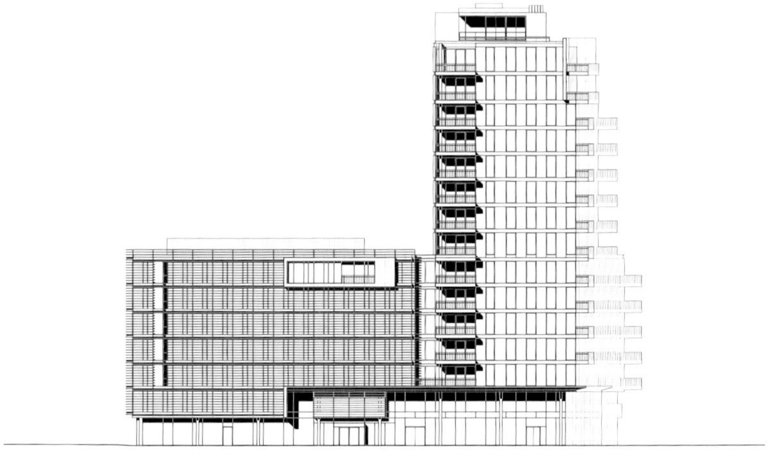

西向立面图

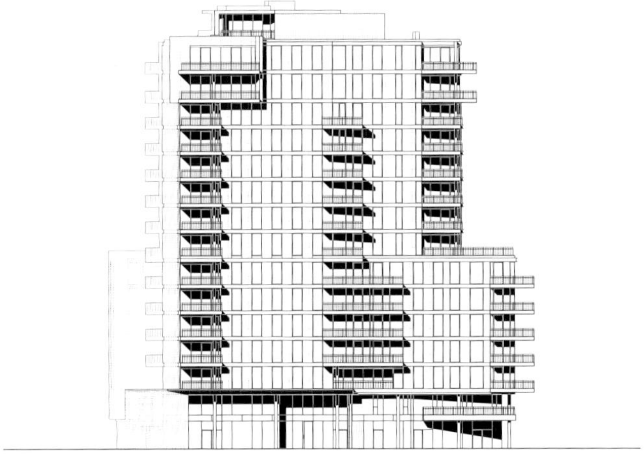

南向立面图

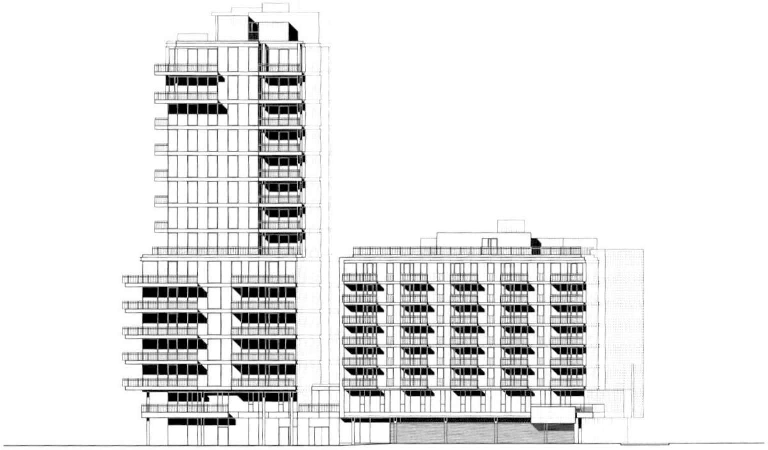

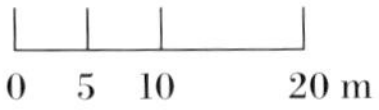

EUROPA

园景办公楼
Parkview Office Building

园景办公楼
Parkview Office Building

捷克　布拉格
2016—2020年

园景办公楼与现有环境及邻近建筑和谐相处，营造出城市归属感，填补了潘克拉茨“五角大楼”（Pankrác pentagon）西北角的空白地带。园景办公楼最大限度地提升资源利用率，打造布拉格全新中央商业区优质办公楼。该办公楼采用全新建筑设计方案，同时定义了在捷克的可持续发展建筑新标准。

该建筑项目旨在打造宽敞、功能明确的公共空间，周边毗邻城市塔（City Tower）、城市绿色法院（City Green Court）。园景办公楼设计独到，与周围建筑相辅相成，同时增强其优势，并与城市绿色法院遥相呼应，和谐对话。这座9层高的办公楼位于中心地带，沿Pujmanové大街而立，四周环绕大片绿地。办公楼的一楼明亮通透，其中大部分区域对公众开放，用于商业活动。

这栋大楼设计构思巧妙，整体呈U形。办公楼的楼层布局灵活，围绕着多层、光线充足的北向中庭，拟打造成开放式公共空间的延伸。中庭采用完全透明的外立面设计，拥有朝北的主入口，彰显出办公楼的宏伟气派、独具特色。中庭在充当新广场过滤器的同时，还将一楼从西至东的区域连接起来。中庭的第二入口位于阿尔卡季人行道（Arkady pedestrian corridor）和潘克拉茨中央公园（Pankrác Central Park）的中轴线上，强化大楼内外的实体连接和视觉冲击。绿色景观中庭拥有花园、绿色植生墙、建筑垂直交通系统，在建筑物的内部和外部之间建立和谐对话，打造出重要的城市公共广场。

园景办公楼的一楼中庭设有楼梯，将大大促进入驻企业之间的互动，鼓励他们使用楼梯，降低电梯的使用率，给办公空间带来一派生机。办公楼大堂及公共区域的四周均设有零售空间。大楼东西方向的外立面大面积地向内缩进，所以这里的两个零售空间面积最小。这一设计给大楼整体及四周创造出充足的流动空间，同时最大限度地打造通透的一楼，展现大楼和谐的布局及规模。

大楼东、西、南向外立面均设置大面积多孔板，可有效调控室外阳光的射入，为室内办公区域提供遮阳功能，打造高效优化的办公环境。最重要的是，大楼的东西向外立面均采用大型“断层”设计。该部分与入口处相铰接，提升建筑的通透性，同时使得阿尔卡季和中央公园之间的交通更为通畅。行人从地铁站或公园前往大楼的途中，就可感受到这栋朝向人行道大楼的巧思妙想，欣赏到它的美妙风姿。大楼南侧有一家餐厅，餐厅拥有开放式平台，坐拥大片绿化区域，完善了一楼公共区域的便利设施。

位于九楼的顶层公寓配备东南向面积较小的私人露台，减轻了大楼顶部的重量。宽阔的绿化屋顶、大型观景平台，可饱览城市和山脉的壮丽风光。园景办公楼在建造过程中大幅降低能耗，希冀成为获得LEED（领先能源与环境设计）白金级认证的建筑。应LEED标准设计包含众多至关重要的措施，其中包括夏季中庭的自然通风、使用顶尖机械系统、减少径流、收集雨水、绿化屋顶、室内空气质量控制以及使用当地可回收的建筑材料。园景办公楼是潘克拉茨综合规划中的另一个项目，该项目会继续改善布拉格全新商业区的城市结构。园景办公楼将成为布拉格城市转型的下一个卓越非凡的里程碑。

总平面图

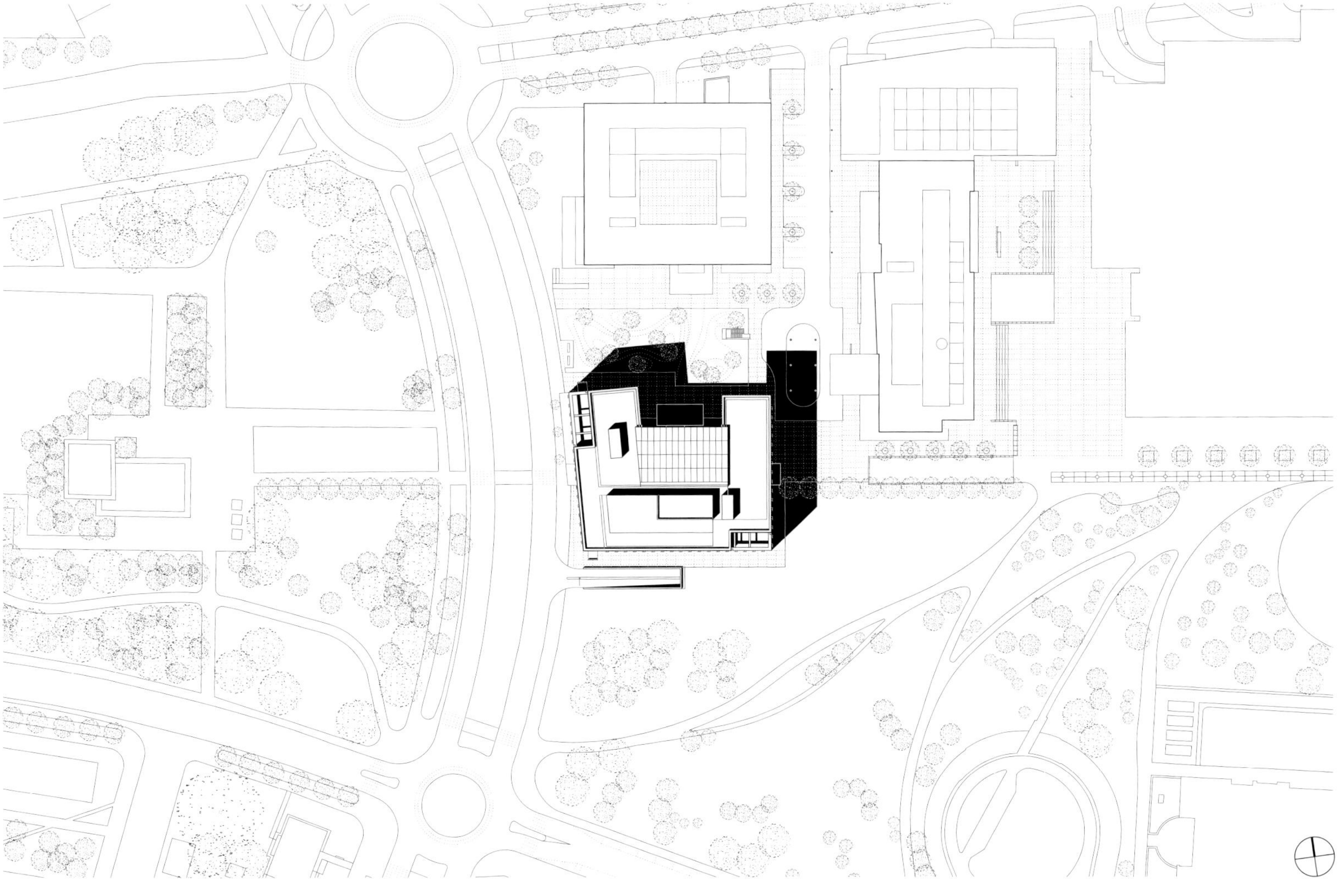

底层平面图

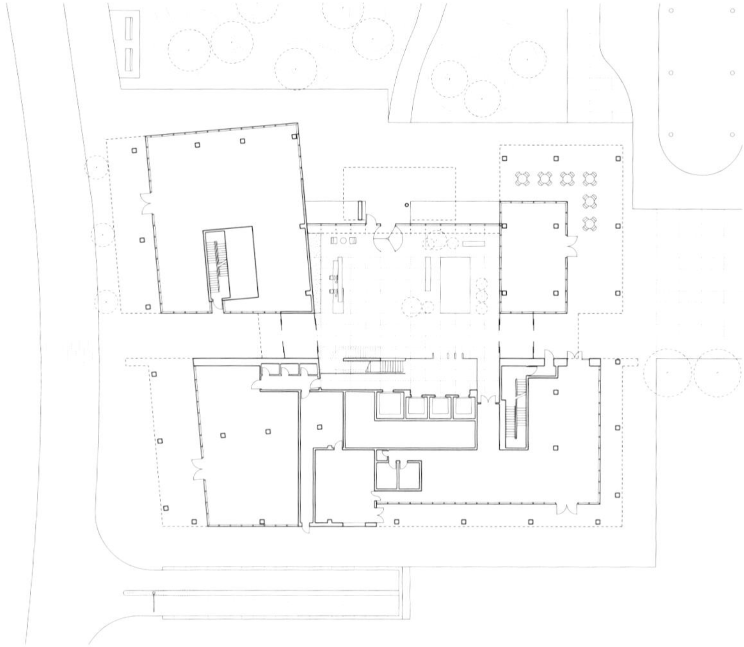

二层平面图

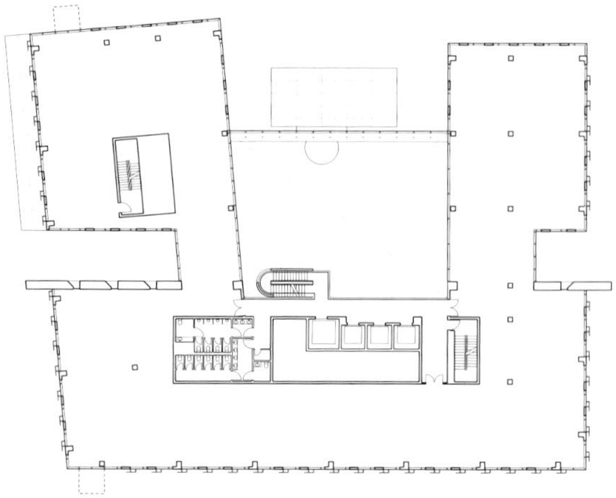

标准楼层平面图

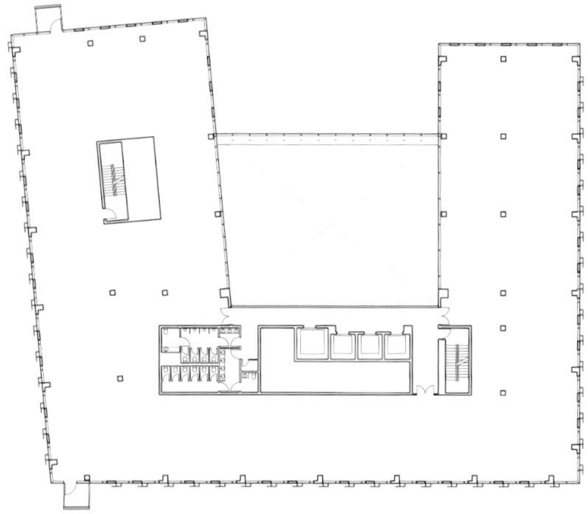

屋顶平面图

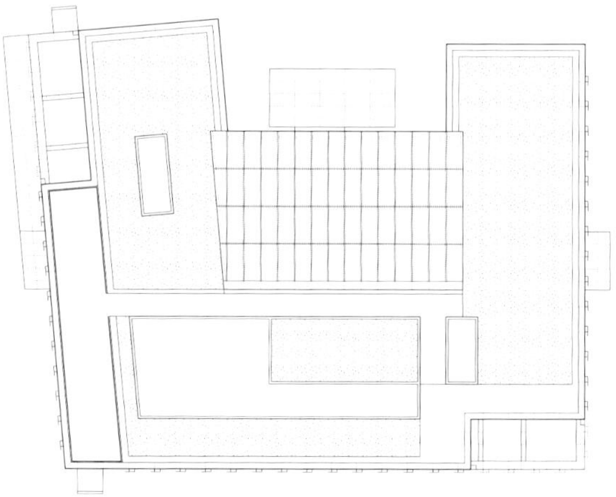

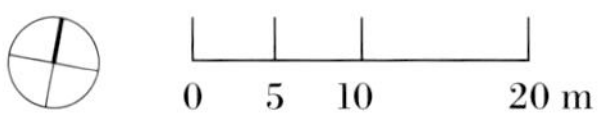

东向立面图

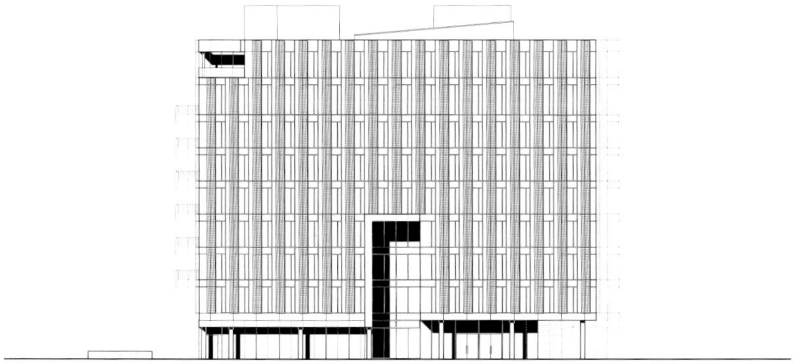

北向立面图

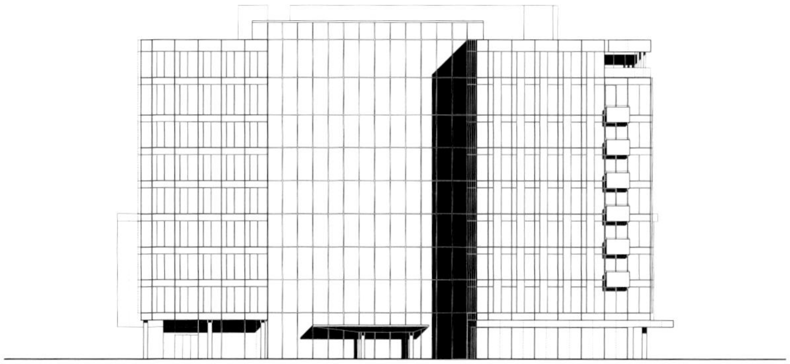

西向立面图

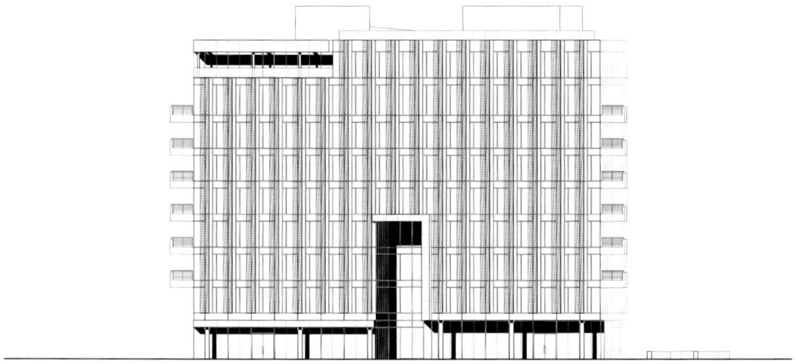

南向立面图

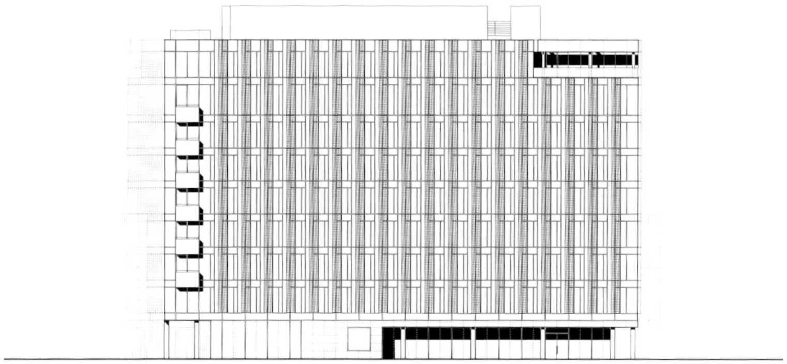

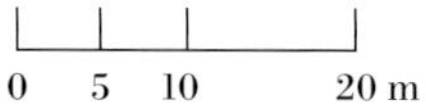

台中公寓大厦
Taichung Condominium Tower

台中公寓大厦
Taichung Condominium Tower

中国　台湾台中
2012年至今

台中公寓大厦的设计旨在展现快速发展的台中城市文脉的精神风貌，勾勒出一道绚丽的城市天际线。不论白天还是黑夜，均可远距离欣赏到大厦的风姿。它采用现代建筑风格，创造出设计独特、布局开放又不失亲密感的公寓空间。

这座41层高的大厦位于台中市中心，毗邻重要的市政建筑，如台中市政厅、歌剧院和会议中心。公寓大厦周围环绕着高层及低层商业、住宅楼以及宽敞的公园。台中公寓大厦坐拥台中新城市中心的黄金地段，北侧是市政路散步道，南侧是文心一路。

大厦由两栋不同高度的塔楼组成：北座和南座，通过一个中央核心区域连接起来，可使用观景电梯，无障碍饱览城市风光。北座高164米，朝向北部规模较大的城市区域；稍矮的南座，则朝向周围的开发建筑项目。大厦拥有3层楼高的基底平台，是住户休闲的绝佳场所。该平台与大厦紧密相连，其南边是低楼层住宅。塔楼地基扎实，与地面紧密相连，可通往大型的公共花园及广场。

大厦的北向及南向立面均设计为前外立面，其中北向立面极具地标特色，与大型公共广场相呼应。南向立面的设计充分考虑到入口的因素，入口附近的一棵大树和一个映影池，营造出一派生机盎然的景象。半透明玻璃将两个立面联系起来，但每个立面皆保持各自独有的特征：北座的半透明玻璃作为框架，而南座则将它作为折叠平面和遮阳设备。

大厦立面采用高性能玻璃的设计，可调控太阳能的传输及热量情况，同时与大厦方位相应，并且最大限度确保住户舒适度。大厦外立面上覆盖有透明和磨砂玻璃，设有实心护栏、阳台和铝百叶窗，使得建筑的规模和纹理清晰可见。每套公寓均设计采用大量玻璃，缔造自然通风、采光绝佳的无障碍景观房。自然光线调节得当，便于观景，且根据地理位置适当调整，因此，全天均可在室内外欣赏到大厦的风景。裙楼、阳台、露台及留白区域相互呼应，营造出戏剧性的阴影效果，同时呈现出规模不一的建筑物，界定各个单元及构件。大厦打造私密室外空间，设计为起居室外大露台，主卧室外小阳台的模式，模糊室内外界限，拓宽室内空间，同时勾勒出一道开阔的城市风景线。

总平面图

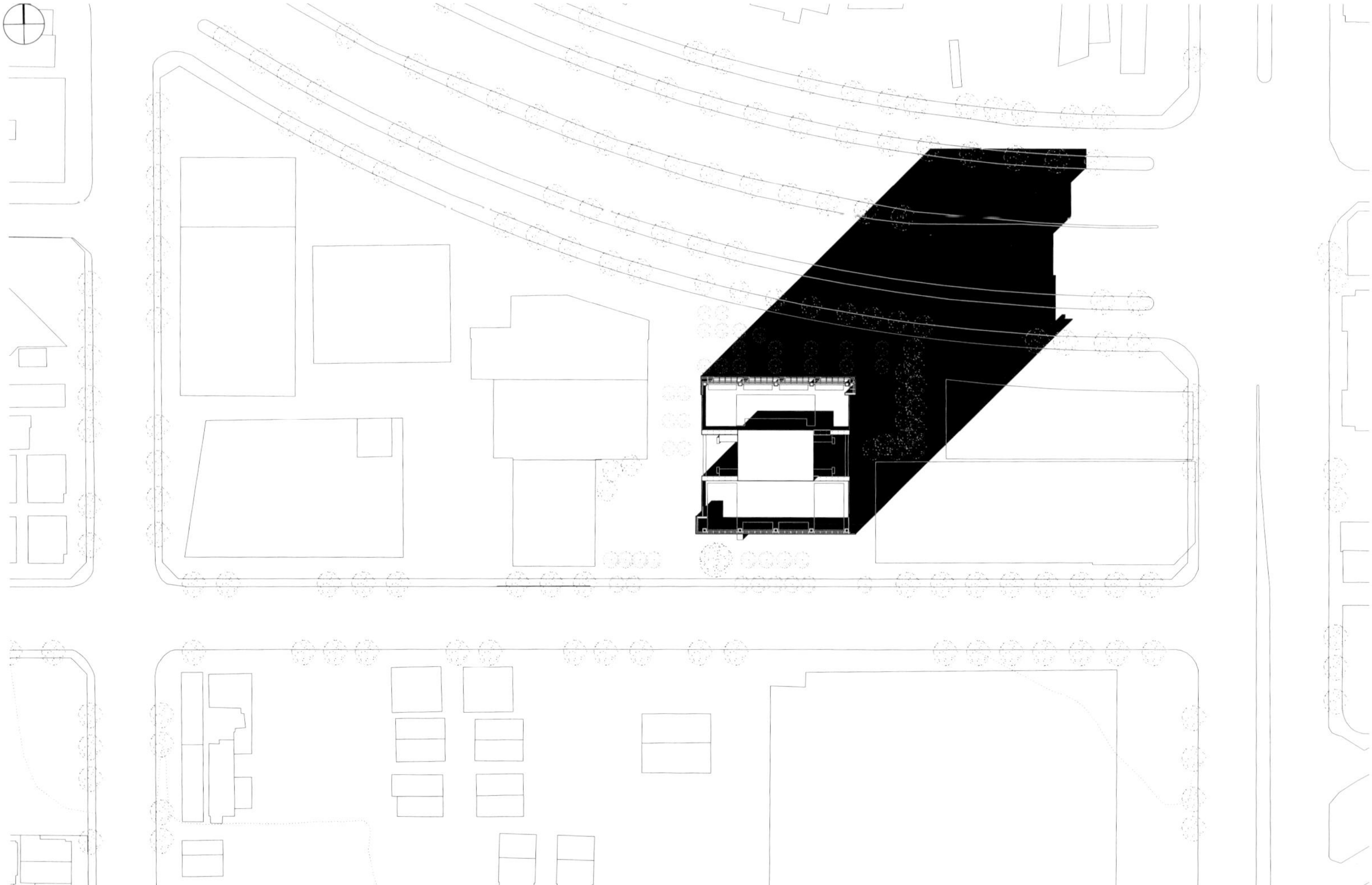

VIEW FROM SOUTHEAST
Yang MA TOWER
COMPACT SCHEME
31 AUGUST 2016

底层平面图

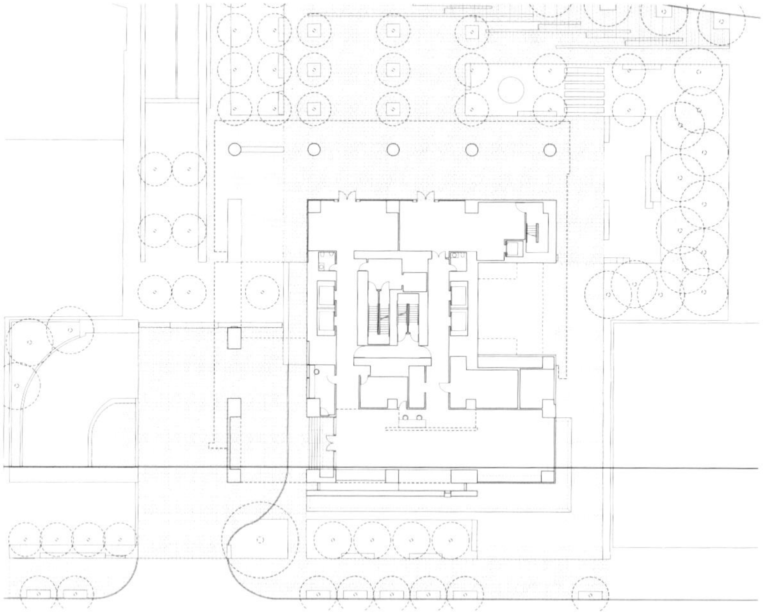

七层平面图

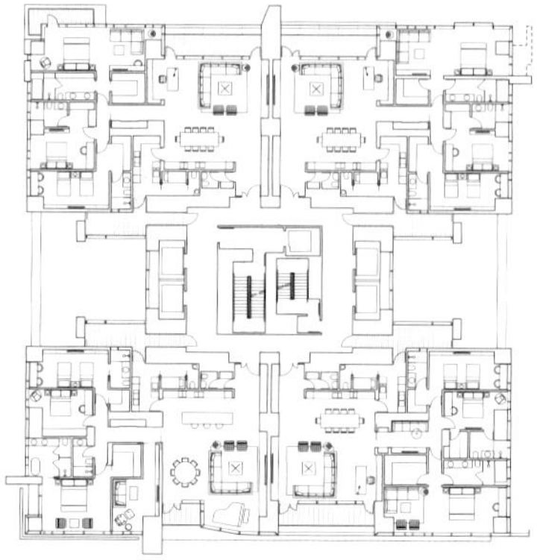

四十层平面图

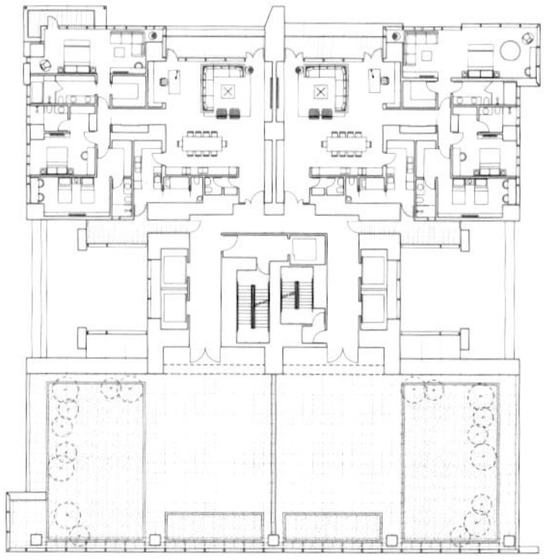

四十一层平面图

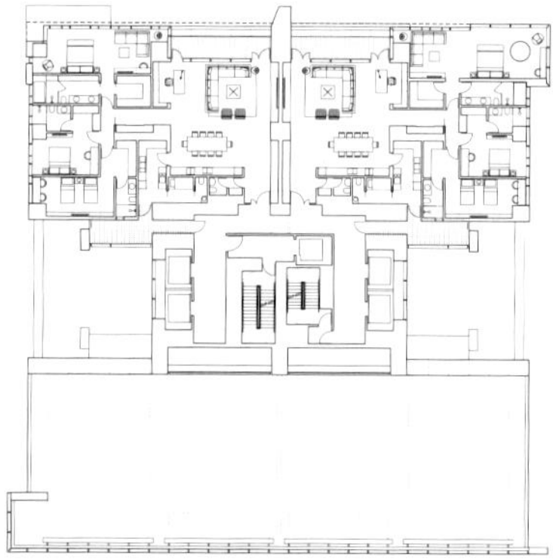

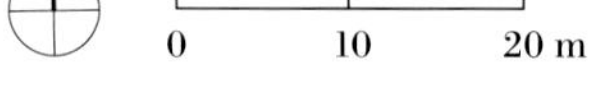

东向立面图

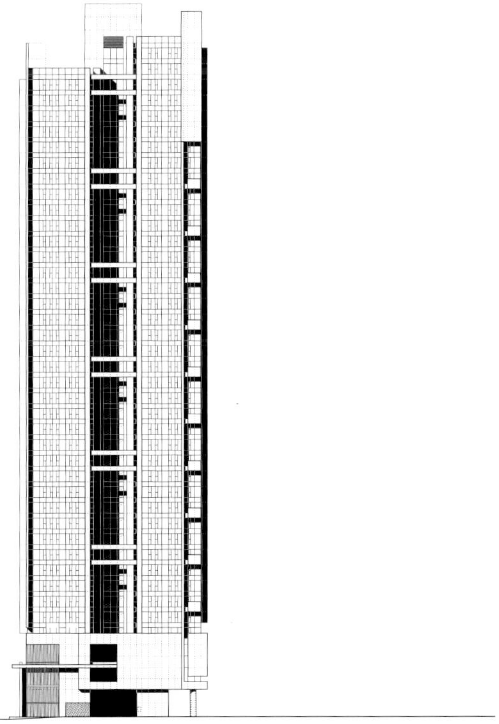

西向立面图

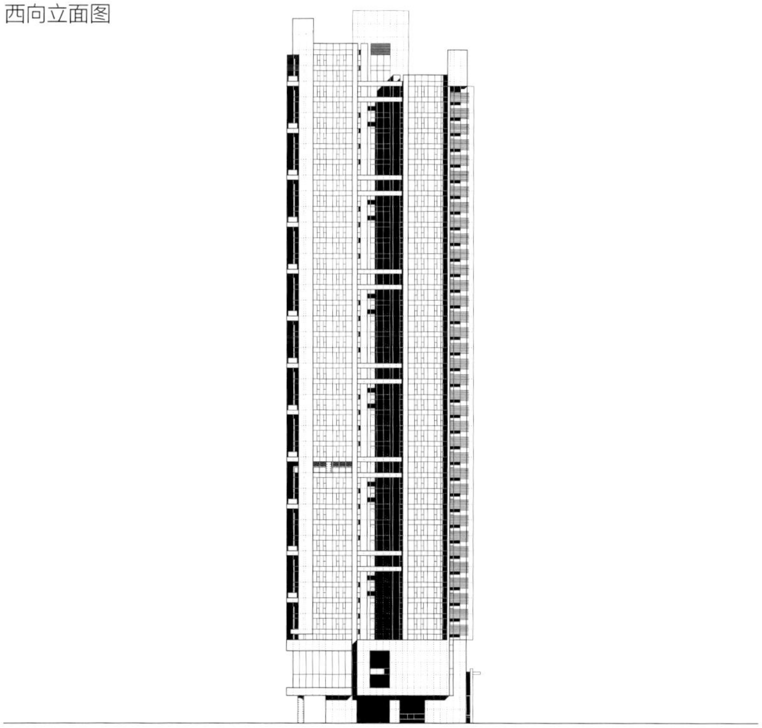

北向立面图

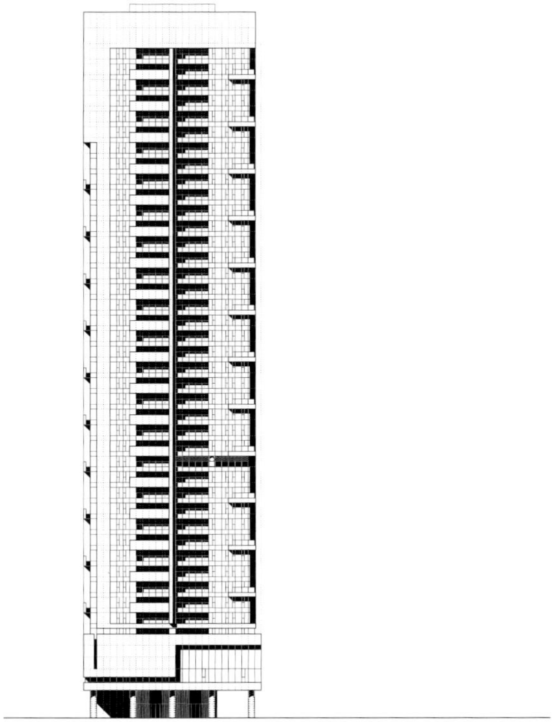

南向立面图

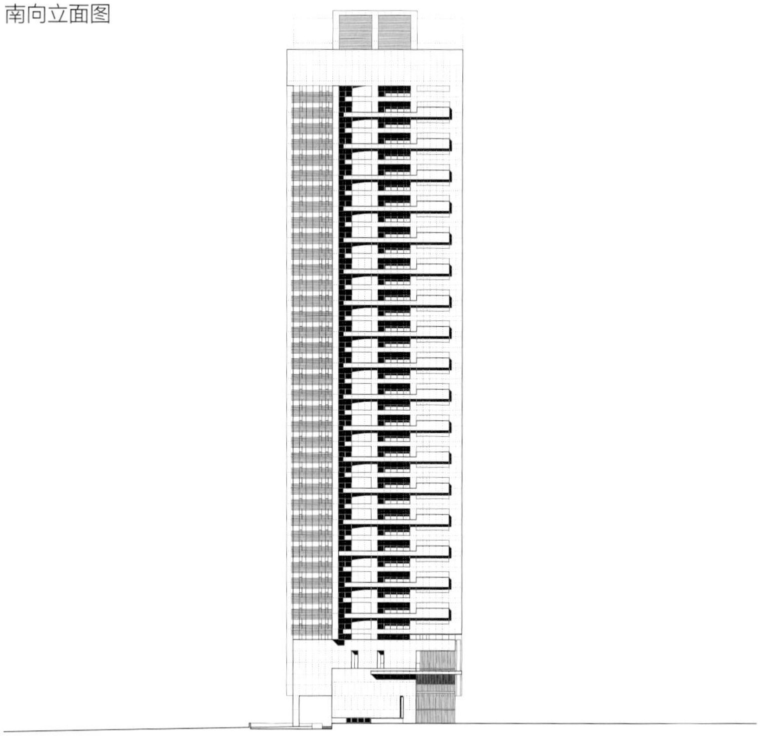

0 10 25 m

剖面图

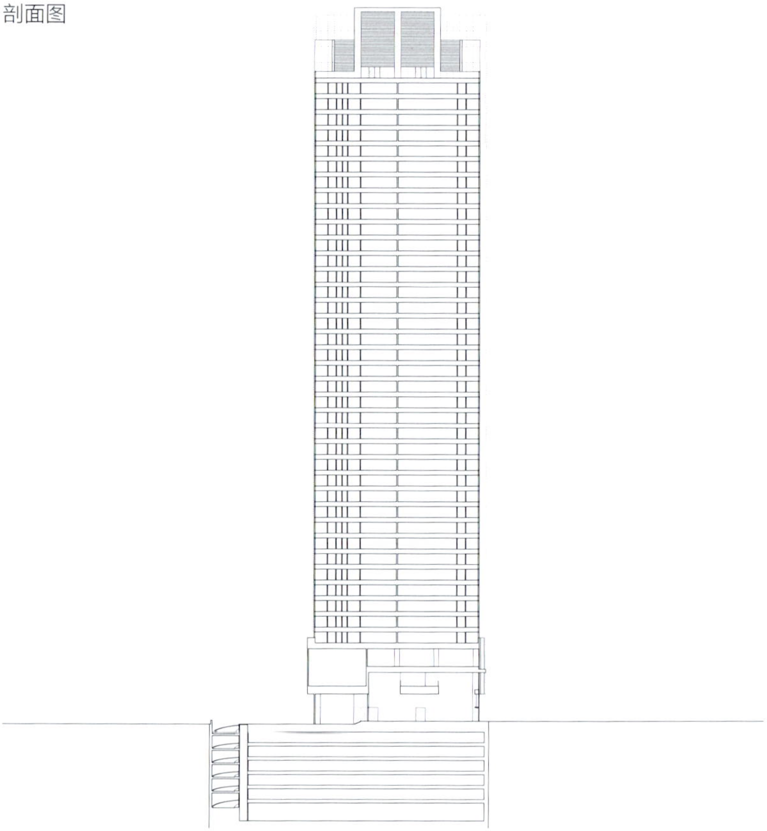

理查德·迈耶建筑模型博物馆
Richard Meier Model Museum

理查德·迈耶建筑模型博物馆

Richard Meier Model Museum

美国　新泽西州泽西市

2013—2014年

理查德·迈耶建筑模型博物馆（Richard Meier Model Museum）由理查德·迈耶亲自参与设计、策展，包括大型建筑模型展示区、雕塑展示区、档案室及图书馆，向广大学生及研究人员开放。

博物馆占地约1394平方米，展出20世纪60年代至今建筑师理查德·迈耶的雕塑、拼贴艺术作品，以及1000本选自理查德·迈耶私人图书馆的图书、杂志。博物馆内最著名的是洛杉矶盖蒂中心（Getty Center）的大规模展示模型及研究模型。人们普遍认为盖蒂中心是迈耶先生最具雄心的作品，整个建筑耗时15年才最终建成。

还有一些备受欢迎的展品，如史密斯住宅（Smith House）、挪克伯住宅（Neugebauer Residence）、高等艺术博物馆（High Museum of Art）。展品中还有闻名遐迩的佩里街大厦（Perry Street Towers）、和平祭坛博物馆（Ara Pacis Museum），以及德国阿普博物馆（Arp Museum）。此外，博物馆还展出未能竞标成功的建筑模型：美国世贸中心纪念馆（World Trade Center Memorial）、纽约艾弗里·费雪厅（New York Avery Fisher Hall）及法国国家图书馆（Bibliothèque Nationale de France）。

平面图

1.入口
2.大型模型
3.小型模型
4.雕像
5.图书馆
6.管理办公室
7.建筑草图与图纸

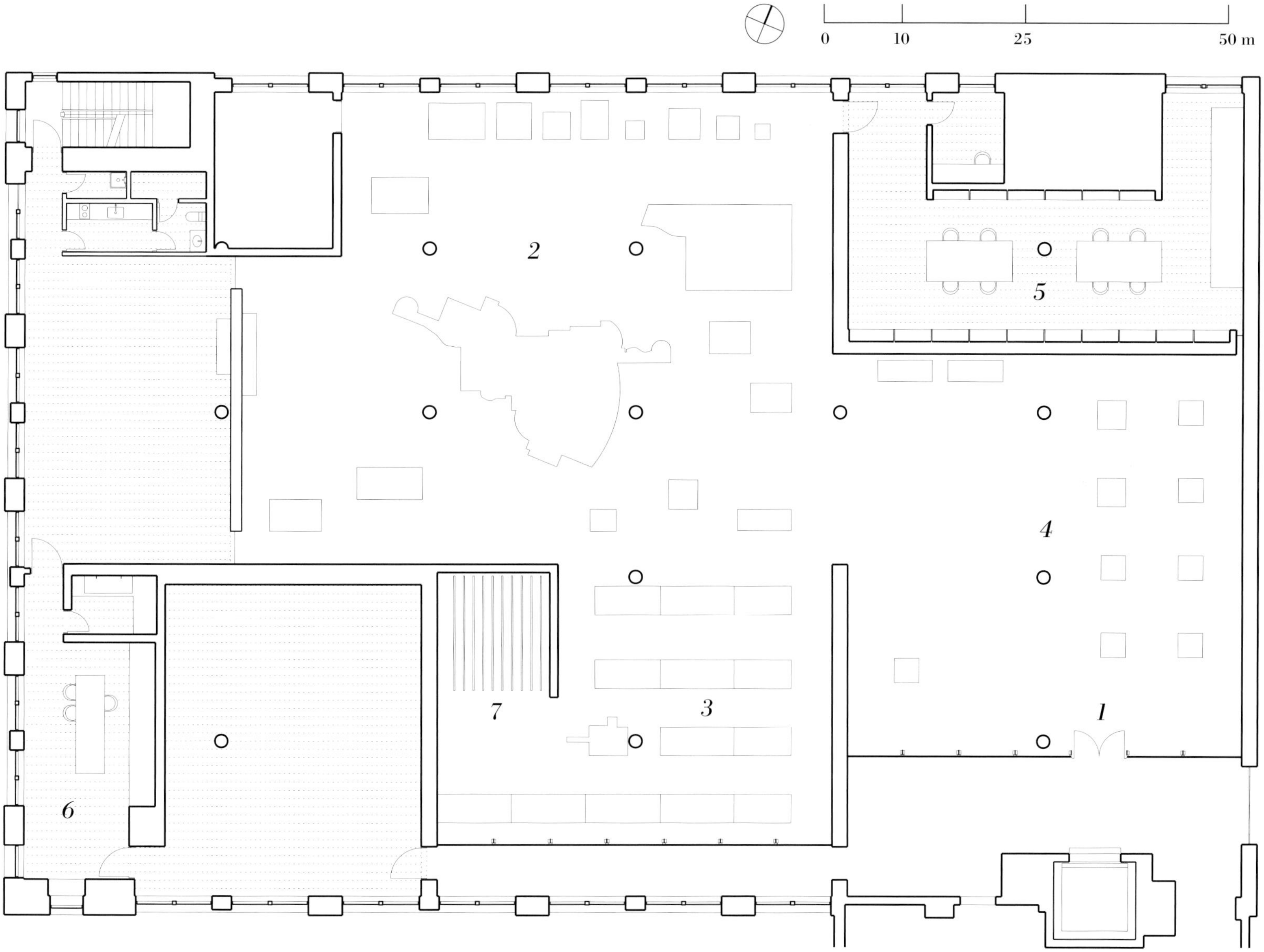

EXIT

The Richard Meier
Model Museum

沃德·御海城凯特威大厦
Ward Village Gateway Towers

沃德·御海城凯特威大厦
Ward Village Gateway Towers

美国　夏威夷州檀香山
2013年至今

沃德·御海城凯特威大厦（Ward Village Gateway Towers）坐落在美国夏威夷州檀香山市，在占地242 811平方米的沿海可持续性开发项目中是令人瞩目的核心建筑。大厦的设计细致入微、匠心独运，传承当地悠久的历史和丰厚的文化底蕴，完美融入心旷神怡的自然环境之中。该项目设计独特，打造公共景观及丰富多样的便利设施，激活檀香山活力四射的新市政中心，有效提升新兴城市天际线风貌。

该开发项目别出心裁，其愿景植根于当地历史厚土以及山脉、海洋之间的古老关系。沃德·御海城采用古老的Ahupua'a理念公平划分土地，成为夏威夷可持续发展文化传统的缩影。每个采用Ahupua'a的区域包括了几处村庄。这些区域的自然景观包罗万象，有高地火山峰（Mauka）、肥沃的农耕平原（Kula）以及海岸边。该项目充分诠释原生态环境的内在特征，并且完美体现在3个现代化区域之中，结合丰富多彩的景观和精致的建筑元素，供公众赏鉴。

凯特威大厦与城市肌理的几何形状协调一致。凯特威大厦所在地历史上是盐田。从这一层面考虑，该项目建造方案也受此影响。此外，还有一点与过去息息相关，即该地区曾经拥有重要的天然泉水，但是长期处于停喷状态。随着该项目的开发，天然泉水得以与世人相见。泉水位于建筑外，将会流经该项目由大厦和邻近码头界定的约4047平方米的河口。

凯特威大厦拥有两栋建筑，一座形为刀片（Blade），另一座状如圆柱（Cyilnder）。它们定义综合规划的核心，确立开发项目的标志性海滨风格。“刀片”建筑造型轻薄，高达36层，与檀香山市中心的现代高层建筑协调一致，同时融入该地区历史悠久的城市肌理。“刀片”建筑的入口朝向阿拉莫阿那大道（Ala Moana Boulevar）及码头。圆柱建筑高29层，其中轴线与“刀片”建筑协调一致，但是通过造型、体量打造出平衡的对应点以及建筑过渡区，改变相邻的低层别墅和联排别墅的朝向，坐拥无敌海景。

大厦外部采用遮阳设备，大面积使用顶级玻璃，如水晶般晶莹剔透、熠熠生辉，象征着夏威夷水质以及周围自然景观的纯洁素净，打造迷人风光。在檀香山，信风推动云层，营造光影动态效果。该项目因地制宜，充分利用田园般自然环境的独到地势以及光线，倾力打造永恒的海滨住宅。

1. Ahupua'a：古老夏威夷农耕传说，意思是创造自给自足的农耕机制，不依赖进口农产品的环保意识。

总平面图

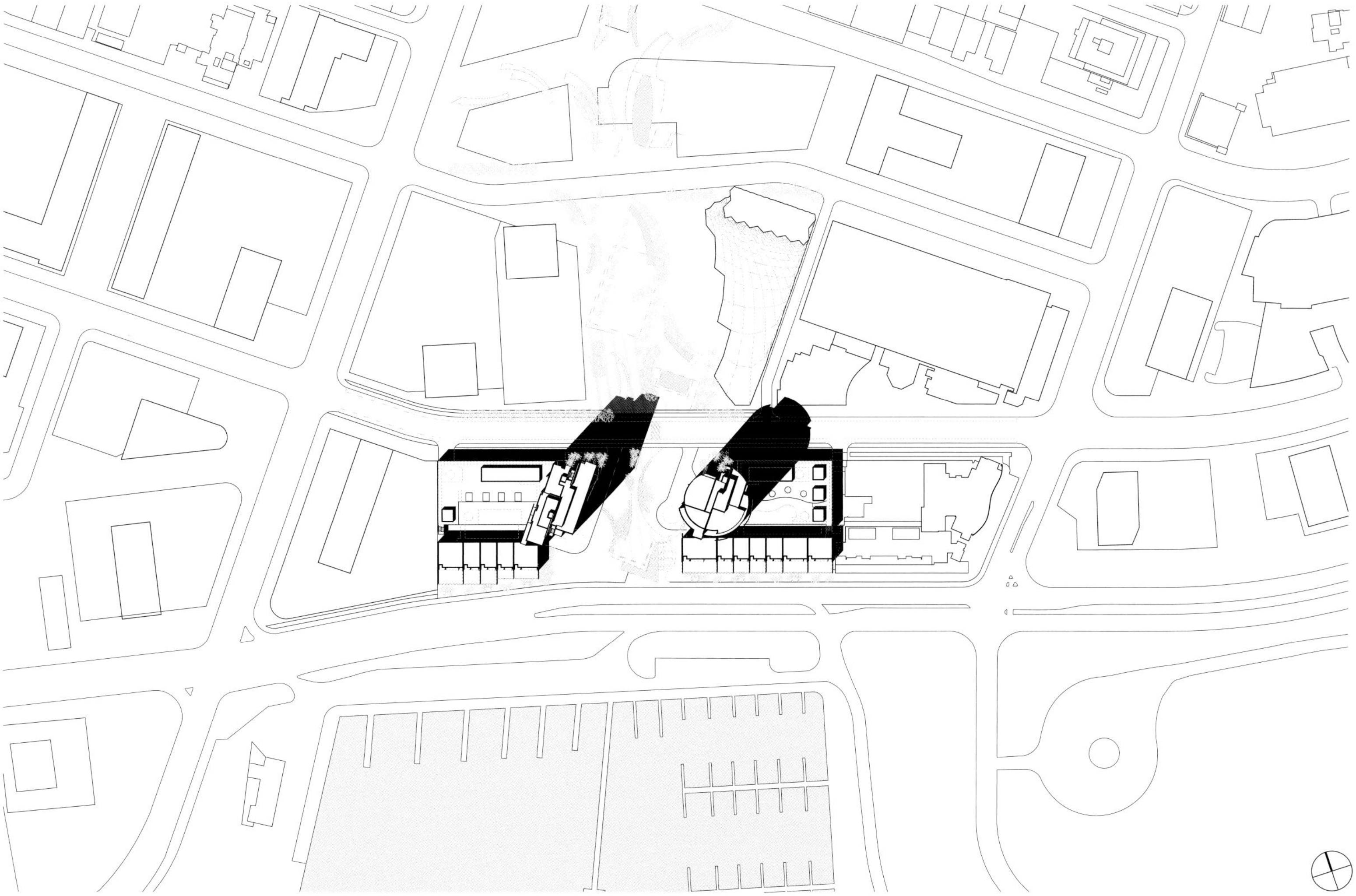

底层平面图

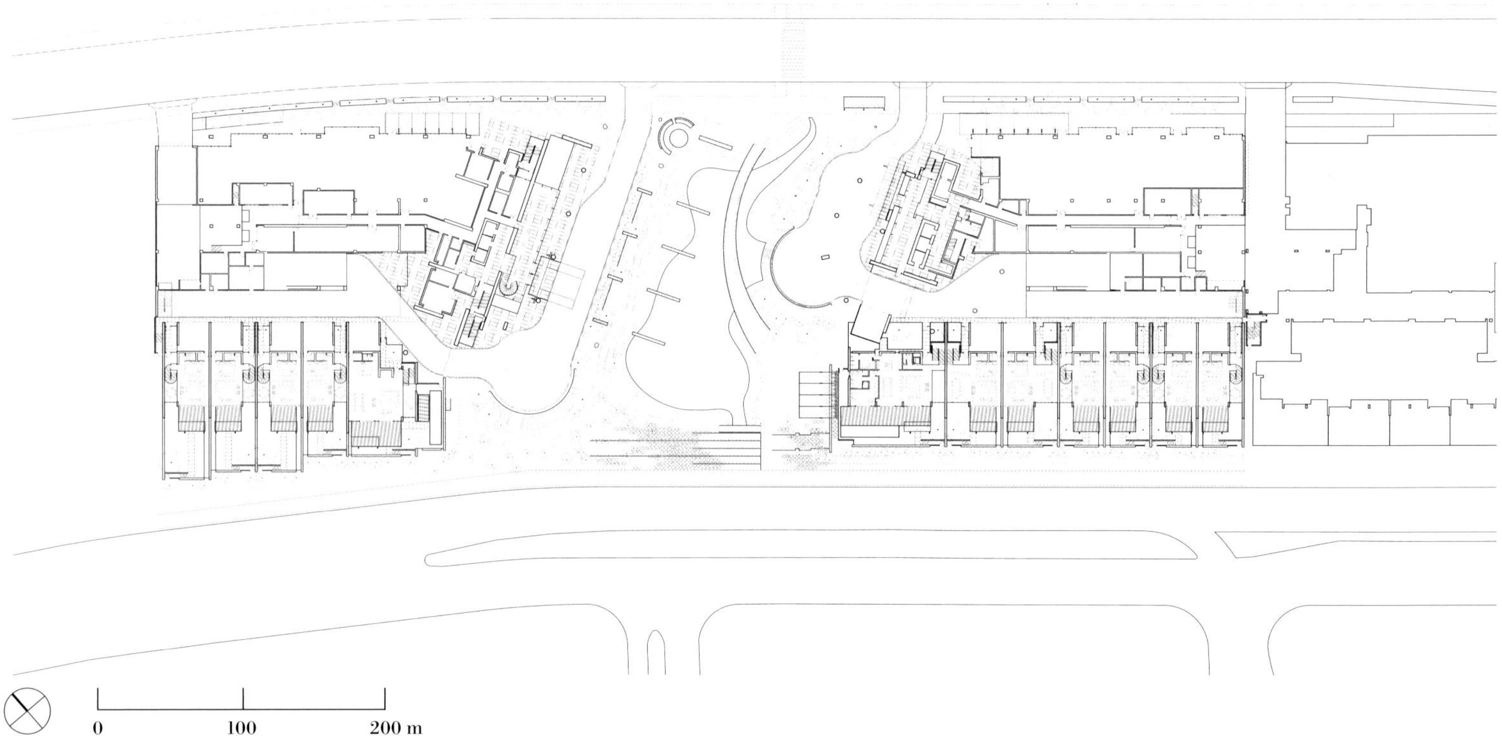

标准楼层平面图

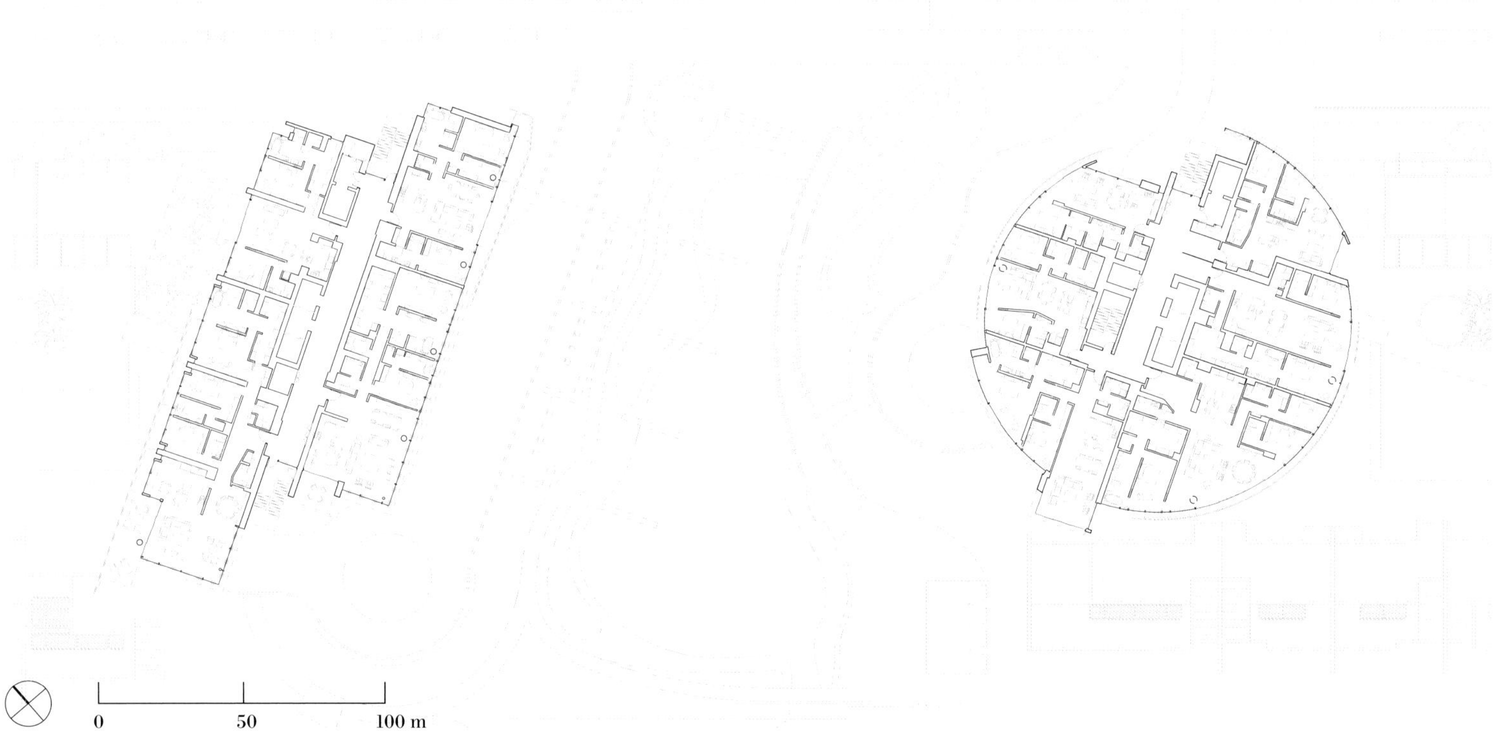

立面图

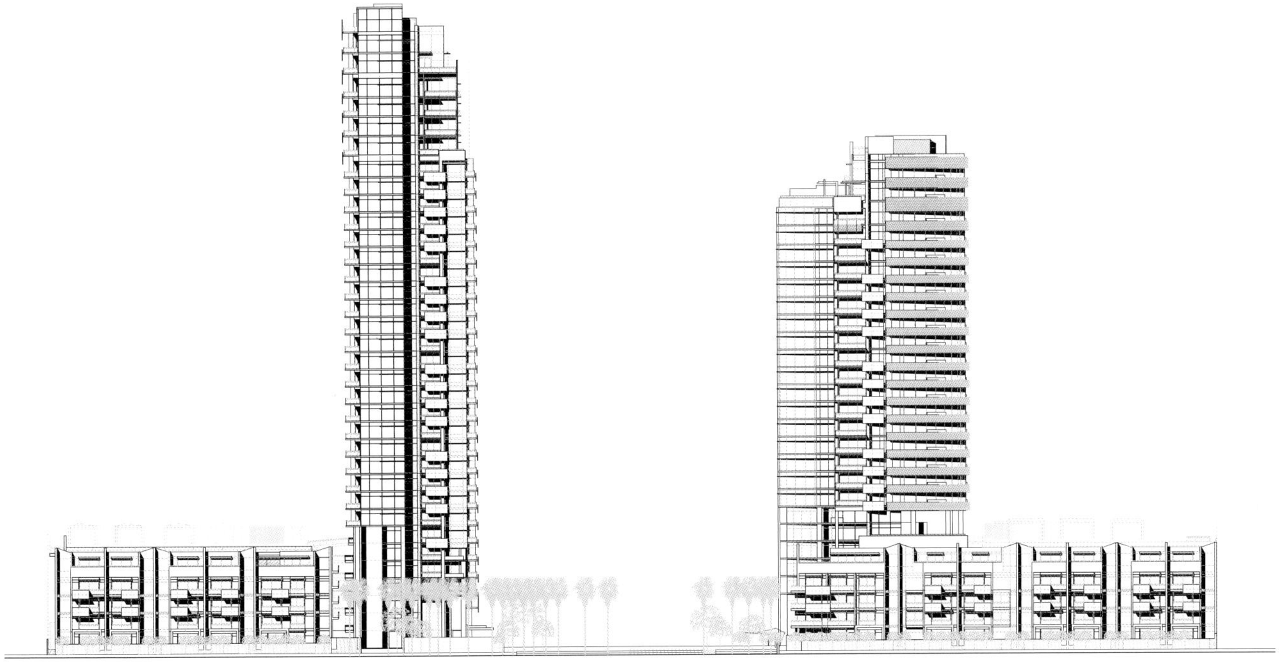

剖面图

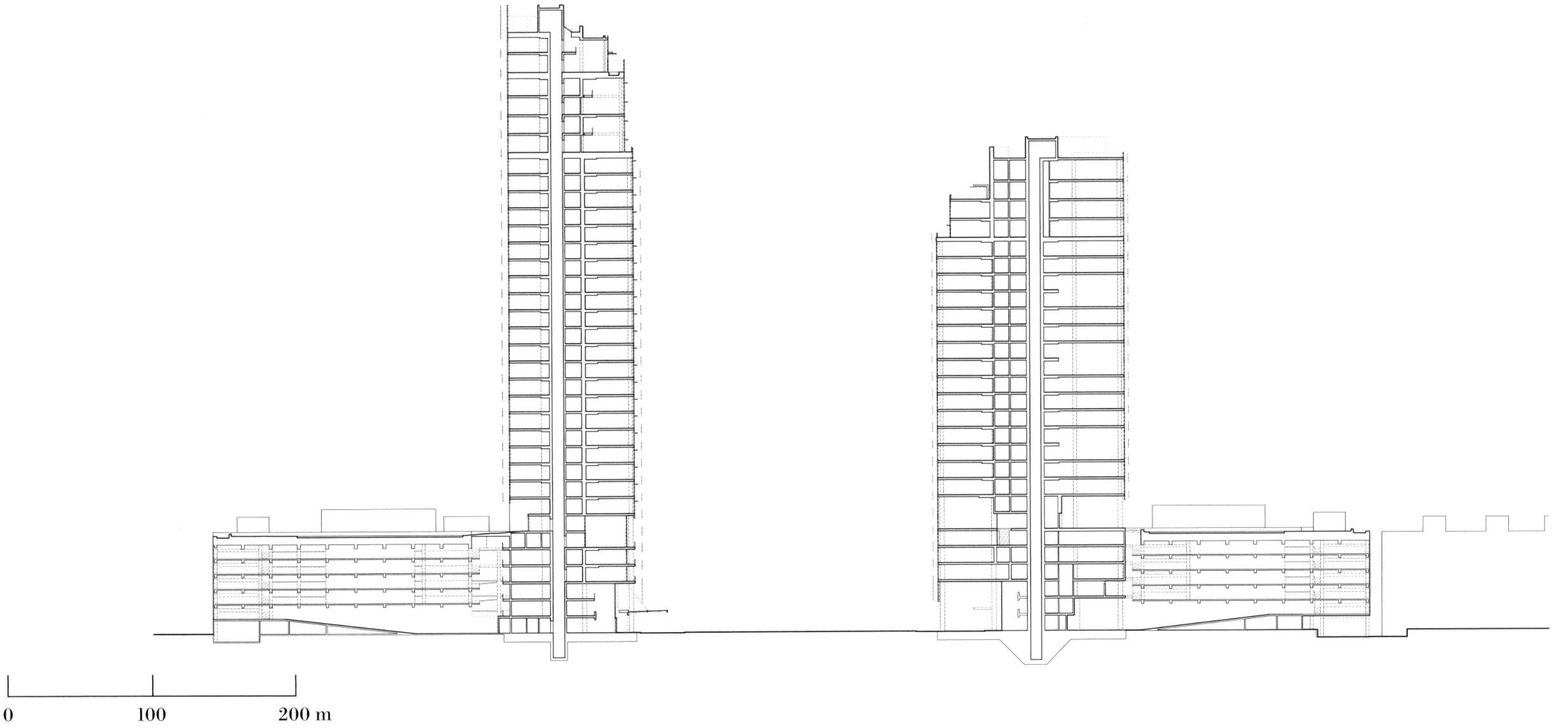

Vitrvm双塔住宅楼
Vitrvm

Vitrvm双塔住宅楼
Vitrvm

哥伦比亚　波哥大
2013—2017年

Vitrvm双塔住宅楼高13层，共有36套公寓单元，坐拥城市迷人风光，紧邻僻静的梅奥神学院（哥伦比亚最大的神学院之一）。Vitrvm双塔住宅楼处于中心地段，坐落在波哥大北部，沿Septima大道而立。大楼周围环绕着绵延山脉和花园，毗邻奇科公园（Chico Park）。一条悠悠涧溪缔造出北部土地界标，同时也充当了缓冲区，将大楼和邻近建筑分隔开，勾勒出棱角分明的地形。Vitrvm双塔住宅楼设计灵感源自周围的美丽环境，彰显秀丽的自然风光，并且将建筑完美融入自然之中。

双塔造型卓越非凡，每一栋均独具特色，相互之间和谐对话。一号塔楼整体呈菱形，由折叠平面及镂空表面铰接而成；二号塔楼近乎矩形，由两个实心间断平面组成。这两栋塔楼体量恰到好处，呼应内部布局。塔楼与大自然和谐相处，交相辉映，户外秀丽风光尽收眼底，同时满足每户住宅单元的私密性要求。一号塔楼每层均有两套大户型公寓，面积均等，别具一格。公寓拥有4间卧室，每间皆各具韵味，可欣赏到生机勃勃的城市峡谷、静水流深的小溪以及古老神学院的美丽建筑。两套公寓皆可沐浴美好晨光，畅享温馨午后暖阳，配备私人电梯，直接可达，实现功能设施共享。

相比之下，二号塔楼每层只有一套公寓，设计为3间卧室和一间工作室。楼层布局呈线型，起居空间和工作室坐南朝北，可无障碍观景。塔楼四周环绕着神学院，远处东方山峦起伏，绵延不绝。大堂位于二楼，前面是开阔的停车回廊，连通两栋塔楼。一楼一系列便利配套设施，包括多功能室、室内泳池、健身房及儿童游乐场。额外的景观点缀一楼户外空间以及屋顶平台和公共露台，锦上添花。建筑顶层坐拥开阔屋顶大平台，其中两个私人露台供顶层单元住户使用，一个露台供公众使用。Vitrvm双塔住宅楼内饰是对建筑概念的美妙补充，采用的材料质地精良、色调柔美、造型虚实结合。其中天然材料选用大地色系的石材、木材，突出光滑、质感纹理，与纯白简灰的浅色调材质及玻璃制品形成鲜明对比，凸显亮色工艺品和现代家具。Vitrvm双塔住宅楼尊享黄金地段，即将引领哥伦比亚波哥大新风尚，打造活力新城市。

总平面图

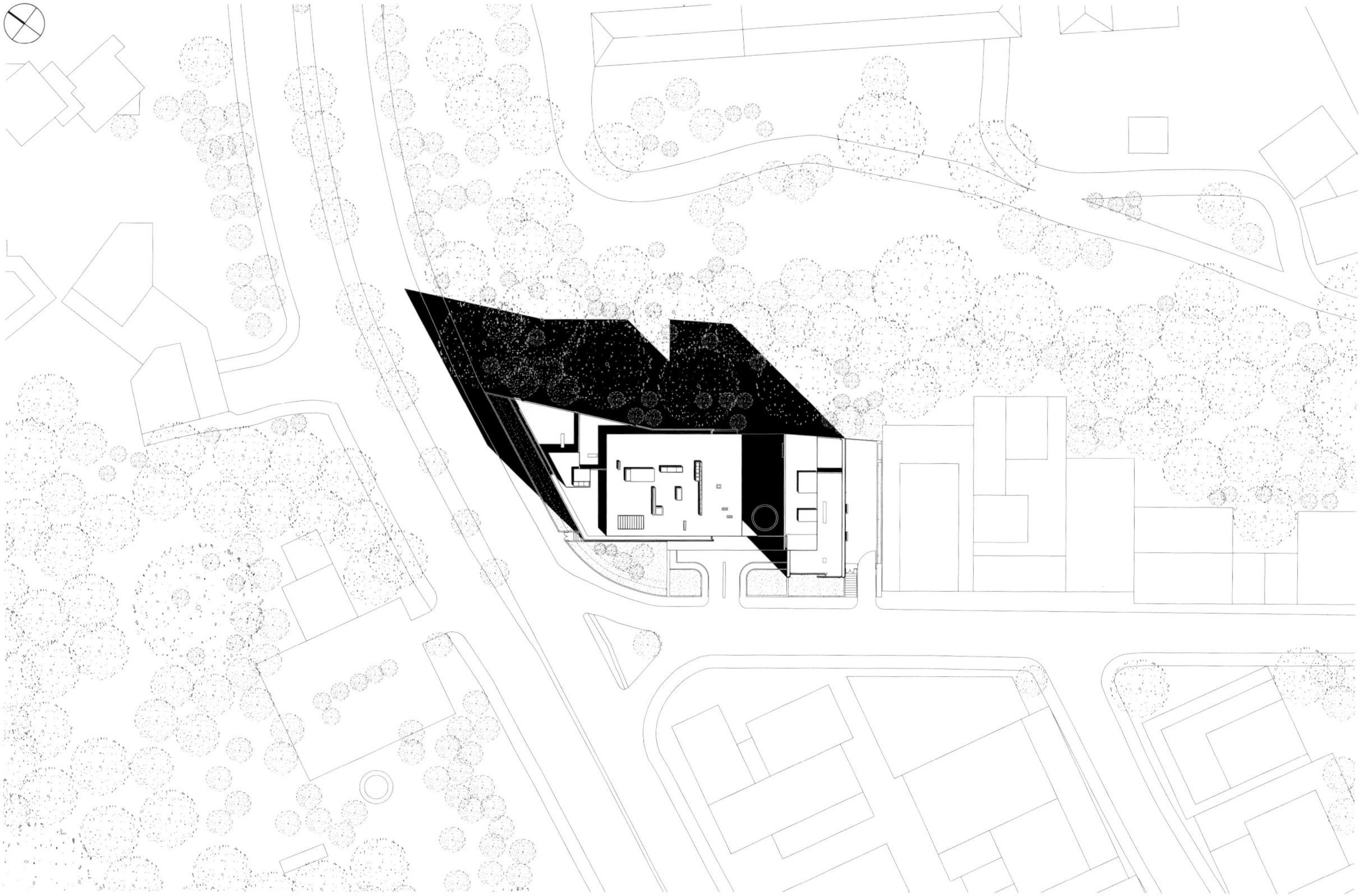

torre vitrum
bogotá, colombia
10 july 2013

一层平面图

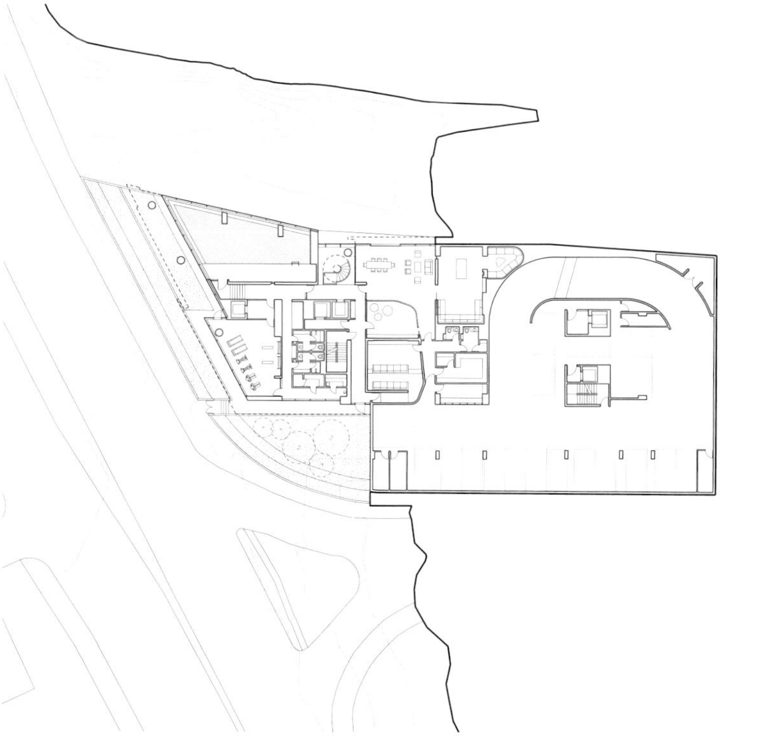

二层平面图

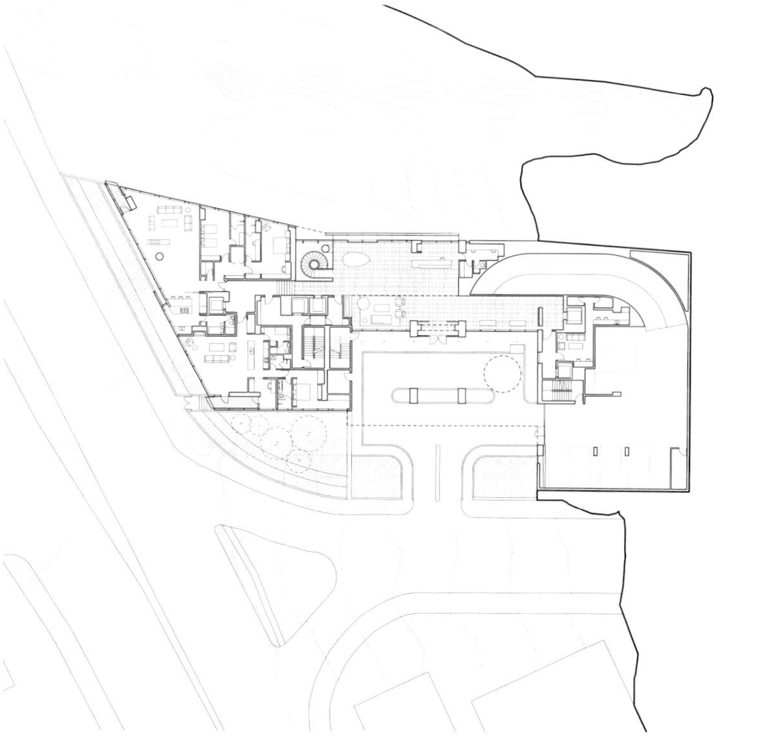

标准楼层平面图

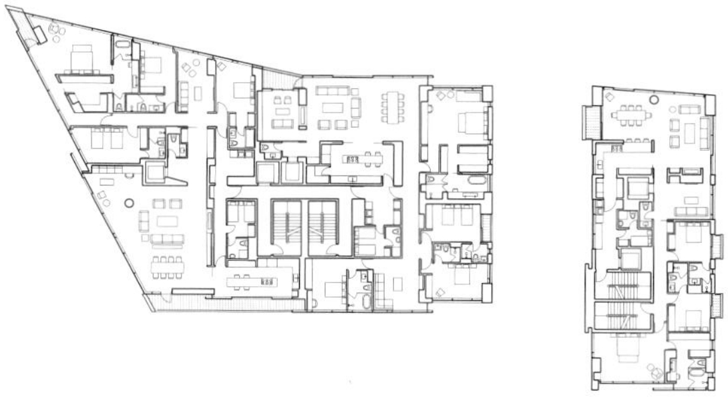

顶层平面图

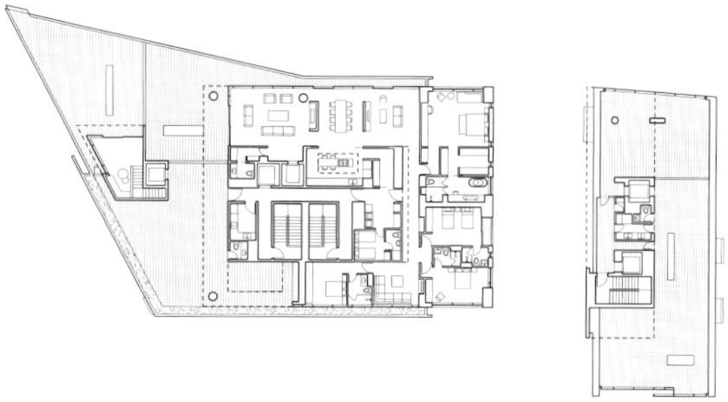

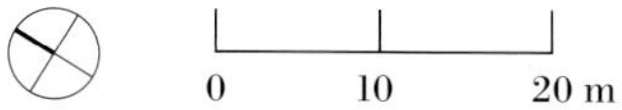

北向立面图

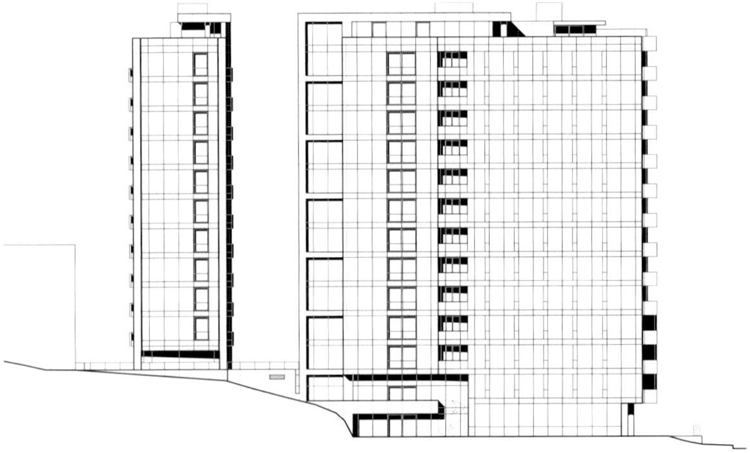

南向立面图

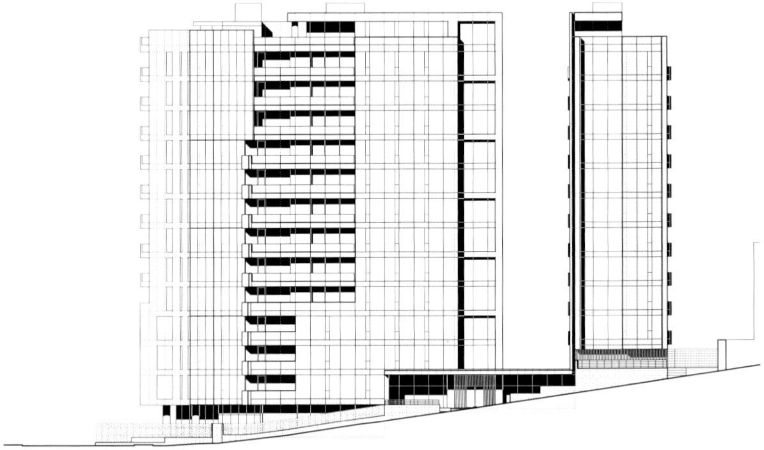

一号楼西向立面图

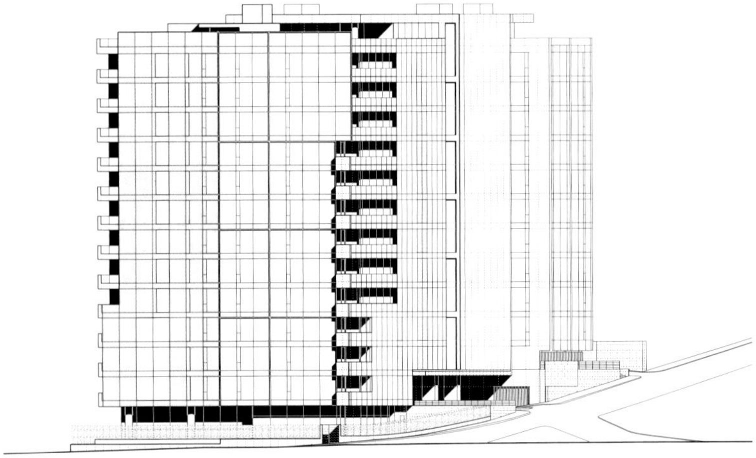

一号楼东向立面图

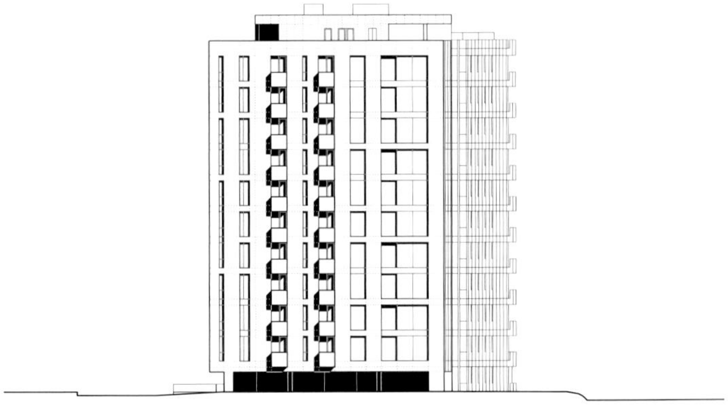

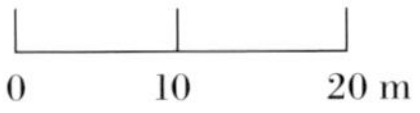

二号楼西向立面图

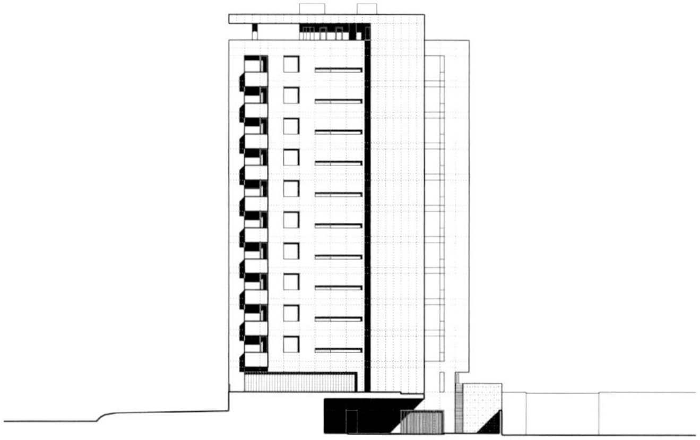

剖面图

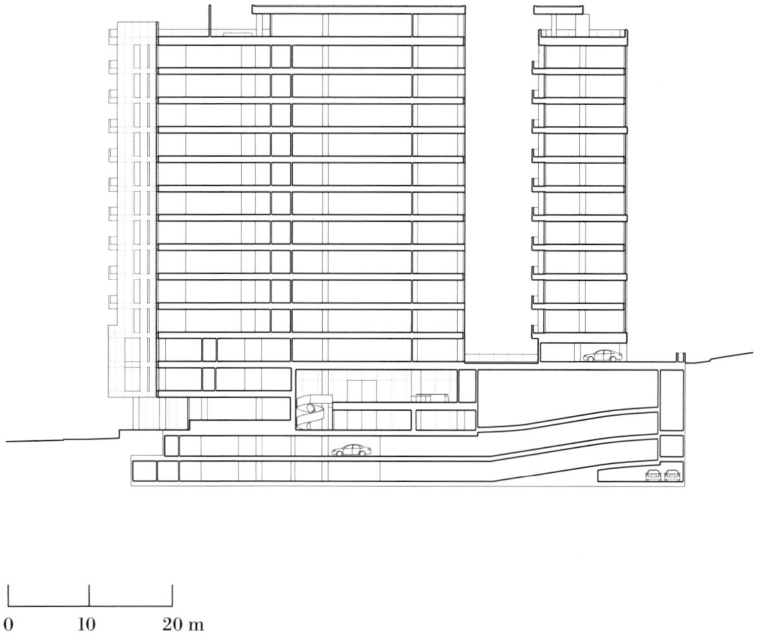

水线广场一号
1 Waterline Square

水线广场一号
1 Waterline Square

美国　纽约州纽约
2014—2018年

多功能开发项目水线广场[1]（Waterline Square）坐落在活力四射的河滨南岸（Riverside South）社区，该社区位于纽约上西区（New York's Upper West Side）和哈德逊河新滨水区（Hudson River Waterfront）的西南边缘。水线广场一号的建筑体量在1992年的纽约综合规划中已得到确定。塔楼设计简洁明了，别致几何造型搭配精妙而优雅的装饰。水线广场一号由围合度、重量各异的4个基础体块构成。

水线广场一号位于河岸边，塔体采用玻璃设计，晶莹剔透、简洁明快，体现出轻盈和通透的重要性，旨在展现白天的气氛、光线及色彩。无论是蔚蓝的天空、橙色的夕阳均将其引入室内。水线广场1号坐落在西59街南侧，23层塔楼呈常规几何形状，搭配小孔玻璃窗，强化现有的城市街道线，同时与街对面发电厂的大型石砌外立面和谐对话，遥相呼应。北面公园的外立面宛若轻微剥落的状态，层层叠叠，其灵感源自树叶，在综合规划中设计为公园地标。盾形玻璃比其后面的塔楼更显通透，而明暗不一的光线则轻微折射进折叠表面之上。12层高的帆形附楼位于建筑物入口处的东北角，已经磨去综合规划的另类棱角，并且进一步强化，打造大小适宜的尺寸，彰显个性化特质。

塔楼的垂直方向分为基部、中部及顶部，这与规定的分区体量、综合功能布局、周围建筑体量保持一致。建筑的总体规模及构造与战略设计方案达成平衡，并且融入外立面之中。露台随建筑群的变化交错分隔，或交联组合，在面朝城市或公园的立面上形成组合结构。

建筑设计采用精致的浅色调材料：各式玻璃和温暖灰砖。设计灵活多变，材料采用概念模块式及面板式装配，虚实结合，合理安装大小不一的可视玻璃窗、活动窗、内墙实心板。

建筑一楼设有一个下车区，供公寓和大堂共用。入口区设计为优雅的公共广场和停车回廊，增强开阔感，同时连接室内和远处的公园。热闹的出租大堂径直朝向西59街，而宁静的公寓大堂则面向中区绿地。较大且更理想的公寓面朝河流的南面和西面，而位于南部、东部的其他公寓单元则享有城市天际线的景致。

1. 水线广场项目包括3座住宅楼，分别是理查德·迈耶事务所负责的“水线广场一号”，KPF建筑事务所负责的“水线广场二号”以及拉斐儿·维诺利（Rafael Vinoly）建筑事务所负责的“水线广场三号”，3座大楼同时开发建设，并于2018年竣工。

总平面图

底层平面图

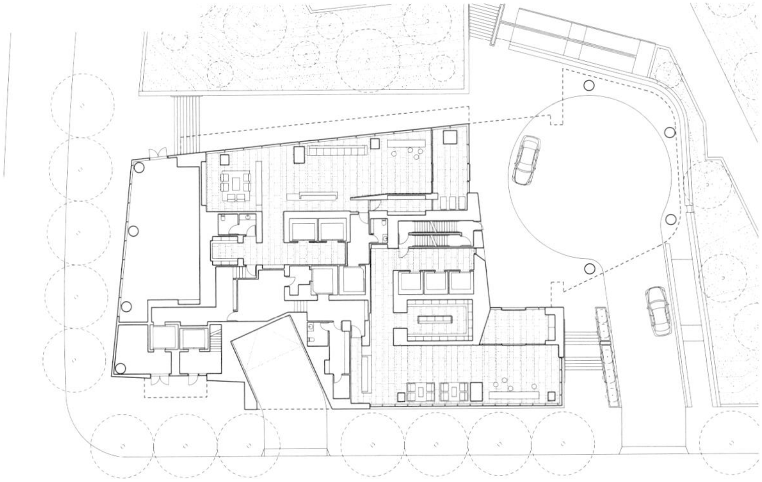

标准租赁楼层平面图

标准公寓楼层平面图

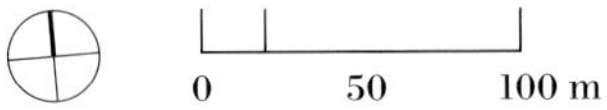

东向立面图

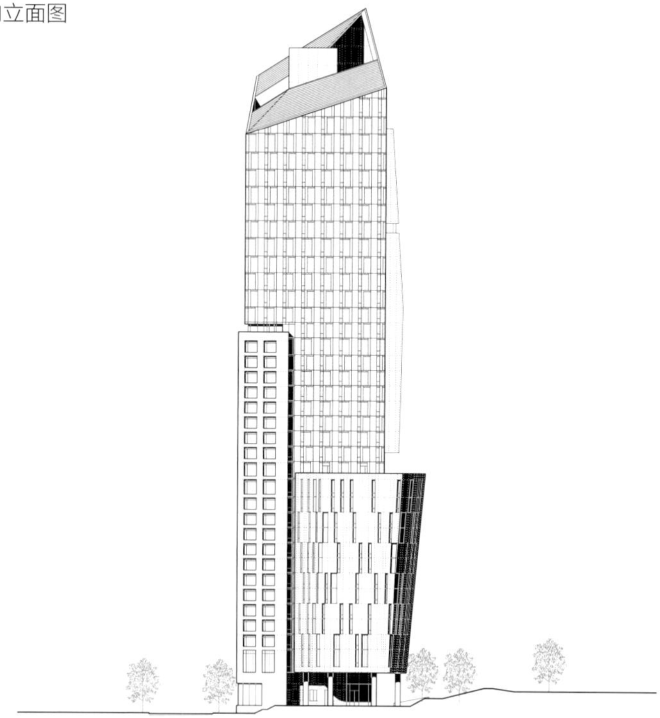

北向立面图

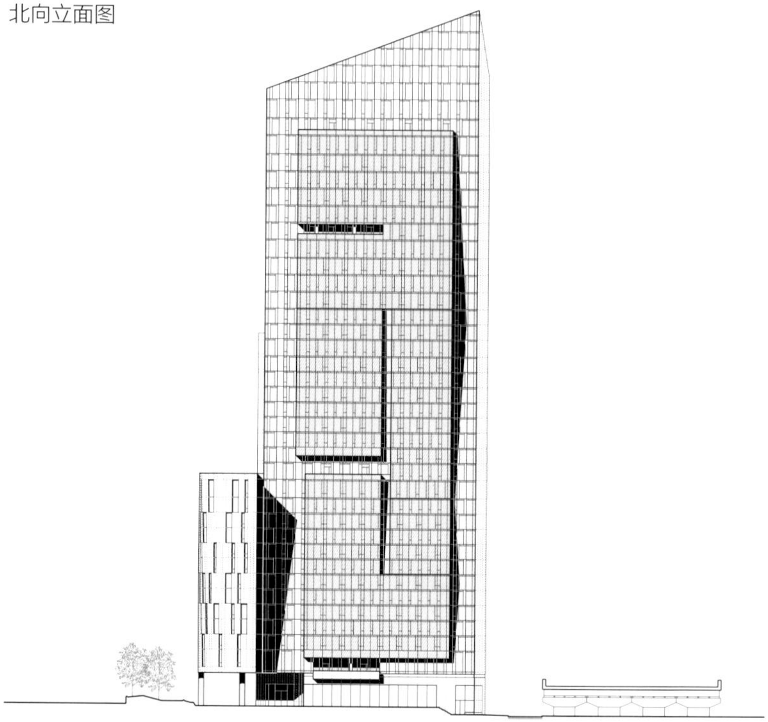

西向立面图

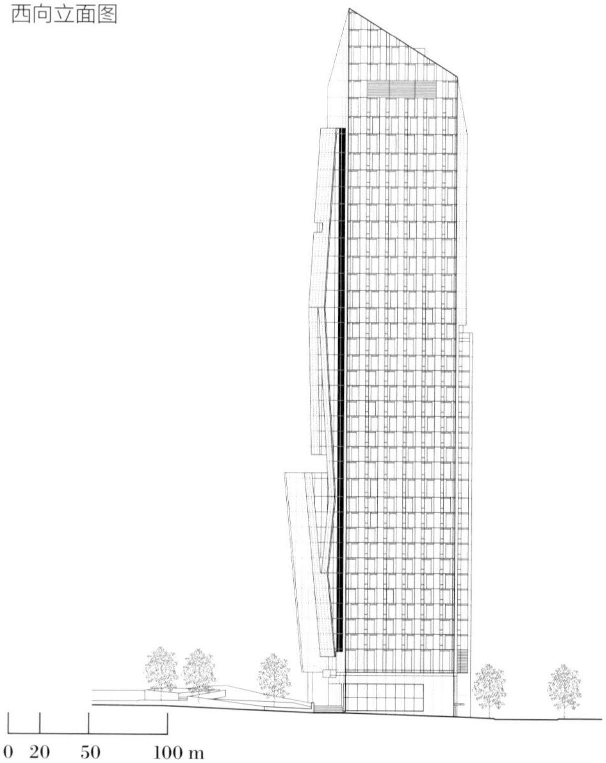

南向立面图

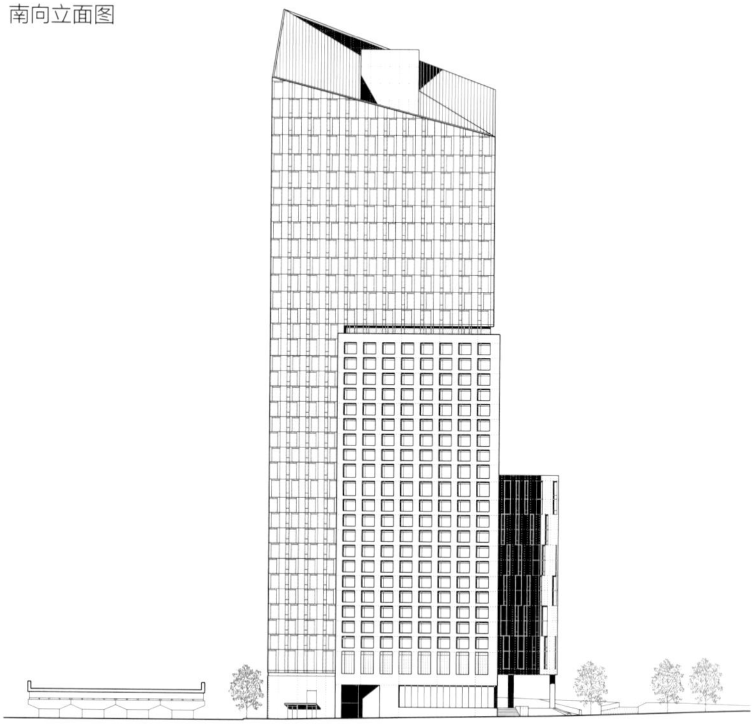

纵向剖面图

横向剖面图

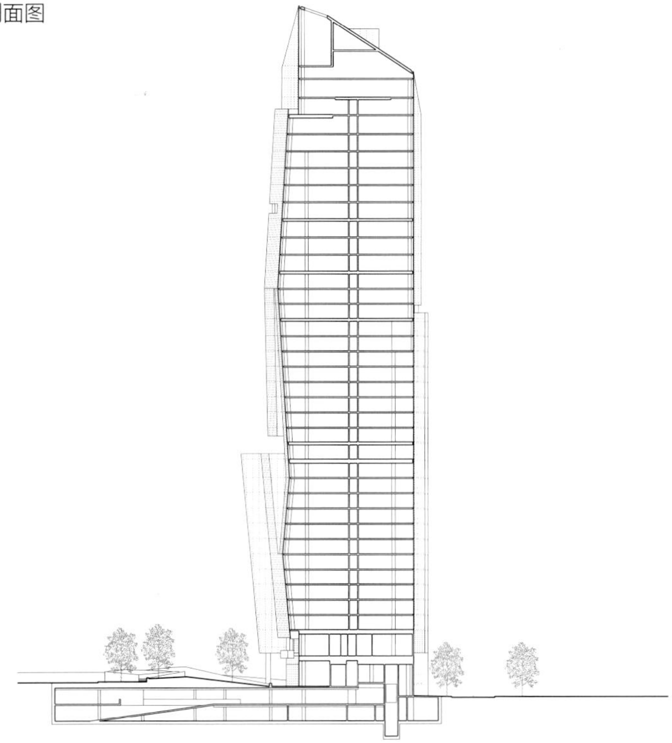

橡树前线公寓
Oaks Frontline Apartments

手绘草图

view of Frontline Apartments from the golf course, Prague . Czech Republic
Michael Meier & Partners Architects
9
April
2015

橡树前线公寓
Oaks Frontline Apartments

捷克 Nebrenice镇
2015年至今

布拉格橡树前线公寓（Oaks Prague Frontline Apartment）位于布拉格橡树开发区的黄金地段，面对高尔夫球场，周围是低层别墅、联排别墅，北边有一个大型公共公园。该公寓拥有一系列独栋单元，由楼梯和铺砌小径连接而成。设计师将大体量分隔成小单元，最大限度减轻建筑物的视觉冲击，同时呼应邻近住宅规模。为了响应当地规划和分区部门对地形和建筑物高度的限制要求，该建筑逐渐向南北和东西方向推移，控制了沿高尔夫球场的建筑物临街高度。该项目还受到当地村庄的启发。那些村庄通常包括几个小单元住宅，由线型小径或道路连接而成。

橡树前线公寓地段绝佳，高尔夫球场和附近森林的美景尽收眼底。每套公寓单元均可欣赏远方全景，并且高效利用布局结构，打造室内公共绿色庭院，还将高尔夫球道几乎延伸到住宅单元。公寓开阔通透，拥有8.1米跨度的玻璃幕墙，配备大型滑动玻璃门，可通往北侧私人阳台或南侧宽敞的娱乐户外露台。

双高泳池的西向及南向立面设有玻璃窗，将远处的壮丽景色引入其中。灰色砂岩路一直延伸到庭院，无缝连接室内外空间。在温暖的季节，可在此尽情游玩，享受社交活动的快乐。白色石膏表面光滑，与石材、木材丰富的纹理相得益彰，打造引人注目的通风现代建筑与传统温暖的捷克村庄平衡的效果。

公寓西部呈几何形状，清晰可见；东部造型呈弯曲状，增加柔和感，与西部造型形成鲜明对比。公寓设计别具一格，拥有悬浮阳台、铰接式平面、极富表现力和纹理感的外立面以及檐篷，多方位强化不同的建筑造型及轮廓。可旋转和滑动折叠的木板可作为屏风，起保护隐私的作用，同时不仅传递出材质的温暖感和柔软感，阴影交替，营造出有趣的视觉分层效果，还与白色石膏和石材覆层完美融合，创造优雅、丰富的色调。石墙环绕公寓而立，明确室外露台的界限。

该公寓设计需谨慎考虑周围环境，强化建筑与环境的关系。该项目重在提高居民生活质量，并且为该地区的住宅开发提供新标准。

总平面图

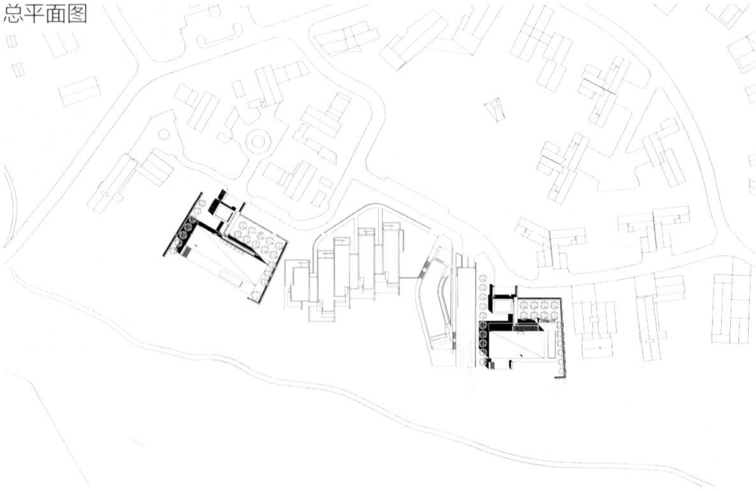

底层平面图

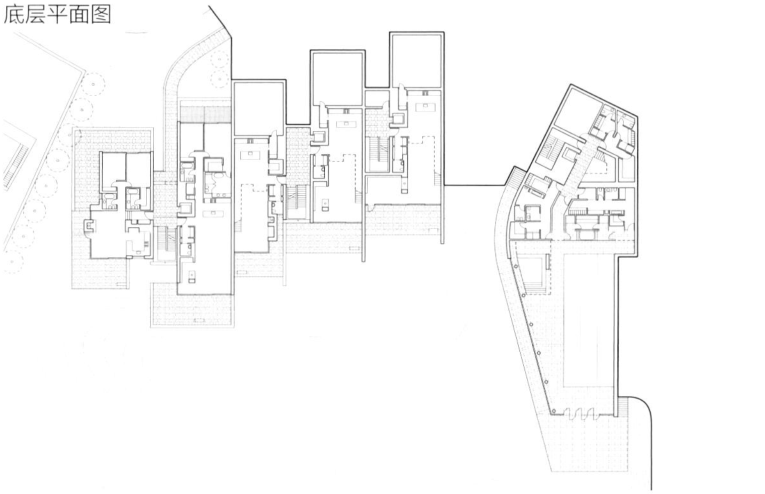

一层平面图

二层平面图

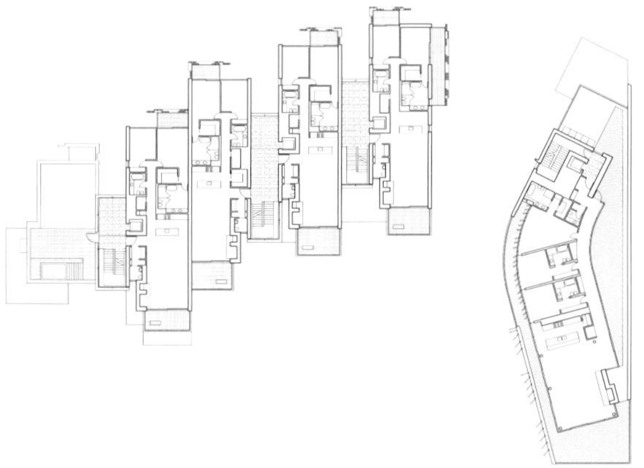

西向立面图

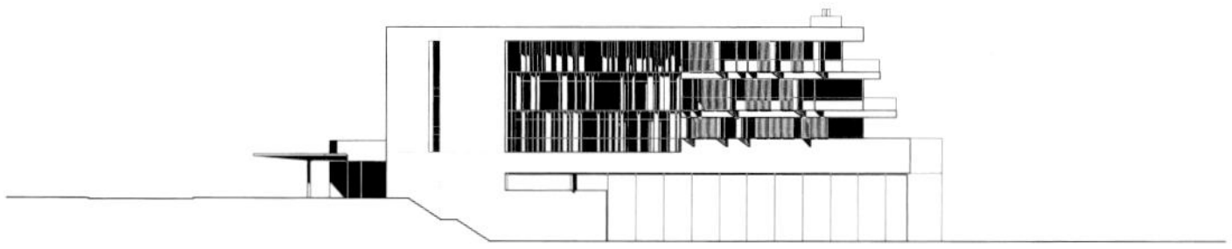

北向立面图

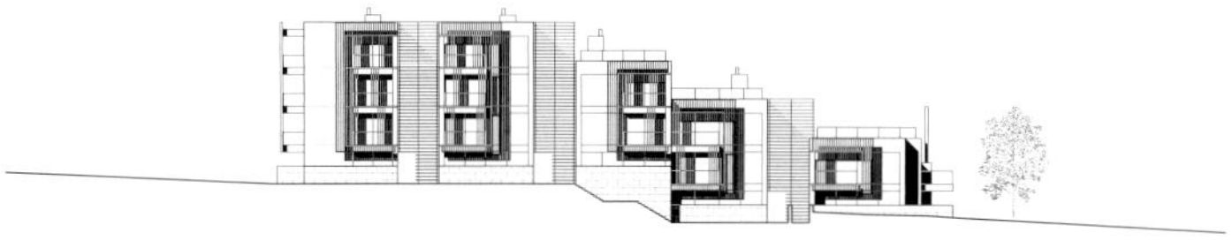

南向立面图

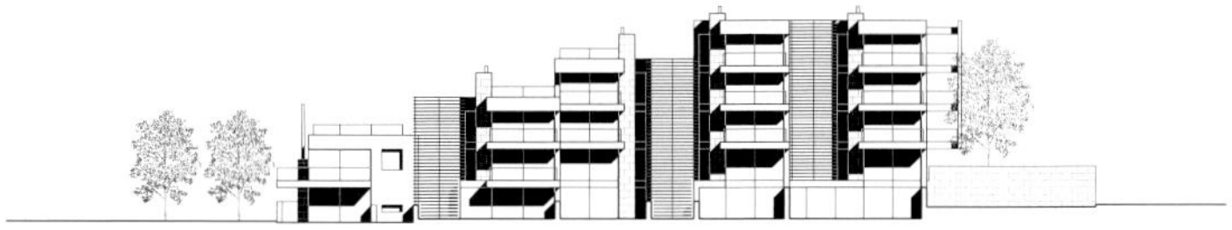

剖面图

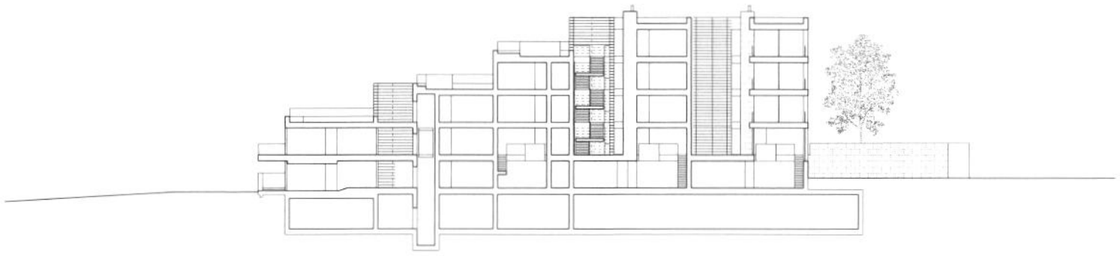

0　10　20 m

橡树别墅
Oaks Villas

手绘草图

view of oaks Prague villa prototype lot 9
Prague, Czech Republic
Richard Meier & Partners Architects
23
April
2015

橡树别墅
Oaks Villas

捷克　Nebrenice镇
2015年至今

橡树别墅（Oaks Villas）位于捷克乡村的私人住宅社区，共有两栋别墅，由布拉格橡树房产开发商（Oaks Prague Development）负责开发，坐拥广阔的林地景致，别具一格。橡树别墅的对面尽头坐落着橡树前线公寓（Oaks Frontline Apartments）。这两栋别墅均由理查德·迈耶及合作人建筑事务所（Richard Meier&Partners）设计，相得益彰，并且融入开发项目住宅区的肌理之中。独到的设计方针为每座别墅原型奠定基础。第一栋别墅（一号别墅）形体呈简洁流线型，尽揽高尔夫球场的景色；第二栋（二号别墅）则更显紧凑，纵横并行而立，彰显活力气质。

橡树别墅的地上建筑面积约为650平方米，地下室面积为100平方米，拥有宽敞的卧室及开阔空间。这两栋别墅均将客厅、餐厅、厨房和家庭活动室等半公共区域设计在一楼，而私人区域则位于楼上。别墅外设有园景花园、泳池和壁炉，其中园景花园将别墅与街道、相邻建筑分隔开。设计师精雕细琢，打造完美室内居住空间，并将其引入周边景观之中，打造与自然环境的过渡区域。

橡树别墅的总体概念设计方案严格遵循当地分区规划规定，打造传统的倾斜屋顶。拟定的解决方案巧妙、简便，即打造造型简洁的山墙屋顶，配有旋转式屋脊，使得整体结构充满活力，重新诠释其雕塑般的现代结构，令人联想起捷克村庄的倾斜屋顶。屋顶覆盖大面积白色复合板，并连续沿倾斜和垂直表面包裹一圈。金色橡木面板排列在屋顶下方，将其往内折叠，宛如信封造型，与质感和家居温暖的格调形成鲜明对比。较多的公共及开放空间覆盖有遮阳板，可减少太阳直射、降低热量，并且在确保自然采光的同时，不妨碍观景。

一条带顶的半封闭式走道可通往别墅入口，也可当作散步走道，连接独立车库和别墅。走出别墅门口，映入眼帘的是开阔壮美的高尔夫球场景观，以及远处绵延森林的风光。橡木别墅迈耶设计的史密斯住宅、挪克伯（Neugebauer）住宅一样，室内起居空间挑高两层，室外屋顶上方线条清晰可见。

总平面图

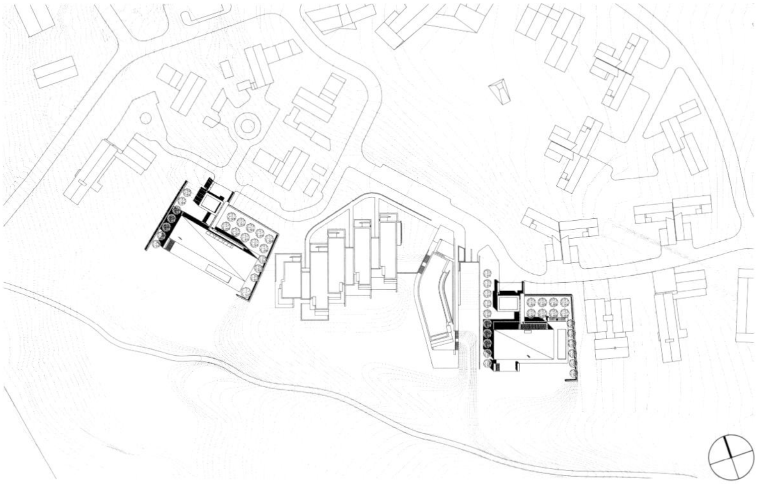

一号别墅一层平面图

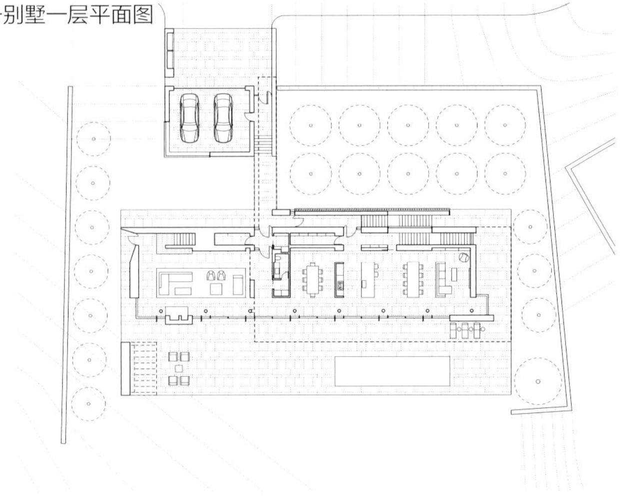

一号别墅二层平面图

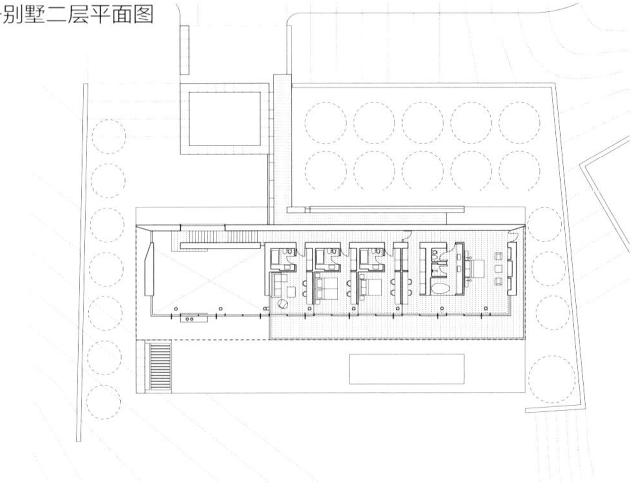

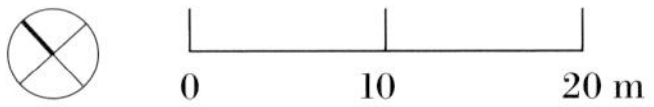

一号别墅西向立面图

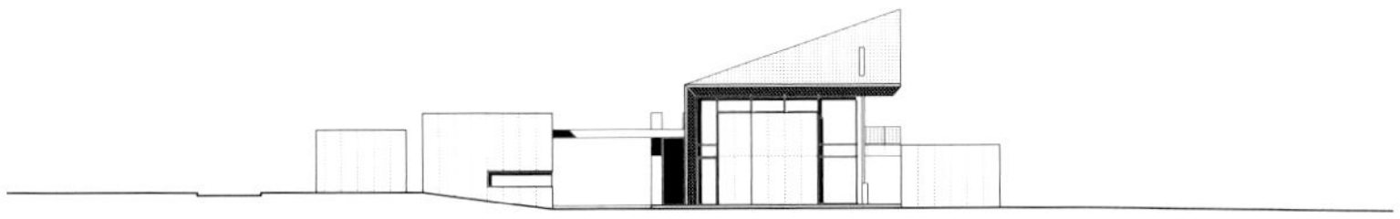

北向立面图

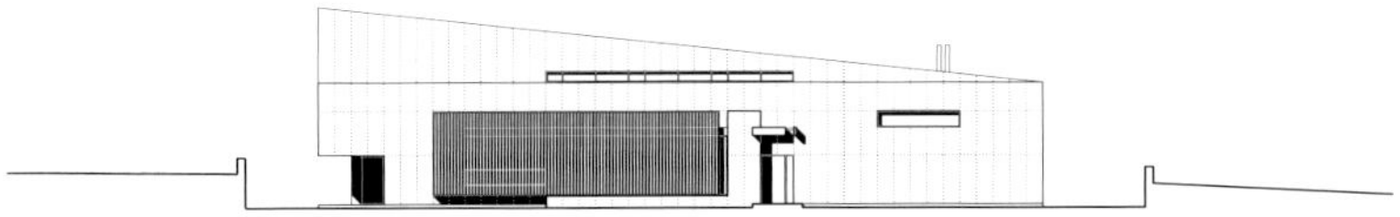

东向立面图

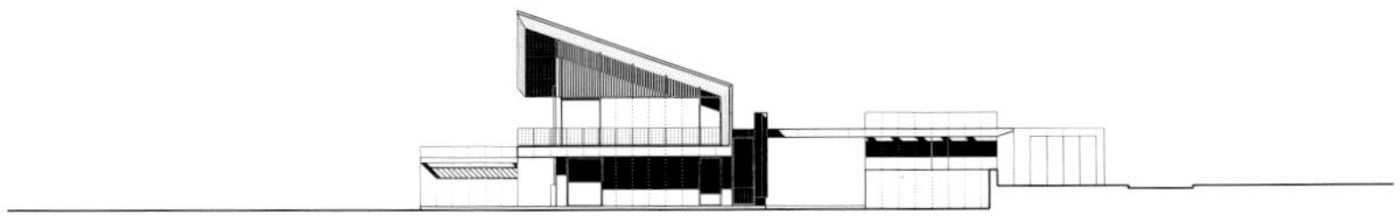

南向立面图

横剖面

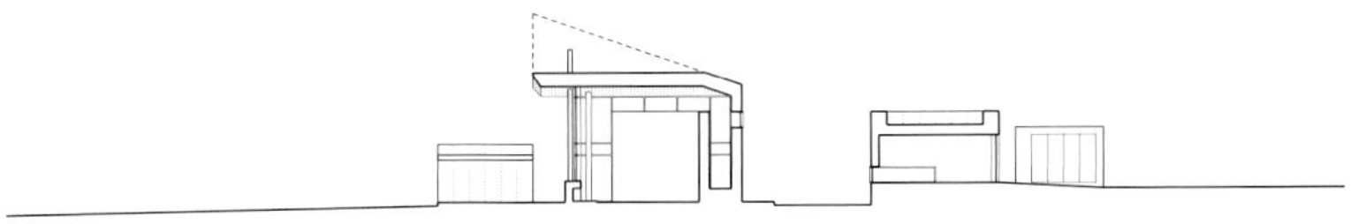

纵剖面

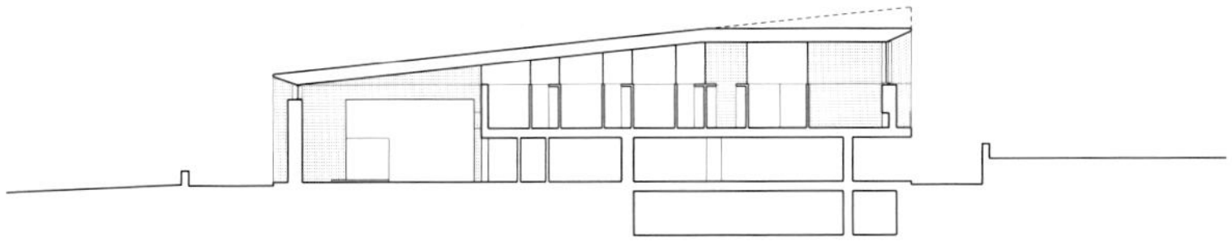

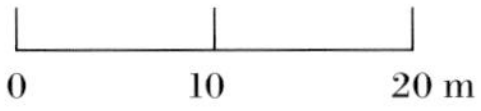

IN PEDANA

二号别墅一层平面图

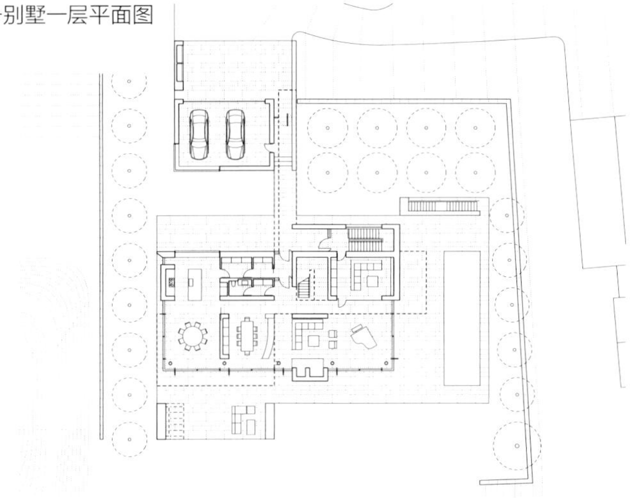

二号别墅二层平面图

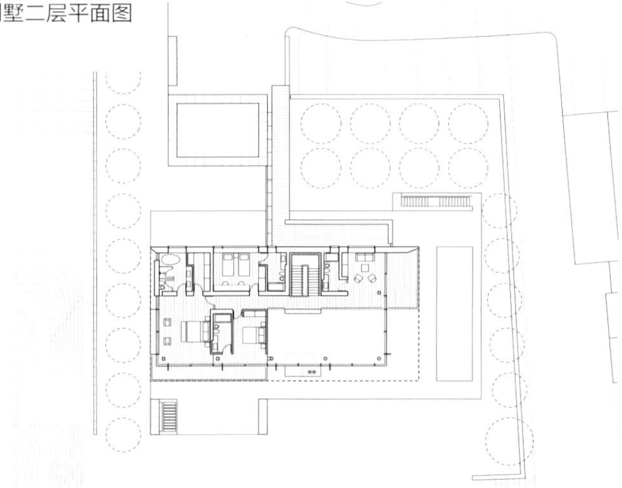

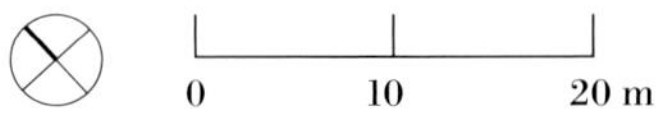

二号别墅西向立面图

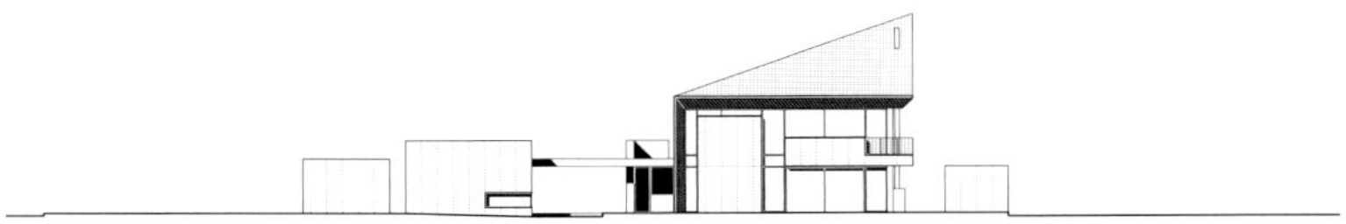

北向立面图

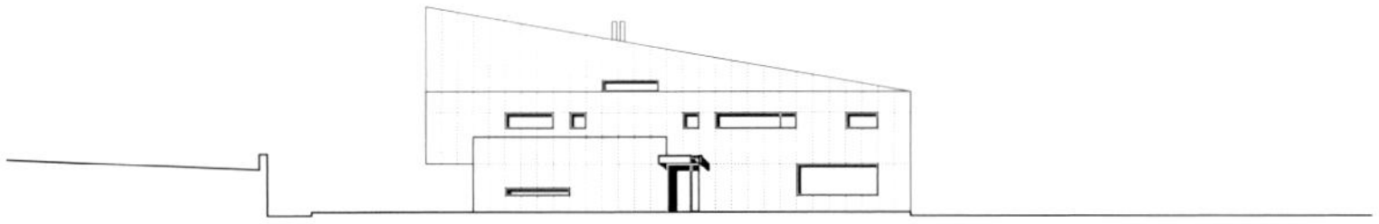

东向立面图

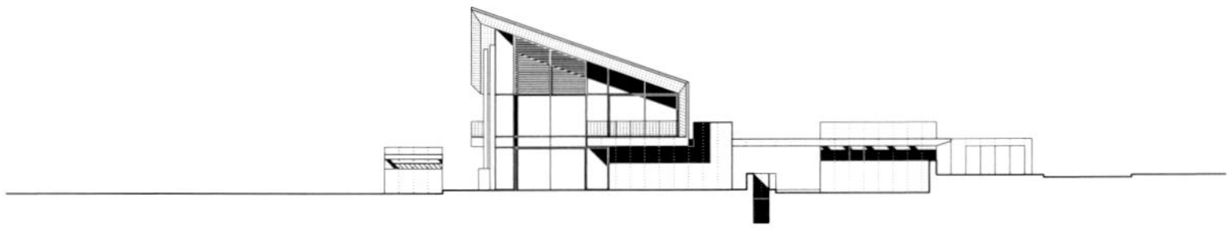

南向立面图

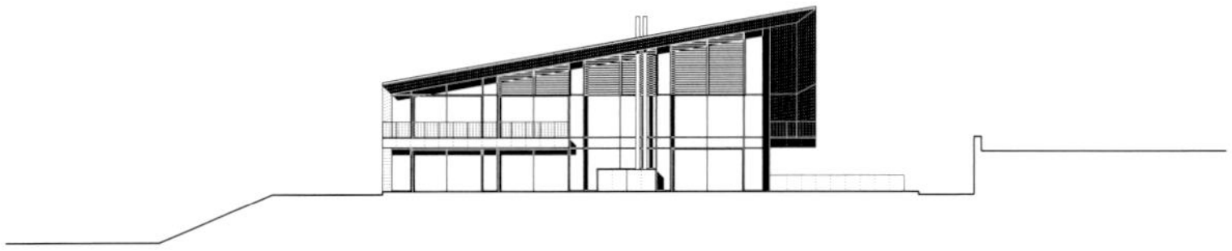

横剖面

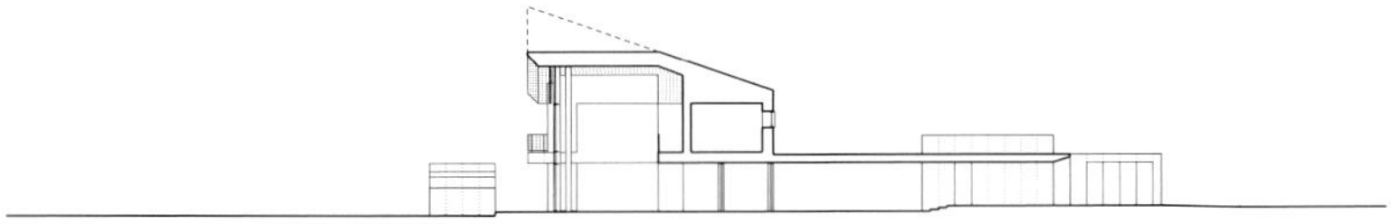

纵剖面

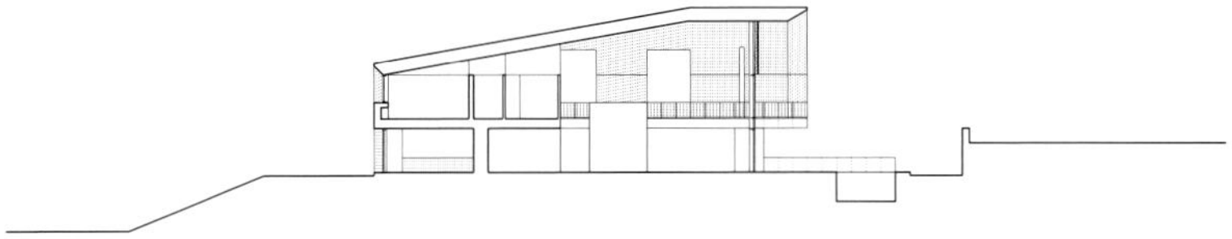

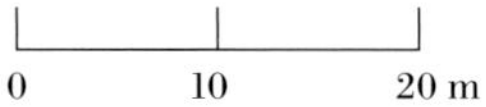

第一大道685号公寓大厦
685 First Avenue

第一大道685号公寓大厦
685 First Avenue

美国　纽约
2015—2018年

第一大道685号公寓大厦(685 First Avenue)占地3007平方米,紧邻东河,位于联合国总部大楼南侧,介于纽约第一大道的东39街和东40街之间,堪称曼哈顿黄金地段。这座42层的住宅大楼高140米,精心推出总计556套出租公寓及共管公寓,居住者可尽情领略纽约城的河滨全貌。

大厦造型极简,以黑色玻璃为主体,着重展现建筑的物质性、轻盈性、透明性、秩序性。设计师秉持"打造肌肤般外立面"的建筑理念,采用钢化玻璃幕墙,细分出独立模块镶嵌其上,并铰接有精选金属板块,以阳台、顶棚及拐角的形式呈现出来。其最显著的亮点之一是位于27层和28层的建筑切口,在东河对岸清晰可见大厦的靓丽风光,同时与毗邻建筑和谐对话。

第一大道685号公寓大厦造型标新立异,吸引众人眼球,旨在打造成曼哈顿中城及纽约城的独特地标。该建筑项目的设计彰显创新、永恒,希望成为又一座极具影响力的地标建筑。大厦采用极简主义理念设计,营造出开放式的楼层布局,置身工业闹市区,仍可享受郊区般的宁静祥和。它将以纽约城首座全黑玻璃建筑的称号问世,也是迄耶在纽约城的最高建筑。

零售空间位于一楼,沿着第一大道排列。一楼的宏伟双层高大堂,对所有住户开放,采用宽敞的玻璃设计,可清晰看到周围的环境、待建的公共公园及东河。这块区域采用浅色材料,依托灯光、秩序性设计及几何造型,打造现代化开放空间。公寓二楼为住户提供精致独特的便利设施,包括室内泳池、健身中心、儿童游乐场、配备平板电脑的工作室、游戏室、私人餐厅及休息室。这些便利设施及公共空间生机盎然,配色丰富,纹理精妙,材料极富质感。

每套公寓的起居室及卧室视野均极其开阔,景色一览无余。室内设计采用浅色系,以白色、灰色和大地色为主,精妙搭配表面光滑、纹理绝美的木质地板、塑料制品及玻璃。公寓分为出租和共管两类,3~26层是408套出租套间,27~42层是148套共管公寓。所有公寓均配有高品质厨房、卫生间。住户将享用精心设计、最高规格的住宅。

公寓飘窗及其他组件均采用落地设计,完全消除水平或垂直方向的阴影。大楼里面组件按照比例、几何形状细分为活动窗板、接缝、显示系统及竖框型材系统,保证外立面开阔而优雅。全黑玻璃外立面统一大气,给住户带来极致隐私保护,同时可调节周边建筑的反射光。

这是2008年纽约市批准的首座综合规划建筑,允许在东河沿岸曼哈顿一个长期废弃的遗址中打造崭新的住宅区和公共开放空间。

总平面图

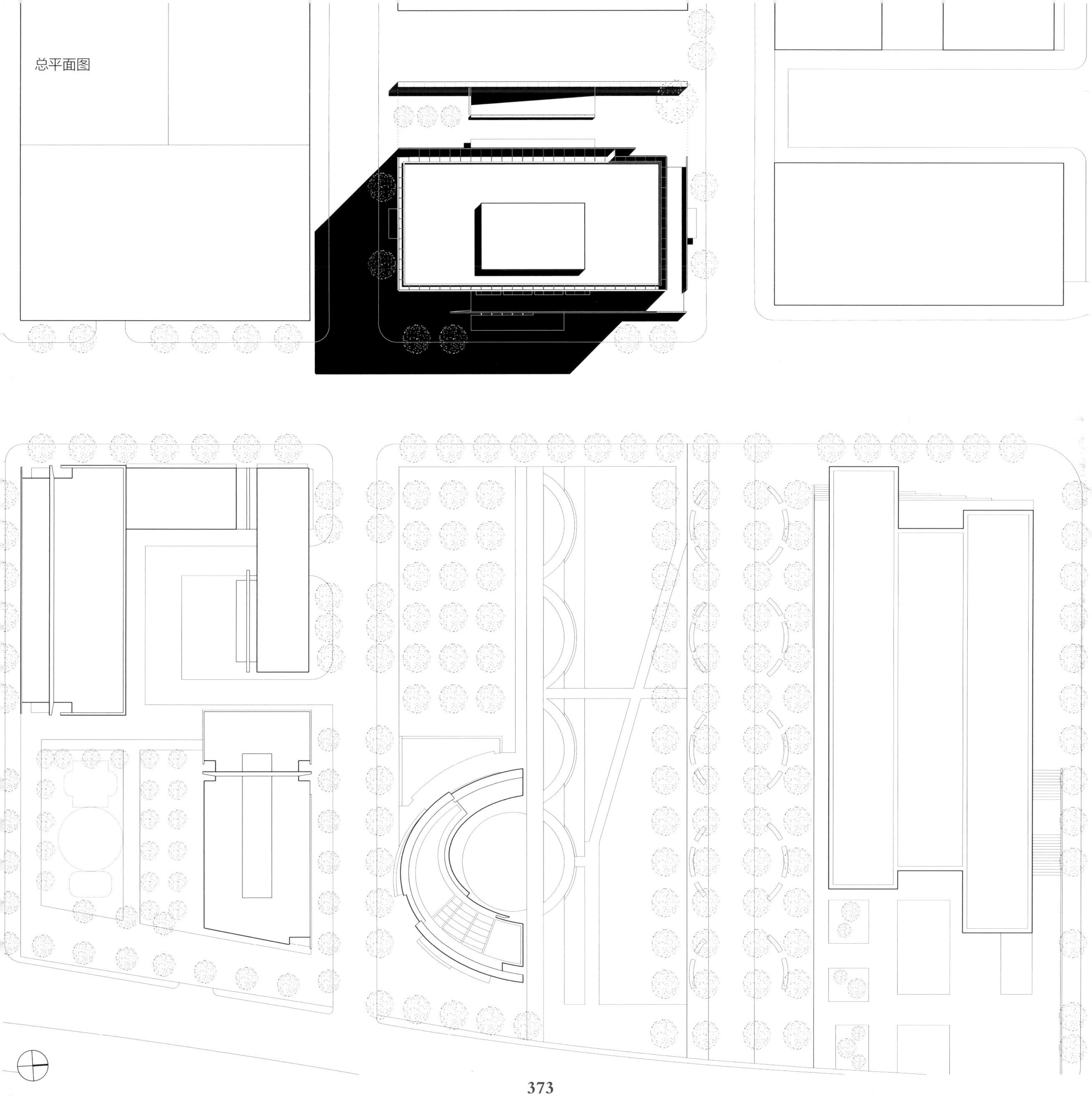

底层平面图

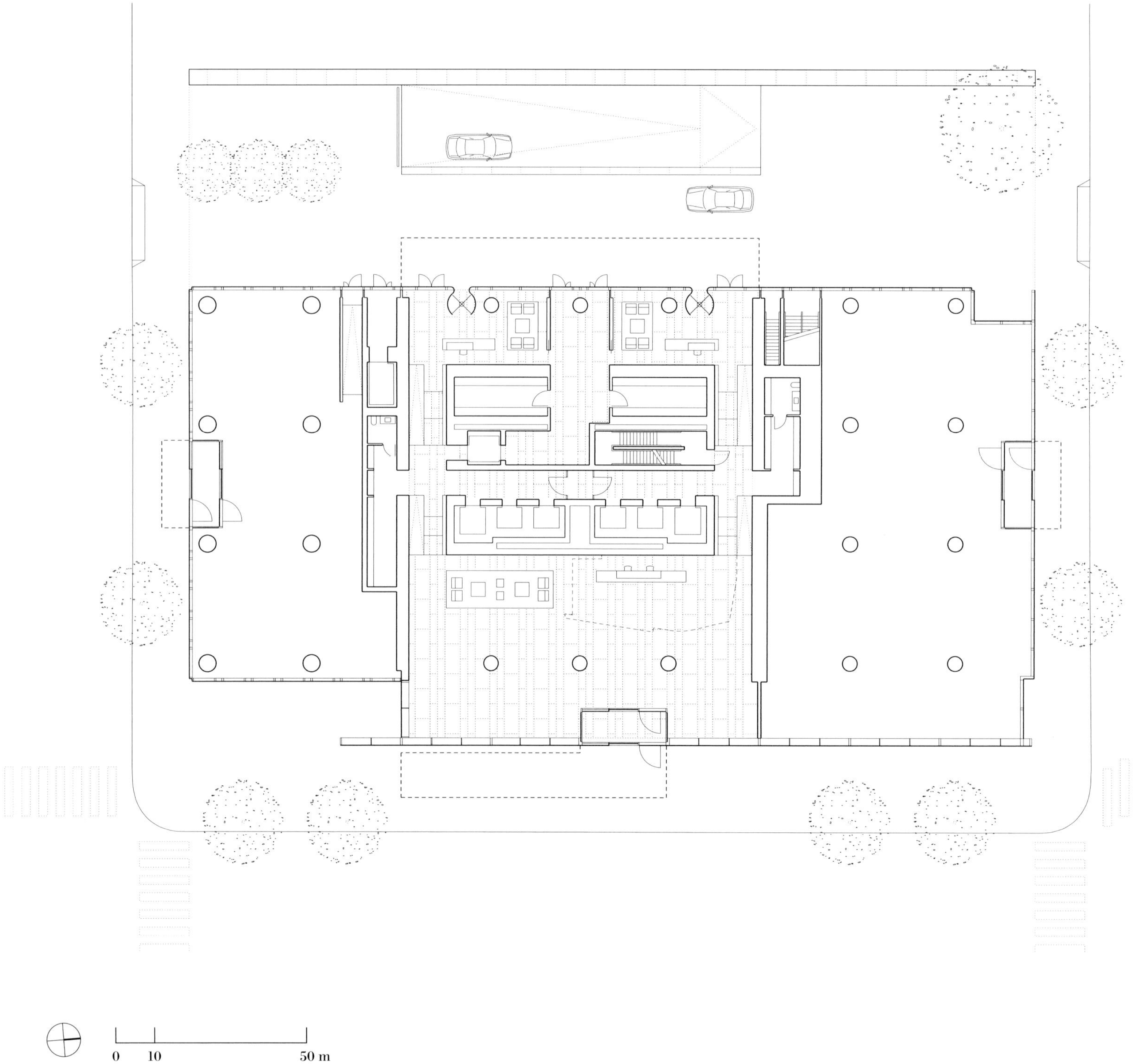

二层平面图

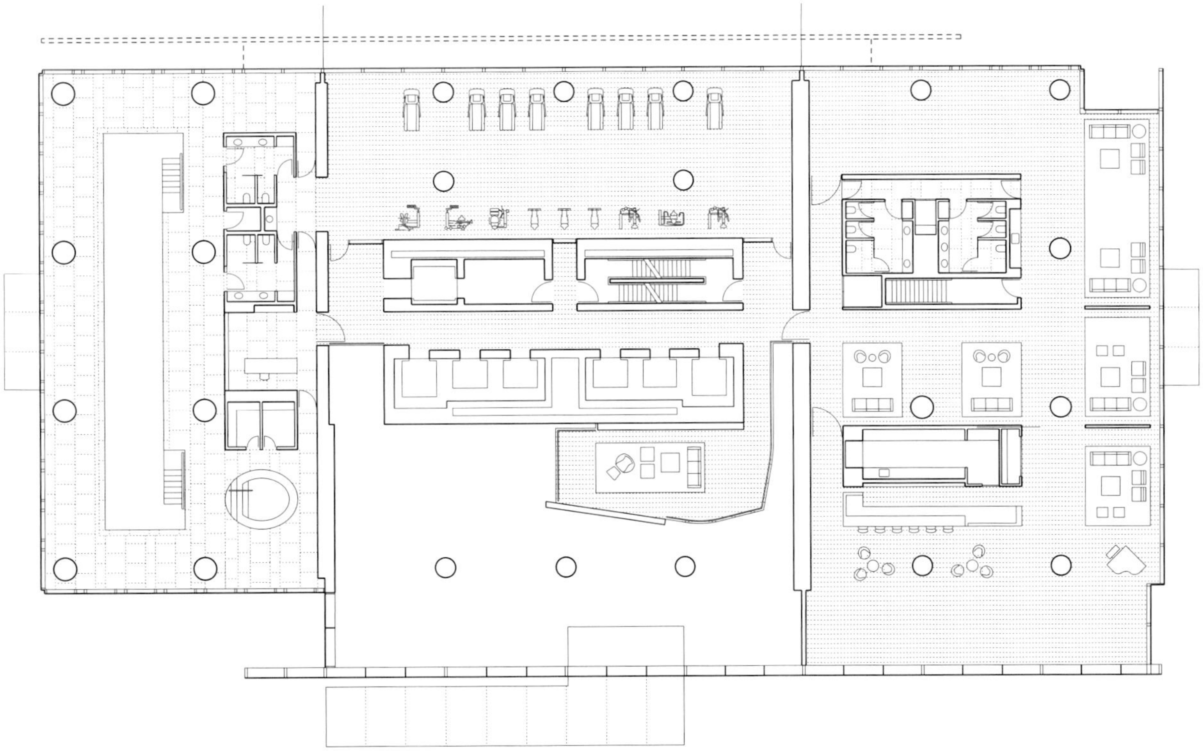

五层平面图

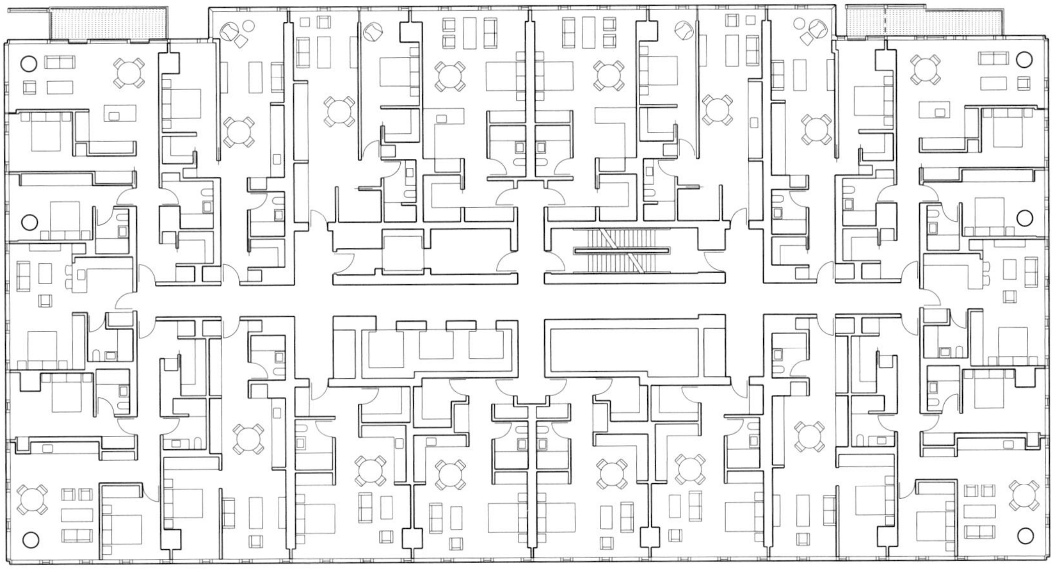

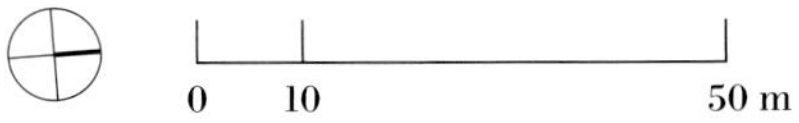

二十七层平面图

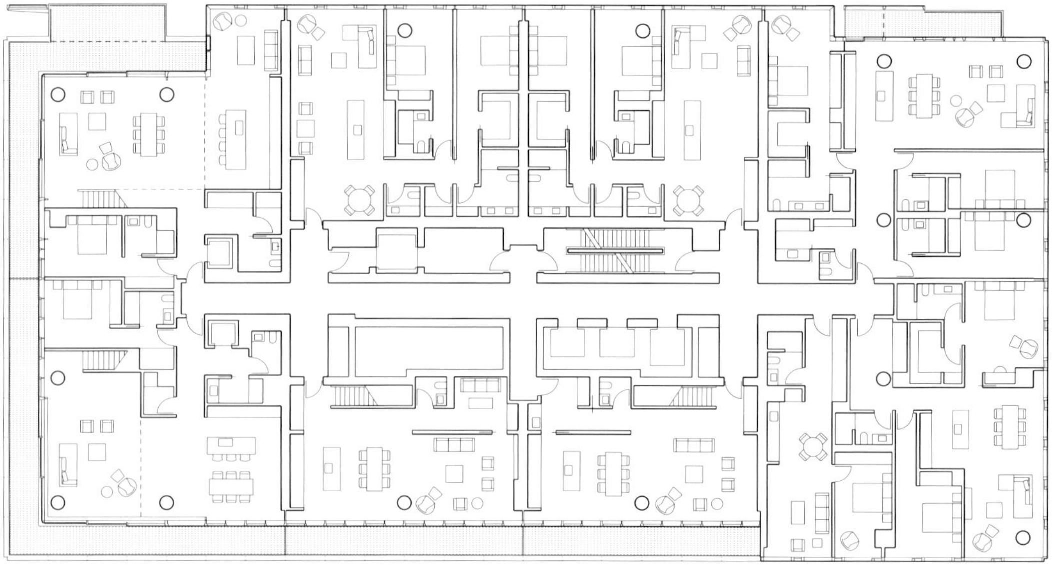

二十八层平面图

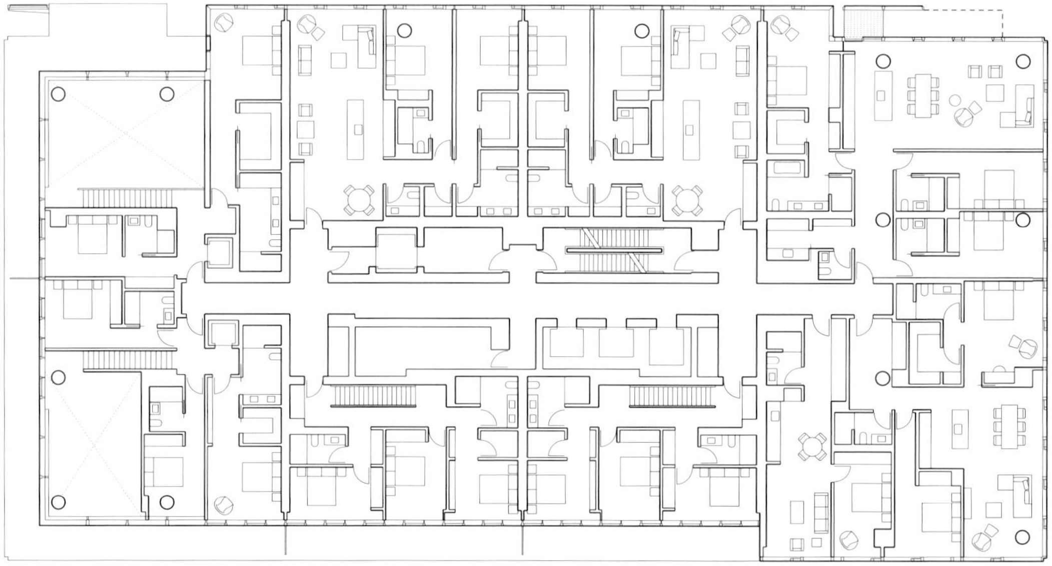

三十九层平面图

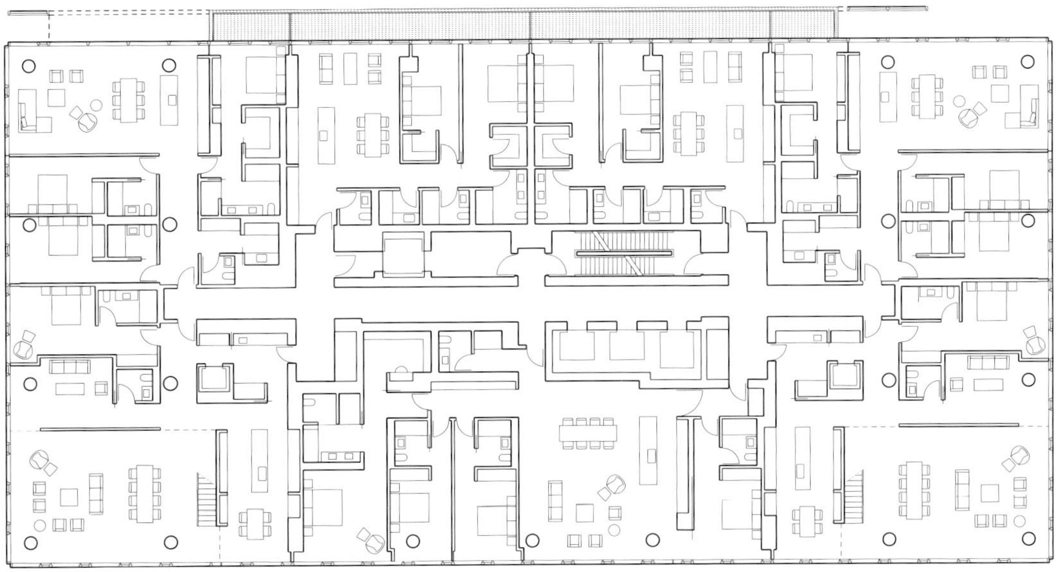

四十层平面图

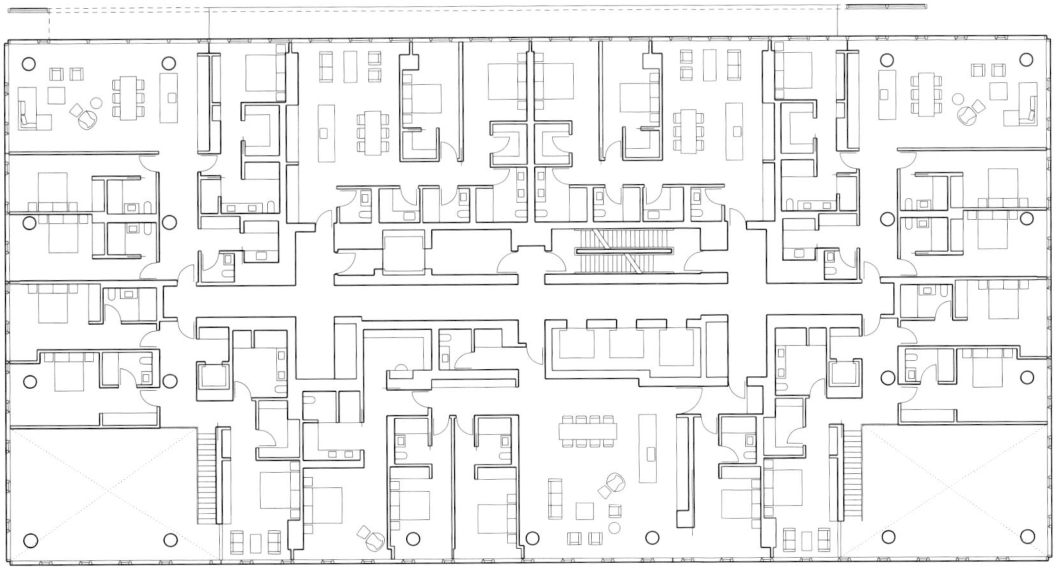

东向立面图

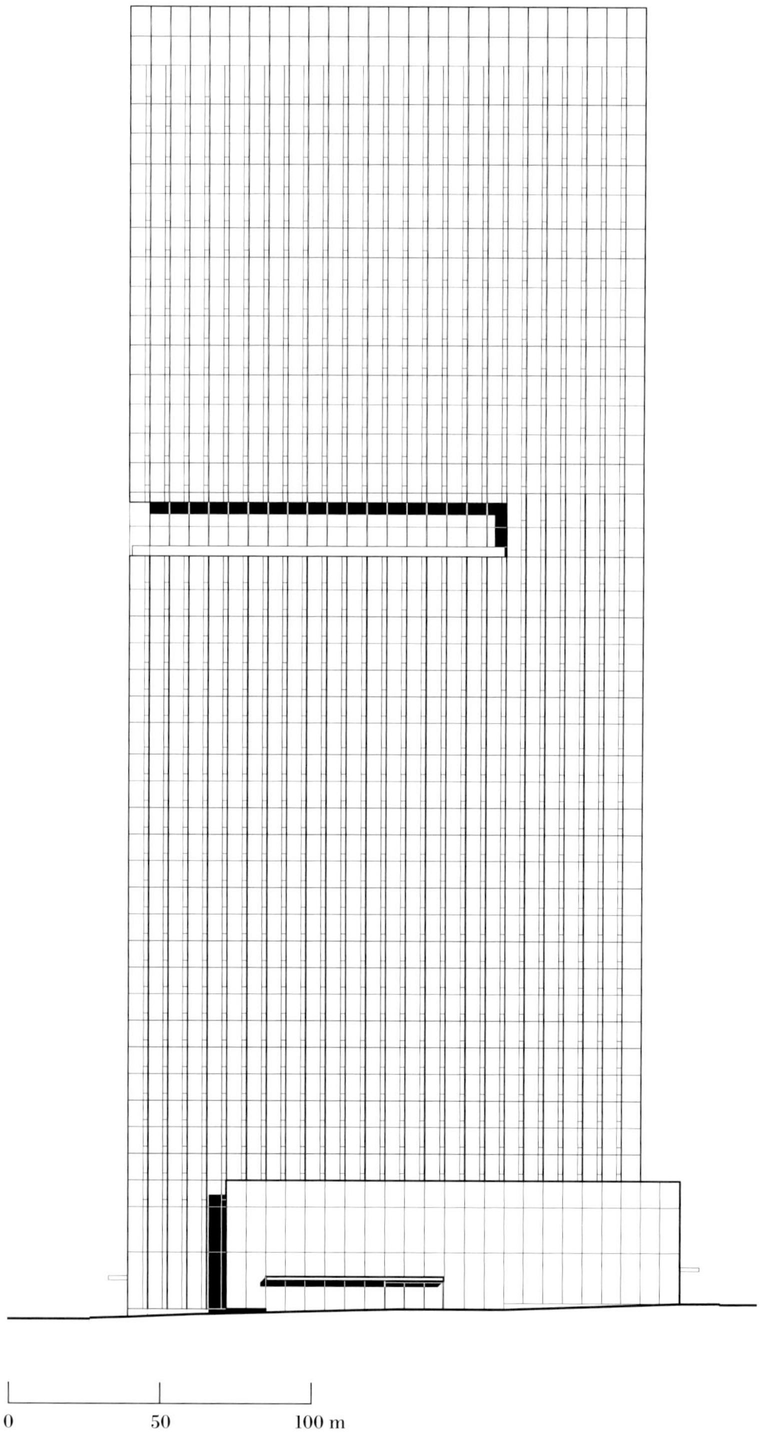

北向立面图

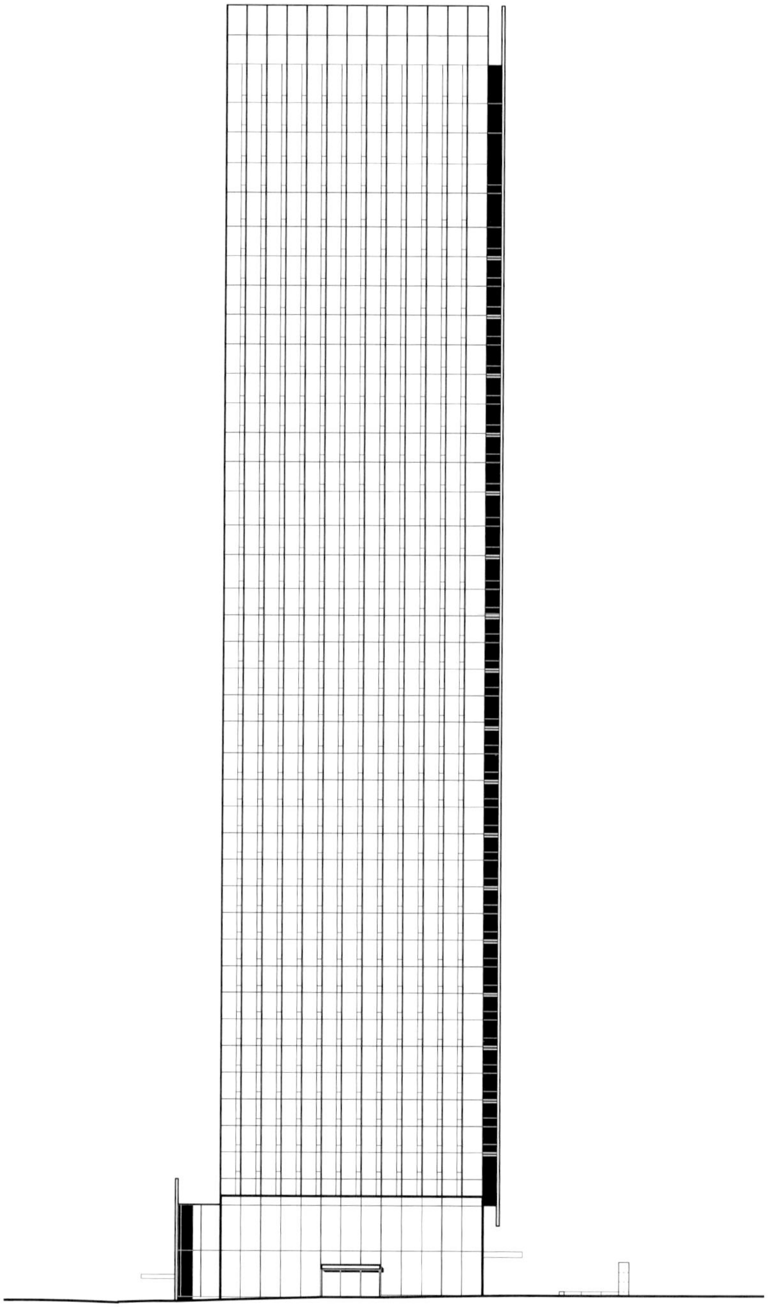

西向立面图

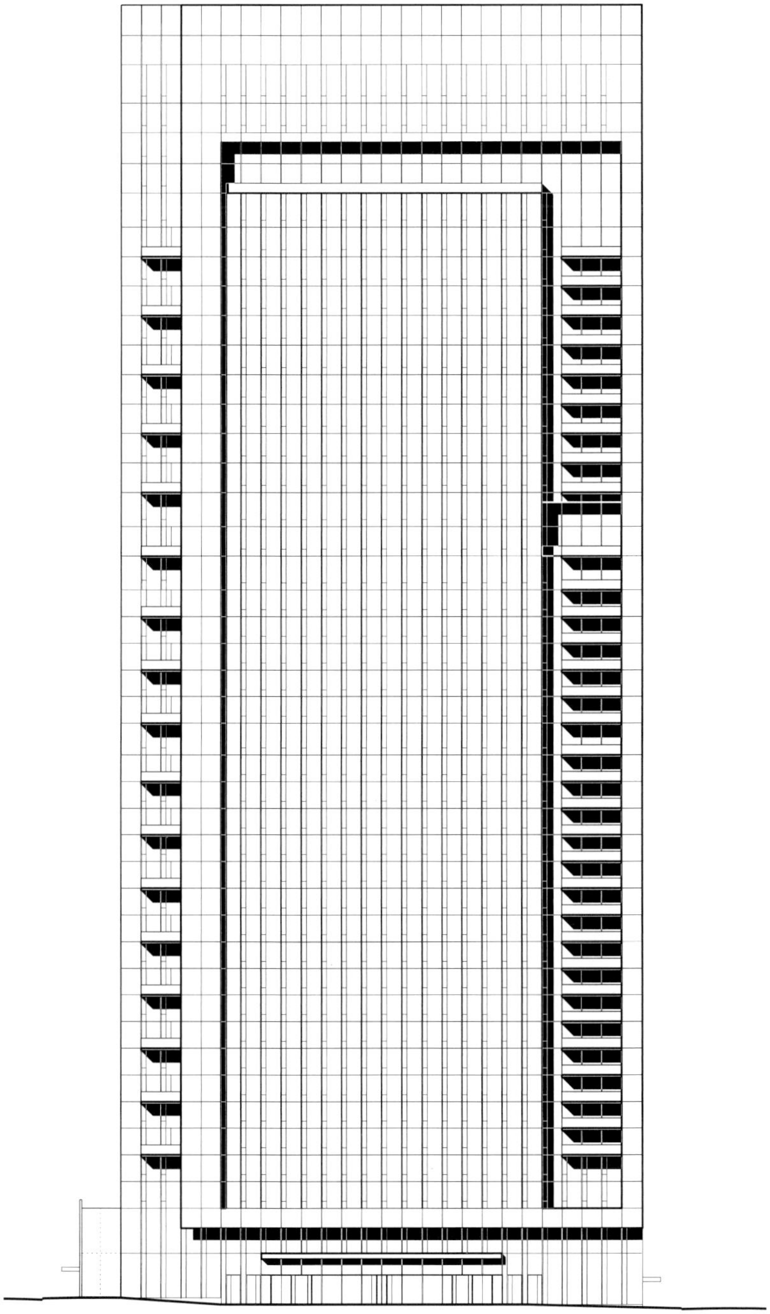

南向立面图

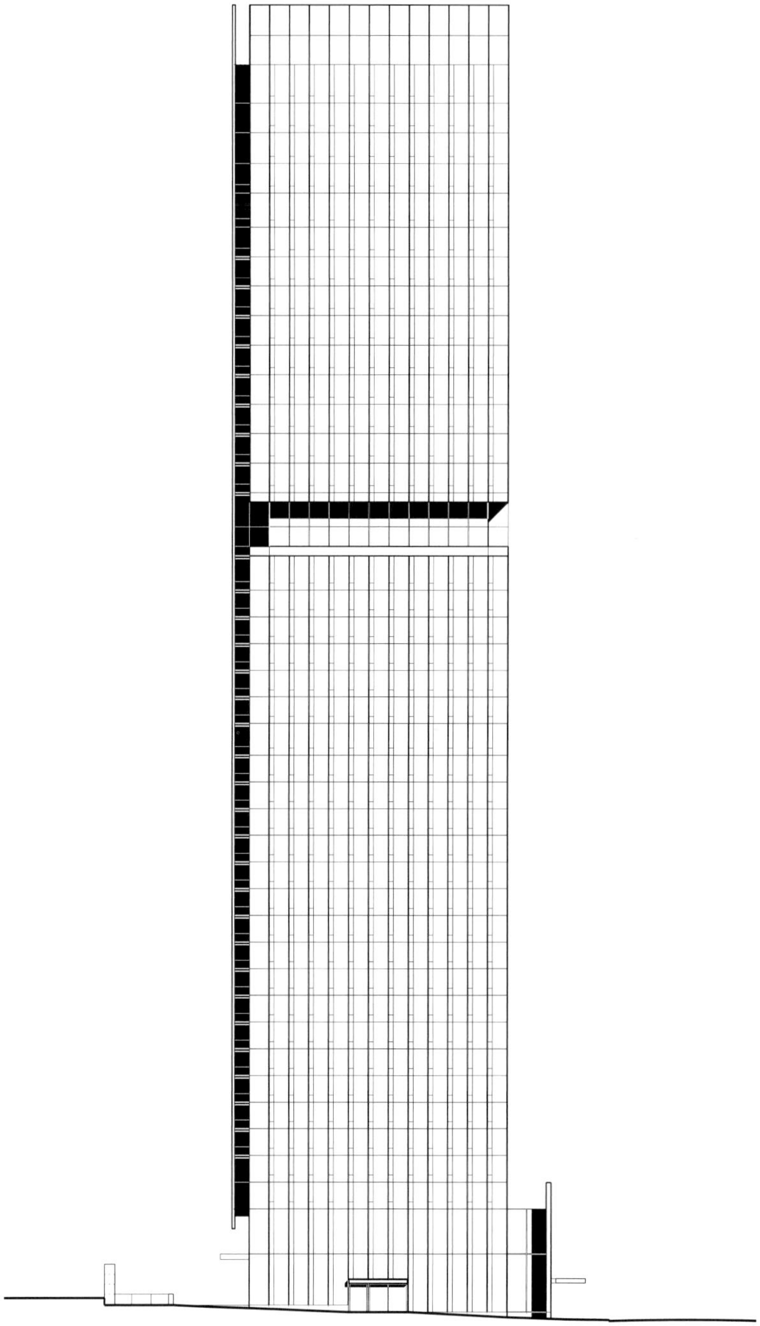

后　记
Afterword

理查德·迈耶
Richard Meier

理查德·迈耶获奖及作品年谱
Chronology

参考书目
Bibliography

合作方
Collaborators

顾问
Consultants

图片版权
Illustration Credits

后　记
Afterword

托德·威廉姆斯（Tod Williams）

理查德邀请我为他的作品集第七卷撰写后记。到2017年，我来到纽约50年了，我想记录一下当初到迈耶事务所的情形。

那是在1967年夏末的一个星期五，我第一次来到那处外墙为褐沙石铺就的房屋。那栋房屋极不起眼，位于列克星敦（Lexington）和公园大道（Park Avenue）之间的53号大街南侧。我手上拿着一叠手绘图纸，一直爬到顶楼。印象中，那里几乎没有安保设施。旁边的褐砂石房和这栋房子一样，大部分都没人租。

而在当时的5年前，我还是普林斯顿大学二年级的学生。当时，理查德和迈克尔·格雷夫斯（Michael Graves）共同教授一门课程，我们曾轻蔑地称之为"圈圈点点"的课程。虽然我离顶尖学生相差甚远，但是并不能否认它是一门堪称建筑专业基础的重要课程。迈克尔一直授课；但理查德基本不在（奔走于纽约到其他各地）。

5年后，即1967年的秋天，我还在普林斯顿，但我的世界和我认识的世界已经发生了很大的变化。

人权问题在当年备受热议。同样受关注的还有越南战争。此外，音乐、毒品、愤怒和爱也成了人们追求人性解放的代名词。当年24岁的我带着年轻的妻子、小女儿、一个硕士学位，在为建筑师安东尼·维德勒（Tony Vidler）工作并负责位于特伦顿（Trenton）的廉价住宅项目。前一个夏天，我还在底特律城市规划部门工作，那里也是我的出生地。而这个夏天那里不断有骚扰、纵火事件发生。随后纽瓦克也发生了同样的恶性事件。特伦顿的建筑项目自然很快就终止了。迈克尔·格雷夫斯（Michael Graves）了解到我的情况后，打电话告诉我说理查德·迈耶目前正在做一个有趣的项目（艺术家高密度住房，与我的论文主题相关），需要我的帮助。

那是一个星期四。我连一套像样的个人作品集都没有，所以只好卷起我的原始图稿并在第二天爬上那些台阶。而在下个周一，我就开始为53号大街的年轻建筑师理查德·迈耶工作了，那年他才35岁。

迈耶的办公室位于褐砂石房的顶楼（其实上面还有一层，但也只是一块板而已）。办公室几乎是完全开放式的，采用白色色调，拥有充足的自然光线。夏天来此帮忙的学生已经离开了，因此，最初的几周，事务所只有我和卡尔·迈因哈特（Carl Meinhardt）。不久后又有一些人加入事务所。但在第一年我不记得有超过8个或10个人。离开迈耶事务所之后的一段时间，我没有太过关注理查德的建筑作品。后来，史密斯住宅一经面世，就受到众多赞誉。他为父母建造的住宅也备受好评。他还接受了索尔兹曼住宅（Saltzman House）的设计工作，以及在纽约西村全面修建贝尔实验室综合大楼（Bell Telephone Laboratories complex）。其他建筑项目如井喷般涌现。

1967年，整个世界都失控了，但是理查德并没有。

早年间，卡尔是建筑界的中坚力量，却经常受到我这样的年轻人的冒犯和拖累。我们对房屋、建筑、经营企业一无所知，而且似乎只想不计成本地去支持理查德的优雅设计和完美直觉。无论是卡尔还是理查德的督促与鼓励，我们这些年轻人在经验、商业和专业知识方面都日渐成熟起来。

虽然理查德偶尔可能会感到沮丧，但在事务所里他总是很高兴。工作一旦开始，他就会进入正式状态，即使我们还没进入状态。我们协助完善理查梦幻般的草图和（我们觉得）不清楚的想法。他似乎很大程度上任由我们发挥，但实际上，他对自己认为正确的事情却非常专注。比如给客户的首次演示，必须是精确无误（他会使用Mylar牌墨水）、严谨的白色模型。

迈耶位于53号大街的第一间办公室

理查德自己的着装无可挑剔。虽然他看到我穿着邋里邋遢，也只是皱了皱眉而已，似乎并不是很介意。很快，这注定开启一个特殊的旅程。客户要求很多，我们竭尽全力地满足他们的要求。我的生活就是两点一线：办公室和家。当然主要是在办公室度过，这一点在当下是不值得自豪的。尽管如此，我和妻子特里莎（Trisha）还是又有了第二个孩子。纽约建筑师五人组则在建立个人品牌。在讨论中，我们挖掘出理查德的优势、性格和理念，帮助他打造个人品牌。为了帮助理查德在接受采访时表现得放松自如，我们会在演示文稿中嵌入橡皮鸡，它可以从文件夹中弹出，也可以嵌入模型中，增加幽默感。

理查德太忙的时候，我会替他在库伯联盟学院（Cooper Union）代课。白色模型变成了亚克力玻璃，喷绘的木房屋墙板变成了白色金属板。早年，一有时间，我们中的一些人就会坐在西格广场（Seagram plaza）的石墙上、利华大厦（Lever House）或帕利公园里（Paley Park），享用三明治。

远离中城的街道愈发难走。我在慢跑回家的时候，曾经两次被人用枪指着。一次，在第8大街我没能躲开5个愤怒的青年，他们殴打我，我浑身是血。还有一次，在第6大街中间，我遇上一个持枪小偷。那是一个即令人兴奋又悲伤的时代。我们两次到华盛顿抗议这场（越南）战争。以前我们会去哈莱姆听音乐会，后来我和其他人一道去格林威治村（Greenwich Village），去听奥蒂斯·雷丁（Otis Redding，美国灵魂乐歌手）、吉米·亨德里克斯（Jimi Hendrix，美国著名的电吉他演奏者）、珍妮丝·贾普林（Janis Joplin，美国歌手）、吉姆·莫里森（Jim Morrison，美国创作歌手）。他们的最终命运都非常悲惨。在马丁·路德·金（Martin Luther King, Jr.）被暗杀的那天晚上（1968年4月4日），我在工作；罗伯特·肯尼迪（Robert Kennedy）被刺杀的那天（1968年6月5日），我在工作；伍德斯托克音乐节的那个周末，我也在工作，虽然我很想去。

我一直工作，见证了索尔兹曼住宅的竣工。后来我搬到了魏斯贝丝艺术家社区（Westbeth）。然而就在那一晚（1971年7月26日），摄影界的梵高——黛安·阿勃斯（Diane Arbus）自杀了。格林威治村万圣节游行队伍到达我家门外时，我和我的家人第一次加入了游行队伍。随后我一直参与建造道格拉斯住宅和布朗克斯发展中心，但最终没有等到竣工日。

我在迈耶事务所工作了6年左右。然而在纽约的44年后，我仍然不确定我当时是被解雇还是自己离开了。我想我是被解雇了。主要在于我，其次是我的婚姻。在事务所工作的时候，一位朋友邀请我设计他们的房子（位于科罗拉多州克雷格城外）。我很兴奋，告诉理查德，并且提议带进事务所。

他拒绝了。

如果是在他的事务所，那就是他的项目。

我提议成为他的合伙人。他再次拒绝。

随后，我离开了事务所。

回首往事，当年的辛苦工作、欢声笑语、痛苦眼泪历历在目。尽管如此，我还是一如既往地热爱在迈耶事务所的一切。我觉得当时我留下来其实毫无问题。只是我没有。

50多年后的今天，在一个看起来像20世纪60年代那样既动荡又重要的时刻，我确信自己近乎最佳状态。然而，我并不十分确定当年我是否为迈耶事务所的光辉历史和伟大作品起到了一丁点儿作用。这一切都可能是它延续的唯一方式，并将继续延续。

THE NEW ESTABLISHMENT

理查德·迈耶
Richard Meier

美国建筑师学会会员，英国皇家建筑师学会会员

理查德·迈耶曾就学于康奈尔大学（Cornell University），并于1963年在美国纽约成立个人建筑事务所。他的执业范围遍及美国、欧洲、亚洲，涵盖法院、市政厅、博物馆、企业总部大楼、住房及私人住宅。其中著名的杰作包括：美国康涅狄格州达里恩史密斯住宅（Smith House）、美国洛杉矶盖蒂中心（Getty Center）、美国纽约东区联邦地区法院（United States Courthouse）、美国纽约佩里和查尔斯街道公寓（Perry and Charles Street Condominiums）、意大利罗马千禧教堂（Jubilee Church）。

1984年，迈耶先生荣获普利兹克建筑奖（Pritzker Prize for Architecture），该奖项是国际上公认的建筑界最高荣誉。同年，理查德·迈耶被选为洛杉矶盖蒂中心的设计师。1997年，盖蒂中心正式向公众开放，即引起轰动，公众盛赞不已。理查德·迈耶及合伙人建筑事务所近期完工的项目包括捷克布拉格城市绿色法院（City Green Court）、美国新泽西州纽瓦克教师之村（Teachers Village）、巴西里约热内卢莱布隆办公楼（Leblon Offices）、韩国江陵市吉马凯精品酒店（Seamarq Hotel）、以色列特拉维夫市罗斯柴尔德大厦（Rothschild Tower）、哥伦比亚波哥大Vitrvm双塔住宅楼、美国佛罗里达州冲浪俱乐部（Surf Club）、墨西哥墨西哥城改革大厦（Reforma Towers）等。

目前正在建造的项目有美国夏威夷檀香山沃德·御海城凯特威大厦（Ward Village Gateway Towers）、中国台湾的两个住房项目、美国纽约的两栋住宅大厦以及其他位于欧洲、亚洲、北美的私人住宅等。

1997年，理查德·迈耶荣获美国建筑师学会金奖（AIA Gold Medal），这是美国建筑师学会（American Institute of Architects）的最高荣誉。同年，理查德·迈耶荣获日本政府颁发的日本皇室世界文化奖（Praemium Imperiale），以表彰他的建筑成就。同时，他还是英国皇家建筑师协会（Royal Institute of British Architects）会员及美国建筑师学会（American Institute of Architects）会员。1980年，理查德·迈耶荣获美国建筑师学会纽约分会建筑荣誉奖，又于1988年荣获美国建筑师学会洛杉矶分会建筑金奖。他获奖无数、硕果累累，总计30个美国建筑师协会国家荣誉奖章和50多个美国建筑师协会区域设计大奖。1989年，理查德·迈耶荣获英国皇家建筑师协会金奖。1992年，法国政府授予他艺术与文学指挥官级勋位。1995年，理查德·迈耶当选美国人文与科学院（American Academy of Arts and Sciences）院士。2011年，理查德·迈耶荣获美国建筑师学会纽约分会主席荣誉奖，以及纽约建筑师协会颁发的西德尼·施特劳斯奖。他还担任库珀·休伊特博物馆（Cooper-Hewitt Museum）受托人理事会成员、罗马美国学院（American Academy in Rome）和美国艺术暨文学学会（American Academy of Arts and Letters）会员，并在2008年荣获该学会颁发的建筑金奖。此外，他还被那不勒斯大学（University of Naples）、新泽西理工学院（New Jersey Institute of Technology）、纽约社会研究新学院（The New School for Social Research）、普拉特艺术学院（Pratt Institute）、布加勒斯特大学（University of Bucharest）和北卡罗来纳州立大学（North Carolina State University）授予荣誉学位。

理查德·迈耶获奖及作品年谱

Chronology

2013年

美国建筑师学会纽约分会建筑奖
美国建筑师学会圣地亚哥分会建筑奖
美国联邦服务总署建筑奖
未来智能学会国际建筑年度大奖
Architizer建筑终身成就奖
长屋建筑奖
新泽西未来：智能发展奖
戈勃朗国际视觉艺术奖

2014年

美国联邦服务总署建筑奖
美国建筑师学会建筑司法基金评论奖
美国建筑师学会加州分会建筑奖
美国建筑师学会纽约分会建筑奖
《建筑实录》杂志“好设计创造好效益”奖
国家学院博物馆和学校院士

2015年

美国联邦服务总署建筑奖
HC&G创新设计奖
《建筑师杂志》进步建筑奖
《海洋之家》杂志海岸建筑师50强

2016年

美国建筑师学会长岛分会建筑奖
《建筑文摘》百强建筑师
芝加哥雅典娜神庙国际建筑奖
好设计奖
道格拉斯住宅列入《国家史迹名录》
美国绿建学会新泽西分会荣誉奖提名
《海洋之家》杂志海岸建筑师50强

2017年

《建筑文摘》百强建筑师

奇塔代拉大桥

意大利亚历山德里亚
1996—2016年
合作伙伴负责人：Dukho Yeon

拉斐尔酒店

意大利罗马
2001—2016年
合作伙伴负责人：Michael Palladino

比佛利山一号

美国加利福尼亚州比佛利山
2004—2017年
合作伙伴负责人：Michael Palladino 和James R. Crawford

飞天美居

美国纽约州南安普敦村
2006—2016年
项目建筑师：Kevin B. Baker

罗斯柴尔德大厦

以色列特拉维夫
2007—2016年
合作伙伴负责人：Reynolds Logan

牛津郡住宅

英国英格兰牛津郡
2007—2016年
项目建筑师：Kevin B. Baker

博德鲁姆别墅住宅区

土耳其亚勒卡瓦克镇
2007—2012年
合作伙伴负责人：Dukho Yeon

太平洋海岸住宅

美国加利福尼亚
2008—2013年
合作伙伴负责人：Michael Palladino

教师之村

美国新泽西州纽瓦克
2008—2016年
合作伙伴负责人：Vivan Lee和Dukho Yeon

晴海集合住宅双塔

日本东京
2008—2016年
合作伙伴负责人：Dukho Yeon

加利福尼亚大学洛杉矶分校
伊迪和卢·沃瑟曼大楼
美国加利福尼亚州洛杉矶
2009—2014年
合作伙伴负责人：Michael Palladino
和James R. Crawford

广州报业文化中心
参与竞标
中国广州
2010年
合作伙伴负责人：Michael Palladino

国会大厦
新加坡
2010年至今
合作伙伴负责人：Michael Palladino
和James R. Crawford

卡普兰住宅
美国内华达州拉斯维加斯
2010—2013年
合作伙伴负责人：Michael Palladino

Point Leo住宅
澳大利亚Point Leo镇
2010—2014年
合作伙伴负责人：Michael Palladino

加尔多内住宅
意大利加尔多内里维耶拉
2010—2016年
合作伙伴负责人：Bernhard Karpf

火岛住宅

美国纽约州长岛
2011—2013年
合作伙伴负责人：Bernhard Karpf

福席尔大道住宅

美国加利福尼亚州比佛利山
2011—2016年
合作伙伴负责人：Michael Palladino

吉马凯精品酒店

韩国江陵
2011—2015年
合作伙伴负责人：Dukho Yeon

莱布隆办公楼

巴西里约热内卢
2011—2016年
合作伙伴负责人：Bernhard Karpf

蒙塔诺拉住宅

瑞士蒙塔诺拉
2011—2017年
合作伙伴负责人：Bernhard Karpf

布拉夫海洋住宅

美国加利福尼亚州马里布
2011年至今
合作伙伴负责人：Michael Palladino

长沙旅游服务中心

中国长沙
2012—2015年
合作伙伴负责人：Michael Palladino

威尔希尔大道9200号公寓

美国加利福尼亚州比佛利山
2012—2016年
合作伙伴负责人：Michael Palladino
和James R. Crawford

改革大厦

墨西哥墨西哥城
2012—2017年
合作伙伴负责人：Bernhard Karpf

冲浪俱乐部

美国佛罗里达州瑟夫赛德
2012—2017年
合作伙伴负责人：Bernhard Karpf

信义住宅大厦

参与竞标
中国台湾台北
2012—2017年
合作伙伴负责人：Reynolds Logan

安阁物业总部及公寓大楼

德国汉堡
2012—2017年
合作伙伴负责人：Bernhard Karpf

园景办公楼

捷克布拉格
2016—2020年
合作伙伴负责人：Dukho Yeon

技术培训学院综合规划项目

印度
2012年至今
合作伙伴负责人：Reynolds Logan

Herher别墅

中国台湾台北
2012年至今
合作伙伴负责人：Vivian Lee

台中公寓大厦

中国台湾台中
2012年至今
合作伙伴负责人：Vivian Lee

理查德·迈耶建筑模型博物馆

美国新泽西州泽西市
2013—2014年
合作伙伴负责人：理查德·迈耶

安娜·迈耶家具艺廊

美国新泽西州泽西市
2013—2014年
合作伙伴负责人：理查德·迈耶

沃德·御海城凯特威大厦

美国夏威夷州檀香山
2013年至今
合作伙伴负责人：Michael Palladino
和James R. Crawford

Vitrvm双塔住宅楼

哥伦比亚波哥大
2013—2017年
合作伙伴负责人：Dukho Yeon

美丽华酒店

参与竞标
美国加利福尼亚州圣莫尼卡
2014年
合作伙伴负责人：Michael Palladino

迈阿密中心

美国佛罗里达州迈阿密
2014—2016年
合作伙伴负责人：Bernhard Karpf

水线广场一号

美国纽约
2014—2018年
合作伙伴负责人：Reynolds Logan

第一大道685号公寓大厦

美国纽约
2015—2018年
合作伙伴负责人：Dukho Yeon

橡树前线公寓

捷克Nebrenice镇
2015年至今
合作伙伴负责人: Vivian Lee

橡树别墅

捷克Nebrenice镇
2015年至今
合作伙伴负责人: Vivian Lee

金沙滩住宅

美国佛罗里达州金沙滩
2016年至今
合作伙伴负责人: Bernhard Karpf

参考书目
Bibliography

全书

"Architect: Richard Meier." *Architect Culture* 380 (January 2013): 108–123.

Fulcher, Merlin. "Everything's Gonna Be All White: Richard Meier's 50 Years in Practice." *The Architects' Journal* 237 (January 2013): 10–11.

Spaulding Titus, Elizabeth. "Gary Lichtenstein: Master Collaborator." *Weston Magazine Group: Upper East Side* 48 (January 2013): 43–45.

Sabbag, Haifa Y. "Rebeldia e Evolução." *Arquitetura e Urbanismo* 226 (January 2013): 54–55.

Boisi, Antonella. "Collage Meier." *Interni* 1–2 (January–February 2013): 8–11.

"Richard Meier." *Building Design* (February 2013): 20.

"Richard Meier." *La Vie* 106 (February 2013): 76–80.

Dean, Jason. "A White Knight of Modern Architecture." *C-Suite Quarterly* (Spring 2013): 52–54.

Rathe, Adam. "Power Seats: Richard Meier." *DuJour* (Spring 2013): 128–129.

Rodriguez, Laura. "50 Años de Arquitectura." *Architectural Digest* 155 [Mexico] (March 2013): 86–89.

"Richard Meier." *Noblesse* 3 (March 2013): 376–79.

"Around the Table." *Cornell Alumni* (March–April 2013).

Harris, Mark E. "GG The Birthday Portfolio." GG (March, April, May 2013): 39–72.

"Richard Meier: Entre o Nada e ó Sólido." *Magazine Casa Shopping* 47 (April 2013): 32–38.

Ferentinos, Andrew, and Jonathan Olivares. "Effetto Materia Material Effect." *Domus* 968 (April 2013): 114–23.

"Design Wire." *Interior Design* 4 (April 2013): 58.

Pizzi, Mia. "Dalla Fabbrica alla Cultura." *Abitare* 532 (May 2013): 138–141.

Meier, Richard. "Le Corbusier: An Atlas of Modern Landscapes." *Artforum* (May 2013): 146–147.

"Gallery White." *Art + Auction* (May 2013): 41.

"Guess the Architect Context." *Architectural Record* (May 2013): 49.

Urbach, Henry. "Architecture: Richard Meier." *Architectural Digest* (May 2013): 60–63.

"Celebrating Half a Century." *Durrah* (Summer 2013): 90–95.

Pinet, Sophie. "Un Déjeuner avec Richard Meier." *Architectural Digest* 117 [France] (June 2013): 80–82.

Thaqafiyya, Afaaq. "The White Knight of Architecture: Richard Meier Celebrates 50 Years of Design." *Shawati* (June 2013): 114–115, 146–161.

Piccolo, Chloe. "L'Incontro Modernisti." *La Repubblica* (July 2013): 38.

"Pawn Star." *Wallpaper* 173 (August 2013): 42–43.

Stephens, Suzanne. "Richard Meier." *Architectural Record* (September 2013): 28.

"Richard Meier Blanca Arquitectura." Axxis 239 (October 2013): 98–104.

Satow, Julie. "Prospecting for Dollars." *New York Times* (17 November 2013): 1, 8.

"Take Two." *New York Times Style Magazine* (November 2013): 62.

"Los Premios Gabarrón." *El Diario/La Prensa* (November 2013): 28.

"Richard Meier & Partners: The Surf Club, Reforma, HH Resort and Spa." *Interni* 60 (2014): 79–81.

"Richard Meier: Follow Your Guts." *Competition* 10 (2014): 98.

Mondadori, Arnoldo, ed."180 Drawings." *Interni* 3 (2014): 88ff.

Shoan, Tatijana. "Richard Meier: Light Years." *As* If 6 (2014): 154–167.

Meier, Richard. "How to Pick a Pair of Eyeglasses." *New York Times Magazine* (March 2014): 11.

Heet, Erika. "Richard Meier." *Dwell* (June 2014): 138–139.

Musi, Alejandra. "El arquitecto de los sueños." *Life & Style* (August 2014): 107–110.

"La arquitectura es el cambio." *Entre Muros* 217 (September 2014): 68–71.

Mobley, Jana. "Who Made You the Man You Are Today?" *Esquire* 162 (October 2014): 112ff.

Taylor, Candace. "The Closing Book: Richard Meier." *The Real Deal* (October 2014): 96.

"Richard Meier & Partners Architects." Plot 21 (October–November 2014): 128–153.

Massad, Fredy. "Richard Meier, el arquitecto visionario." *ABC.es* (November 2013): 6.

Carrillo de Albornoz, Cristina. "Richard Meier." *Vogue España* (November 2014): 236–241.

"Fragen ohne Antwort: Richard Meier." *Vogue Deutsch* (December 2014): 190.

Madigan, Nick. "Meier Makes Mark in Miami." *The Real Deal* (2015): 18–19.

"Richard Meier & Partners." *Interni* 4 (2015): 62–63.

"Cronica de una conquista." *Quién* (September 2015): 112–122.

McGuigan, Cathleen, and Suzanne Stephens. "Mr. Chicago." *Architectural Record* (October 2015): 99–101.

"Our Top 50 Coastal Architects." *Ocean Home* (October–November 2015): 73.

Shapiro, Michael E. "The Elder Statesman." *Vanity Fair* (November 2015): 83.

"Power 200." *Wallpaper* (November 2015): 153, 200, 205.

"Richard Meier." *Ocean Blue Magazine* (Winter 2016): 71–73.

"The AD100: Today's Top Talents in Architecture + Design." *Architectural Digest* (January 2016): 98, 130.

"Arquitectura, estrellas del rock: tan venerable, tan moderno." *Vanity Fair* (March 2016): 124–133.

Kennedy, Randy, and Robin Pogrebin. "Female Architects on the Significance of Zaha Hadid." *New York Times* (1 April 2016).

Gannon, Suzanne. "Built to Thrill, Richard Meier & Partners Architects." *Beach: Modern Luxury* (July 2016): 100–111.

"Room for the 21st Century." *Metropolis* (July–August 2016): 49.

"Meet the Masters." *Mansion* (July–August 2016): 50–51.

"Richard Meier Watercolors: Georgica Beach." *Vogue Deutsch* (August 2016): 134–135.

"Celebrating 125 Years: Looking Back." *Architectural Record* (September 2016): 101,113, 125, 131.

Strunsky, Steve. "Homecoming for a Master." *The Star–Ledger* (23 October 2016): B1.

博德鲁姆别墅住宅区

"Bodrum House." *Interiors* 316 (1 January 2013): 166–171.

"Bodrum Evleri/Bodrum Houses." *Yapi* 374 (January 2013): 108–112.

Von Losoncz, Kay. "Vacanze Extra Ordinarie." *Elle Decor Italia* (June 2013): 130–139.

"Light Sleepers." *Wallpaper* 171 (June 2013): 46.

Von Losoncz, Kay. "Architektur des hts." *Raum und Wohnen* 8 (August–September 2013): 30–44.

Von Losoncz, Kay. "Richard Meier Streng auf Kurs." *Hauser* 6 (December 2013): 66–74.

"Architektur des hts." *MD* (April 2014): 14–20, 88–89.

奇塔代拉大桥

Frezzato, Valentina. "L'Arco sul Tanaro é giá un trionfo." *Il Nuovo Simbolo* (August 2015): 41.

Frezzato, Valentina. "Vi racconto il mio ponte della Cittadella." *La Stampa* (February 2016): 27–28.

安阁物业总部及公寓大楼

"Noted: Richard Meier Wins Competition in HafenCity." *Architectural Record* 2 (2013): 28.

"Engel & Völkers' New Headquarters." *Archiworld* 213 (February 2013): 198–203.

"Unveiled: Engel & Völkers." *The Architect's Newspaper* (2 February 2013): 4–5.

Pihl, Lina. "Rum Valjer: Pa Ritbordet." *Rum* 133 (March 2013): 28–33.

"Eine neue Stadtansicht für Hamburg." *Hafencity Hamburg News* (June 2015): 4–5.

火岛住宅

"Hall of Fame." *Interior Design* (2014): 50.

Meier, Richard. "Richard Meier: Fire Island House, New York." *Domus* 977 (February 2014): 74–83.

Scelfo, Julie. "High and Mighty." *New York Times* (July 2014): D1ff.

Volner, Ian. "Fire Island House." *Architect* (August 2014): 115–119.

第一大道685号住宅大厦

Volner, Ian. "On East Side, Architect Breaks His Color Barrier." *Wall Street Journal* (19 May 2016): 18.

"T&C: The Design of a Century." *Town & Country* (October 2016): 116, 167–170.

Higgins, Michelle. "The High End: A Meier Building. In Black." *New York Times* (6 November 2016): RE10.

晴海集合住宅双塔

"Harumi Residential Towers, Tokyo." *Domus* 991 (May 2015): 50–63.

"Harumi Residential Towers: *Design and Detail*." Archiworld (July 2015): 44–53.

"Harumi Residential Towers." *L'Arca International* 129 (March, April 2016): 81.

莱布隆办公楼

"Leblon Offices: Brazil." *Concept* 171 (2013): 64–69.

Obata, Sasquia Hizuro. "Aulas de Projeto: Leblon Offices." *Arquitetura e Urbanismo* (July 2016): 58–63.

Perrotta Bosch, Francesco. "Minimalismo Nos Tropicos." *Arquitetura e Urbanismo* (July 2016): 26–33.

Amorozo, Guilherme. "O Leblon Vai Virar Meier." *Casa Vogue* (July 2016): 33.

"Recato e discrição formal." Projeto (July–August 2016): 66–73.

Vanini, Eduardo. "Escritorio nova–iorquino conclui predio no Leblon." *O Globo* (August 2016): 3.

Hennigan, Tom. "Conscious Uncoupling." *Architectural Record* (August 2016): 80–85.

"Resguarda las vistas." *Summa+* (September 2016): 38–45.

"Leblon Offices: Un contraste que se adapta al entorno." *Arq Clarín* (November 2016): 14–17.

橡树前线公寓

Gaze, Fiona. "Luxury Patterned after Old Bohemian Farm Villages." *International New York Times* (24 July 2015): 13.

牛津郡住宅

Giovannini, Joseph. "Clear Intentions: Atop a Hill in the English Countryside, Richard Meier Conjures a Minimalist Masterpiece." *Architectural Digest* (January 2017): 202–207.

改革大厦

Dorantes, Ricardo. "Proyecta Meier Edificios en México." *Entre Muros* 210 (February 2014): 62–63.

"Unveiled." *The Architect's Newspaper* (February 2014): 4.

"Reforma Towers Mexico City." *Sleeper* 53 (March–April 2014): 16.

"Richard Meier & Partners Unveils Reforma Towers in Mexico." *Southeast Asia Building* (May–June 2014): 31.

"Office Architecture." *Beyond* 24 (June 2014): 108–111.

"Award: Reforma Towers." *Architect* (2015): 104–107.

"Torres Reforma en México." Revista Trama Arquitectura + Diseño (April 2015): 60–63.

"Visión Internacional." *AD México* (June 2016).

理查德·迈耶建筑模型博物馆

Richard Meier Model Museum. New York; *Phaidon*, 2014.

Bensimon, Kelly K. "Head to Mana to View Meier's Models." *amNewYork* (10 January 2014): 17.

Sheets, Hilary M. "Architect Goes Home, to Recall and to Work." *New York Times* (25 January 2014): C1, 5

Pontz, Zach. "Expanded Model Museum Opens in New Jersey: Meier Looks Back and Forward." *The Architect's Newspaper* (March 2014): 11–12.

Bailey, Spencer. "Gallery & Culture Club." *Surface* 107 (April 2014): 146–151.

Moreno, Shonquis. "Model Citizen: Spanning 50 Years, Architect Richard Meier's Work Now Fills Its Own Museum." *Wallpaper* (April 2014): 168–178.

Gadanho, Pedro. "Beyond Collecting: Archiving Architecture's Legacies." *DAMn* 47 (November–December 2014): 72–77.

"Richard Meier Model Museum: Maquetas como arte." *Casas* 225 (September 2015).

Elman, Leslie Gilbert. "Models of Ingenuity." *Fine Art Connoisseur* (December 2015): 115.

"The Relationship between Architects and Cities." *GQ Japan* 152 (January 2016): 133, 146.

罗斯柴尔德大厦

"Evolving Skylines—Global." *Monocle* (December 2013): 198–99.

吉马凯精品酒店

"Seamarq Hotel." *Architecture and Culture* 411 (August 2015): 120–39.

"Seamarq Hotel" *Concept* 196 (August 2015): 136–167.

"Seamarq Hotel Opens Anew in Gyungpo-dae." *Space* 576 (November 2015): 20.

"Richard Meier & Partners Architects." *Interior Design* (February 2016): 27, 196–203.

Czarnecki, John. "Seamarq: Complete with Interiors, Richard Meier Designs His First Building in South Korea, a Hotel with Views of the East Sea." *Contract* (April 2016): 74–81.

Adams, Michael. "Richard Meier's South Korea Hotel Embraces Its Environment." *Hospitality Design* (May 2016): 277–81.

Khan, Sarah. "HighMarq: A Clean-Lined Hotel Arrives to a Traditional Korean Resort Town." *Surface* 128 (May 2016): 84–86.

Lee, Krys. "The Golden Season." *Travel + Leisure* (October 2016): 118–27.

冲浪俱乐部

Martin, Lydia. "Beachside Classic Gets a New Mission." *Miami Herald* (12 January 2014): H3.

"Leituras engenhosas." *Casa Vogue* (March 2014): 32–33, 38.

"Surf Club." *Identity* (May 2014): 110–11.

Volner, Ian. "Building Truths." *Nuvo* (Summer 2014): 102–5.

Volner, Ian. "Sleeping under the Starchitects." *Luxury Magazine* (December 2014): 178–86.

Satow, Julie. "New York City Prices in Miami." *New York Times* (December 2014): RE1ff.

Gross, Michael. "Everything Old Is New Again." Avenue (December 2014): 70–72.

"Surf Club." *Billionaire Magazine* (April 2015).

Austin, Tom. "Brilliant: The Magic of Miami: How a Rich Architectural Legacy Helped Make the City a Center for Art and Design." *Maison & Objet* (May 2015): 75–82.

Betancourt, Angela. "Trending Homes in Miami." *Miami Scene Magazine* (May–June 2015): 58, 61.

"Desarrollo Avant-Garde." *Vogue* (June 2015): 162–167.

"Daiquiri Sunset." *The East Architect's Newspaper* 8 (3 June 2015): 1, 8.

"Four Seasons Surf Club Miami." *South Korea Tourism* Guide (June 2015).

"Surf Club Four Seasons Tops Off." *Coconut Grove Times* (6 June 2015).

Kallergis, Katherine. "Surf Club Four Seasons Tops Off." *The Real Deal* (5 June 2015).

Riser, Emon. “Surf Club Four Seasons Hotel and Residences Reaches Highest Point of Construction.” *South Florida Business Journal* (8 June 2015).

“On the Whiter Side.” *9Fith* (August 2015): 88–89.

“Eight Extraordinary New Miami Real Estate Developments.” *Robb Report* (8 September 2015).

“The Price of Fame.” *Departures* (Fall 2015).

Keh, PeiRu. “High Tide: Joseph Dirand Creates Idyllic Interiors for the Surf Club’s Hotel Residences.” *Wallpaper* (6 November 2015): 200, 205

“Pool Party: The Surf Club.” *Casa Vogue* (December 2015): 102.

“The Surf Club Four Seasons Hotel & Residences.” *Florida Design* (December 2015).

“Four Seasons Hotel The Surf Club, Miami.” *ForbesLife* (February 2016): 62.

Vanderbilt, Tom. “Miami’s Iconic Surf Club Reopens Next Year.” *WSJ Magazine* (29 November 2016): 96, 98

教师之村

Menking, William. “Studio Visit: Richard Meier & Partners Architects.” *The East Architect’s Newspaper* (2 October 2013): 14–15.

Lentz, Linda C. “Richard Meier’s Teachers Village Opens in Newark.” *Architectural Record* (November 2013): 34.

Kusisto, Laura. “New Development Seen as Boosting Future of Newark.” *Wall Street Journal* (30 December 2014): A13ff.

Strong, Janet Adams. “It Takes a Village.” *Oculus* (Fall 2015): 34–37.

Vitrvm双塔住宅楼

Flórez, Gabriel. “En Bogotá, el Blanco Resaltara Mucho Más.” *El Tiempo* (26 September 2013): 18.

McLaughlin, Katy. “A Building Boom in Bogotá.” *Wall Street Journal* (2 May 2014): M3.

“Rol del Arquitecto en Negocio Constructor.” *En Obra* 29 (June 2014): 33.

Tucker, Bennett. “Famed Architect Richard Meier Makes Bogotá Debut.” *The City Paper* (May 2016): 5.

水线广场一号

Morris, Keiko. “Waterfront Towers Reel In Rare Loan Deal.” *Wall Street Journal* (28 November 2016): A12B.

信义住宅大厦

“CDC55 Timeless Xin-Yi Residential Tower.” *Concept* (November 2015): 150–159.

合作方
Collaborators

2013—2017年

（纽约办公室）
2013—2017年

Bernhard Karpf, Associate Partner
Vivian Lee, Associate Partner
Reynolds Logan, Associate Partner
Dukho Yeon, Associate Partner
Tetsuhito Abe
Ivan Adelson
Sana Afsar
Edgar Almaguer
Kevin B. Baker
Remy Bertin
Kevin Browning
John Byrne
Diana Carta
Mengqing Chen
Vivian Chen
Paul Christian
Luis Arturo Corzo
Pablo Costa
Rachel Cusimano
Adam Cwerner
John D'Onofrio
David Ricardo Davila
Amy DeDonato
Thibaut Degryse
Joseph DeSense III
Grigorios Dimitriadis
Jerome Engelking
Aurora Farewell
Simone Ferracina
Andrew Galloway
Radhika Gammampila
Alexander Gault
Joanna Gontowska
Alejandro Guerrero
Clive Henry
Ana Paola Hernandez
Katherine Hildebrand
Naomi Hirano
Henry Jarzabkowski
John Jourden
Bori Kang
Katie Kasabalis
Jeremy Keagy
Graham Kervin
Parsa Khalili
Robert Kim
Aung Thu Kyaw
David Langdon
Elizabeth Lee
Christopher Lewis
Robert Lewis
Peter J. Liao
Jackson Lindsay
Richard Liu
Cameron Longyear
Ian Lotto
Diana Lui
Alison Macbeth
Etienne Mattern
Amir Mikhaeil
Hyung Sok Moon
Guillermo Murcia
Jennifer Nichols
Ringo Offermann
Sharon Oh
Alex Palmer
Greg Park
Marie Penny
Nathan Petty
Pannisa Praneeprachachon
Hans Put
Robert Ramirez
Ariel Resnick
Roberto Rincon
Adam Roark
Luciana Ruiz
Amalia Rusconi-Clerici
Ananth Sampathkumar
Stefan Scheiber-Loeis
Heejoo Shi
Ana Maria Sierra
William Smith
Anne Struewing
Xiaodi Sun
Joseph Swerdlin
Steven Sze
Yuanyang Teng
Patrick Toh
Giorgio Villa
Justin Wadge
Xiao Wang
Kate Warren
Melissa Weigel
Sang-Min You

（洛杉矶办公室）
2013—2017年

James R. Crawford, Partner
Michael Palladino, Design Partner
Mark Sparrowhawk, Associate Partner
Robert Steel, Associate Partner
Alex Wuo, Associate Partner
Sahaja Aram
Hilary Babcock
Yasaman Barmaki
Therese Bennett
Longji Cao
David Chang
Courtney Chappell
Lori East
Tom Farrell
Rozan Gacasan
Shekar Ganti
Roxana Gomez
John Gralewski
Vanessa Hardy
Jonathan Haynal
Kim Hoppner
Taylor Hsiao
Alison Hughes
Seung Jo
Jacqueline Kerr
Yunghee Kim
Jay Lee
Kimberly Lenz
Zhiwei Liao
Hyung Sok Moon
Susan Movassagh
Yusuf Onder
Jason Pelaez
Neda Rouhipour
Stephen Sedalis
Jacob Semler
Tim Shea
Colin Simmer
Bianca Tartaglia
Nathan Urban
Zarla Williams
Jenny Yoo

顾问
Consultants

2013—2017年

505 Design
ACV
AdamsMorioka, Inc
ADT Acústica Diseño Tecnología
AECOM
Allen Matkins
Allwest Geoscience, Inc.
Alvaro Tapias & Cia SAS
AMEC Environment and Infrastructure
ANC Consultants
Aon Fire Protection
APSI Construction Management
Architects Hawaii Ltd
Architectural Window Shades
artec3 Studio
Arup North America Ltd.
Atelier Ten
Athens Group
Audio Video Systems
Baldridge & Associates Structural Engineering
Basis LLC
Berman Guedes Stretton
Biscayne Engineering
Bjarke Ingels Group (BIG)
BLK Architects
Bloomimages
BMK Construction
Boltas Bianchi Architetti
Bradford Wells & Associates
Bright Curtain Metal Company, Ltd
Bulthaup, Santa Monica
Bureau Veritas
BuroHappold Engineering
C.S. Caulkins Company
Caesarstone
CallisonRTKL
Cavanaugh Tocci Associates
CBG Consultants
CCI Code Consultants, Inc.
CDC, Inc.
Chambers Equipment Consulting
Chernoff Diamond
Christian Liaigre
CJA Creative Collaborations, LLC
CMS Collaborative, Inc.
Construction Specifications
Construtora Santa Isabel
Control Risks
Corradini Corporation
CP O'Halloran Associates
CTF Development
Cuboid Architekti s.r.o.
Cumming Construction
Cuningham Group Architecture, Inc.
D. Hahn Consulting Engineers
D.L. Adams Associates
Dan Wiley & Associates
Dante O. Benini & Partners Architects
David Engineers
David R. Gray, Inc.
Davis Langdon
DBOX
Design IGA²
DeSimone Consulting Engineers
Diametro Arquitectos
Doojin Hwang Architects (Han-ok)
DS-Plan Ingenieurgesellschaft für ganzheitliche Bauberatung und Generalfachplanung mbH
DUB Studios
EDSA Landscape Architecture
Edwards & Zuck
Edwina von Gal
Enea Landscape
Englekirk & Sabol
Erisel SA
Farnsworth Group
Fermata Consulting
Finish Hardware Technology
Fisher Marantz Stone
Follis Design
GA Design Consultants LLP
Gary Barnett Specifications
GeoCon West
GeoConcepts, Inc
Goldstein, Hill & West Architects, LLP
Gongan Eng
H Avenue
H2o
Heery International
Heinze-Stockfisch-Grabis+Partner GmbH
Heng Kai Inc.
Hidroalfa SAS
Hinman Consulting Engineers
HKA Elevator Consulting
House & Robertson Architects
HOY Architects & Associates
Hsing-Yeh Engineering Consultants, Inc.
Hyundai Architects & Engineers Associates Co. Ltd (HDA)
I.P.I. Ingiенería y Proyectos de Infraestructura
I'st
IBE Consulting Engineers
Icono Urbano
Ingenieurteam Bergmeister GmbH
Ingrao Architecture
International Parking Design
IP Group
Isolation Systems
Israel Berger & Associates, LLC
J. Kadowaki, Inc.
James Corner Field Operations
Jenik
Jensen Hughes
Jlee Engineering
Joint Partner International
JTec Surgical, Inc.
Jules Stein Eye Institute
Kajima Corporation
Kier & Wright
Kobi Karp Architecture and Interior Design
KPFF Consulting
L'Observatoire International
Land Design
Landmann-Aluminum Ltd.
Lanton Associates, LLC
Laschober + Sovich
LD Studio

Lerch Bates Inc.
Lior Wolf Landscape Architects
Lombardo Associates
Longman Lindsey
M3M s.r.o.
Mactec Engineers
Magnusson Klemencic Associates
Margie Ruddick Landscape
Mariotti Carlo & Figli
Markel Corporation
Mathews Nielsen Landscape Architects
Matt Construction
Max Franke GmbH
McLaren Engineering
Mega Façade Corporation
Metal and Stone, Inc.
Meyer + Silberberg Land Architects
Meyer, Mohaddes Associates
Michal Kantor Lighting Design
Min Associates
Mitsubishi Jisho Sekkei Inc.
MN Consultores Associados Ltda
Moggio Engineering SA
Morley Builders
Newson Brown Acoustics
Notari Mauro Studio Ingegneria Elettrotecnica
Old Farmer Landscape Architecture Co.
OLIN
ONELUXstudio
Pacific AquaTech
Pacific Clay
Pamela Burton & Company
PCL Construction Services
Ph.D LA
Philip Habib and Associates
Piscatello Design Group
PlanNet Consulting
Price & Myers
Psomas
Quadro Vivo
R&M Ferroiluminaciones Ltda
R.Cohen & Associates
RAF Arquitetura
Reginald Hough Associates
Renfro Design Group
Rios Clementi Hale Studios
Robert Silman Associates
Rolf Jensen & Associates
Roofing & Waterproofing Forensics, Inc.
Rosenwasser / Grossman Consulting Engineers, P.C.
Rowan Williams Davies & Irwin Inc.
Rudolph & Sletten, Inc.
Samoo Mechanical Consultant
Schmitz & Associates Inc.
Seoahn Total Landscape Architecture
Shannon & Wilson, Inc.
Shen Milsom & Wilke
Sherwood Design Engineers
Shimahara Illustration
Simpson Gumpertz & Heger
Sizebreed Construction
SL Maresca & Associates
Stanislav Slutsky, PE, P.C.
Stantec
Staticky Servis s.r.o.
Steven Feller P.E.
Studio d'Ingegneria Roger Bacciarini & Co. Sagl
Studio Horak
Studio Lenzi
Swisslog Healthcare Solutions
Syska Hennessy Group, Inc.
Tammy Yaniv Architecture
TechOrg s.r.o.
Tekten
TGPM, Inc.
The Agency
The Summit Façade
Tom Leader Studio
Tom Stuart-Smith Ltd.
TOPLAN Consultants, Inc.
TransTech Systems
TTG
United Inspection & Testing
Vantage Technology Consulting
VDA
Vidaris, Inc.
Viridian Energy & Environment
Visualhouse
Vize.com
Walker Parking Consultants
Walters & Wolf
Waterhouse Cifuentes Design
Waveguide Consulting
Wavell-Huber
Waxman Govrin
Wilson Okamoto Corporation
WSP | Parsons Brinckerhoff
WTM Engineers GmbH
Youngblood Architecture, Ltd. Zakian Woo Architects

图片版权
Illustration Credits

项目照片及渲染图版权情况如下:

av-media productions gmbH, P. 394
bloomimages, pp. 288, 289, 293-295, 356, 357, 362, 363, 366-371, 380-385, 396, 398, 399
Pietro Carrieri, p. 392
Chris Cooper, pp. 312, 313, 317-319, 397
dbox, pp. 256, 257, 266-275, 396
Cemal Emden, PP. 96, 97, 106, 107, 111-113
Scott Frances, pp. 9, 38, 39, 45-53, 128, 129, 133-141, 150-155, 172, 273, 178-183, 187-193, 198-203, 392-395
Tim Griffith, p. 178
Roland Halbe, pp. 9. 54, 55, 66-75, 204, 205, 216-233, 236-241, 393, 395
Hufton + Crow, pp. 9, 18, 19, 22-25, 76, 77, 83-95, 392, 393
Ishiguro Photographic Institute, PP. 156, 157, 166-171, 393
Mehmet Mutaf, PP. 108, 109, 110, 114, 115, 122-127,393
Noe & Associations with The Boundary, pp. 340, 341, 346, 347, 398
Shimahara Illustration, pp. 26, 27, 34-37, 392, 394, 396, 398
Ezra Stoller/ ESTO, P.11
Studio Horak, pp. 348, 349, 354, 355, 399
Visual House, pp. 320, 321, 326-329, 398
Vize, pp.242, 243, 252-255, 276, 277, 284-287, 296, 297, 302-304, 310, 311, 338, 339, 396-398
所有图纸© Richard Meier & Partners Architects
所有草图© Richard Meier
第390页理查德·迈耶照片©Silja Magg.
英文原版图书设计（Design）：Massimo Vignelli, Beatriz Cifuentes
英文原版图书编辑（Editor）：Edgar Almaguer
后历史时代及摩天大楼的挑战 Post-Histoire *& the Challenge of High-Rise Form* © Kenneth Frampton

图书在版编目（CIP）数据

理查德·迈耶．第七卷 /（美）理查德·迈耶编；
田甜译．-- 南京：江苏凤凰科学技术出版社，2020.6
ISBN 978-7-5713-1075-2

Ⅰ．①理… Ⅱ．①理… ②田… Ⅲ．①建筑设计－作
品集－美国－现代 Ⅳ．① TU206

中国版本图书馆 CIP 数据核字 (2020) 第 055855 号

江苏省版权局著作权合同登记 图字：10-2019-090号

Originally published in English under the title *Richard Meier Architect, Volume 7* in 2017. This translation published by agreement with Rizzoli International Publications, New York through the Chinese Connection Agency, a division of the Yao Enterprises, LLC.

理查德·迈耶（第七卷）

编　　者　[美] 理查德·迈耶
译　　者　田　甜
项目策划　凤凰空间/陈　景
责任编辑　赵　研　刘屹立
特约编辑　陈　景

出版发行　江苏凤凰科学技术出版社
出版社地址　南京市湖南路1号A楼，邮编：210009
出版社网址　http://www.pspress.cn
总　经　销　天津凤凰空间文化传媒有限公司
总经销网址　http://www.ifengspace.cn
印　　刷　北京博海升彩色印刷有限公司

开　　本　710 mm × 1000 mm　1 / 12
印　　张　34
字　　数　204 000
版　　次　2020年6月第1版
印　　次　2020年6月第1次印刷

标准书号　ISBN 978-7-5713-1075-2
定　　价　298.00元

图书如有印装质量问题，可随时向销售部调换（电话：022-87893668）。